U0299623

编审委员会名单

主　任：季　翔

副主任：朱向军　周兴元

委　员（按姓氏笔画为序）：

王　伟　甘翔云　冯美宇　吕文明　朱迎迎

任雁飞　刘艳芳　刘超英　李　进　李　宏

李君宏　李晓琳　杨青山　吴国雄　陈卫华

周培元　赵建民　钟　建　徐哲民　高　卿

黄立营　黄春波　鲁　毅　解万玉

前　　言

进入21世纪后，随着我国人民生活水平的迅速提高，建筑装饰行业及建筑装饰设计岗位呈现了迅猛地发展和快速地提升。放眼国际建筑装饰行业，我国无疑是该行业的主舞台，各国建筑装饰设计师在这个舞台上充分地施展着个性化的设计，使我们有幸能够参与其中，感受国际前瞻的设计理念。

随着我国设计师与国际同行的设计交流日益普遍，我国设计师的水平也是越来越高，室内设计作品精品不断，并且涌现出一批优秀的青年设计师。高职院校的建筑装饰工程技术专业室内设计技术及专业毕业生正是我国建筑装饰行业的生力军和主力军，为了能尽快培养出更多更好的，并且适应现代装饰行业需要的技术人才，教材建设是不可或缺的内容之一。应该说本次教材就是在这种背景下开始编写，编写内容体现如下几个特点：一是摒弃了本类教材常设置的一些相关课程知识，如建筑及装饰历史及风格演变等内容；二是将教材分成三篇编写，在编写中做到层次分明。首先通过基础知识篇让学生能够感受到学习设计知识的广度，其次，通过专业技术篇揭开在专业岗位上开展工程的手段和方法，最后通过工作项目篇讲解六个不同空间的工程设计，使得学生对设计的兴趣达到顶峰；三是专业技术分项讲解，对设计中要掌握的细部设计进行分项讲解，并对单项设计技术重点讲解，比如对室内色彩、照明、陈设等采用较为深入的描写，让学生能够更多地了解室内分项设计的内涵；四是根据课程设计内容举例讲解，方便了学生和教师查阅常用空间的设计资料。

本教材的第1篇　基础知识篇、第3篇　工作项目篇模块一至模块五由黑龙江建筑职业技术学院李宏教授编写，第2篇　专业技术篇由山西建筑职业技术学院金薇副教授编写，第3篇　工作项目篇模块六由江苏建筑职业技术学院翟胜增讲师编写，四川建筑职业技术学院钟建教授主审本书，并提出了宝贵的意见。在本教材的编写过程中还得到了哈尔滨唯美源装饰设计有限公司、杭州典尚建筑装饰设计有限公司、黑龙江北方建筑设计院为本教材提供的工程案例等多方面资料的支持和帮助，在此特向他们表示感谢。

由于编者水平有限，加之编写时间比较仓促，难免会有很多问题和遗憾，望广大读者多多给予指导和批评，期待着本教材越来越完善。

目　　录

第1篇　基础知识篇

第2篇 专业技术篇

第3篇　工作项目篇

建 筑 装 饰 设 计

建 筑 装 饰 设 计

第1篇
基 础 知 识 篇

　　本篇通过对建筑装饰设计基础知识系统的介绍，使学生在较短的时间里就能够掌握建筑装饰设计这个岗位所要求的系统知识。通过系统知识的学习可以使学生掌握设计师岗位要求的基本知识，为今后继续提高专业知识水平打下良好的基础。本篇主要内容包括：建筑装饰设计及其相关专业学科、室内建筑学等知识导入，以及室内空间、界面设计、室内照明设计、家具和陈设等方面的知识讲解等内容。

1

模块一 建筑装饰设计及其相关专业学科导入

1　学习目标

通过本模块的学习，使学生了解建筑装饰设计岗位、建筑装饰设计关联专业、建筑装饰设计与人体工程学、环境心理学、建筑学、建筑美学以及建筑堪舆（风水）学等相关学科的关系。理解建筑、结构、电气、设备等专业工种协调配合要点。

2　相关知识

建筑装饰设计这个名称在 20 世纪 90 年代之后才逐渐为人们所熟知，建筑装饰设计师及其岗位也随之出现，并且随着人们生活水平的提高，追求高品质生活的需求加大，使之走进了寻常百姓的生活之中。

建筑装饰设计及其相关专业知识很多很广，想成为优秀的设计师必须要在知识的广度和深度方面多加学习，并且要及时更新知识，尤其是在步入工作岗位后也不要放弃学习，始终站在创新的前沿。本模块主要介绍的相关知识有：建筑装饰设计业务关联专业岗位、建筑装饰设计与相关学科、人体工程学、环境心理学、建筑美学、建筑堪舆（风水）学等相关知识。

2.1　建筑装饰设计岗位介绍

建筑装饰设计师主要是从事与建筑室内外空间环境与界面有关的设计工作。因为主要从事室内空间的设计工作，所以很多时候也被称为室内设计师。但建筑装饰设计师（或室内设计师）也要从事外墙改造、门面装修、庭院绿化等设计工作。

建筑装饰设计岗位是个什么样的岗位？岗位职责又有哪些？我们先看一看公司招聘广告上的描述：

招聘岗位：建筑装饰设计师

职位描述：

1. 岗位职责

（1）负责项目助理设计，参加项目小组与其他组员协作完成各阶段工作；

（2）协助上级设计师解决工作中所遇问题，协助主管交办的工作；

（3）正确执行和维护所参与项目图纸的完整系统，与其他组员共同保证一致的公司制图标准规范；

（4）配合完成设计项目过程中的方案设计、施工图制作、施工跟进、竣工图以及材料组织等各阶段工作。

2. 任职资格

（1）室内设计、环境艺术等相关专业，大学专科及以上学历；

（2）具有相关工作经验；了解基本的施工工艺、材料及施工流程；

（3）具备一定的设计方案制作理念，能熟练使用天正、AutoCad、Photoshop、Skecthup、3ds max等专业设计软件及绘图软件；

（4）有强烈的工作责任心、自律能力及团队合作精神，善于沟通，适应加班，可承受一定的工作压力；

（5）要熟悉设计、制作等方面的专业知识；

（6）有较强的创新能力和审美能力。

资历稍逊者可应聘见习装饰设计师。投递简历时请附上个人作品。

以上招聘中的岗位职责已经把建筑装饰设计师的工作叙述的很清楚了，同时列出了设计师要具备的条件。其中（5）（6）就是本课程中要学习的内容，既掌握熟悉设计、制作等方面的专业知识，又要有较强的创新能力和审美能力。

2.2　建筑装饰设计关联专业

作为一个建筑装饰设计岗位上的设计师，要专心完成好本专业工作内容的同时，还要在工作中与关联专业配合，最终完成工程项目任务。

建筑空间的形成需要多专业工种的配合工作，室内空间中各工种的协调配合尤为重要，并需要建筑装饰设计师了解各工种的系统特点和设备设施，所以在设计之前要搜集好各方面的资料，与各有关设计人员一起，交流设计思想是很重要的。例如，一些隐蔽工程，像顶棚的设计中可能会遇到电气照明、通风、空调、烟感、喷淋、广播等标高、尺寸、位置等诸多问题，考虑不周全就会在经济上产生浪费或总体效果上不够理想。下面列举了可能关联的专业有：建筑（建筑学）、结构（土木工程）、电气工程、建筑设备、通风与空调、给水排水等（表1-1）。

建筑装饰设计与关联性专业工种协调配合表　　　　　　　表1-1

专业系统	协调要点	协调工种
建筑系统	1.设计风格的确定，与建筑艺术总体协调； 2.建筑室内空间的功能要求，如空间大小、空间序列、人流交通组织等； 3.空间体量的推敲与完善； 4.空间环境与意境的创造	建筑
结构系统	1.室内墙面与天棚中外露结构部件的利用； 2.吊顶标高与结构标高（包括设备层净高）的处理； 3.墙体开洞、墙及楼、地面饰面层、吊顶荷重对结构承载能力的分析； 4.原建筑进行室内改造，在结构承载能力方面的分析	结构
照明系统	1.室内天棚设计与灯具布置、照明要求的关系； 2.室内墙面设计与灯具布置、照明方式的关系； 3.室内墙面设计与配电箱的布置； 4.室内地面设计与地面终端的布置	电气
空调系统	1.室内天棚设计与空调送风口的布置； 2.室内墙面设计与空调回风口的布置； 3.室内陈设与各类独立设置的空调设备的关系； 4.出入口装修设计与冷风幕设备布置的关系	设备 （暖通）

专业系统	协调要点	协调工种
供暖设备	1.室内墙面设计与水暖设备的布置； 2.室内天棚设计与供热风系统的布置； 3.出入口装修设计与热风幕的布置	设备 （暖通）
给水排水系统	1.卫生间设计与各类卫生洁具的布置与选型； 2.室内喷水池、瀑布设计与循环水系统的布置	设备 （给水排水）
消防系统	1.室内天棚设计与烟感报警器的布置； 2.室内天棚设计与喷淋头、水幕的布置； 3.室内天棚设计与防火卷帘的布置； 4.室内墙面设计与消火栓箱布置的关系	设备 （给水排水）
交通系统	1.室内墙面设计与电梯门洞的装修处理； 2.室内地面与墙面设计与自动步道的装修处理； 3.室内墙面设计与自动扶梯的装修处理； 4.室内坡道等无障碍设施的装修处理	建筑电气
广播电视系统	1.室内天棚设计与扬声器的布置； 2.室内闭路电视和各种信息播放系统的布置方式（悬吊、靠墙或独立放置）的确定	综合布线
标志广告系统	1.室内空间中标志或标志灯箱的造型与布置； 2.室内空间中广告或广告灯箱、广告物件的造型与布置	广告设计
陈设艺术系统	1.家具、地毯的使用功能配置、造型、风格、样式的确定； 2.室内绿地的配置方式的品种确定、日常管理方式； 3.室内特殊音响效果、气味效果等的设置方式； 4.室内环境艺术作品，包括绘画、壁饰、雕塑、摄影等艺术作品的选用和布置； 5.其他室内物件（屏风、罩、垃圾筒、烟具、茶具、餐具、吹具等）的配置	陈设艺术设计

2.3　建筑装饰设计与相关学科

　　建筑装饰设计是建筑装饰行业中运用综合知识很强的岗位之一。在做设计方案时，必然会用上相关专业的知识。

　　通常情况下可将该部分知识分解成三个方面的知识内容：一是，本岗位系统关联的知识和技术；二是，与本岗位有密切关联性的知识和技术。三是，与本岗位有关联性的知识和技术。

　　建筑装饰设计师在做设计方案时需要掌握本岗位系统关联的知识和技术。如建筑设计史、室内设计史、建筑构造、装饰施工技术等，这些可以通过本专业其他课程的学习得到这些知识内容。

　　建筑装饰设计师在设计方案时还要理解和运用一些与本岗位有密切关联性的知识和技术。这些知识如：人体工程学、环境心理学、建筑美学、建筑视觉理论等。这些可以通过本教材的引导和入门，并通过自学得以完善，最后能在设计方案中得心应手的运用。

　　与本岗位有关联性的知识和技术主要来自于建筑装饰设计关联专业方面

的知识。如：建筑及结构、建筑电气、建筑设备、通风与空调等方面的知识等。这部分知识和技术可以通过各门课程扩展性知识的学习，以及今后在工作岗位不断的学习和积累来完成。

2.3.1 人体工程学

人体工程学起源于欧美，起初在工业社会中，大量生产和使用机械设施的情况下，人们开始关注人与机械之间的协调关系，逐渐发展成为人体工程学。人体工程学在二战中进行过有效地运用，二战后，各国把人体工程学的实践和研究成果，迅速有效地运用到空间技术、工业生产、建筑及室内设计中去。

人体工程学所研究的范围包括人体的尺度、生理和心理需求、人体能力的感受、对物理环境的感受、人体能力的适应程度等方面。

2.3.1.1 建筑装饰设计与人体工程学的关系

掌握人体工程学基本知识，可以在以下三个方面为建筑装饰设计提供设计依据：一是，人与环境因素，体现在人体感觉器官对环境的适应性；二是，人与空间，根据人体尺寸确定人体的空间活动范围，打造适宜工作生活的室内空间；三是，人与家具，为室内家具及陈设的适当体量等提供科学依据。

1. 人与环境

设计要以人为本，设计者要注意对所设计的室内空间的各种有损健康的因素加以限制。这种危害可能来自噪声污染、光污染、辐射污染、视觉污染、温差影响等，设计者可以通过人体工程学的研究为室内装饰设计提供科学的依据。

1）室内物理环境

提供适应人体的室内物理环境的最佳参数。室内物理环境主要有室内热环境、声环境、光环境、重力环境、辐射环境等，室内装饰设计有了上述要求的科学的参数后，在设计时才会有正确的决策。

2）室内视觉环境

对视觉要素的计测为室内视觉环境设计提供科学依据。人眼的视力、视野、光觉、色觉是视觉的要素，人体工程学通过计测得到的数据，对室内光照设计、室内色彩设计、视觉最佳区域等提供了科学的依据。

2. 人与空间

人体工程学是确定人和人际在室内活动所需空间的主要依据，根据人体工程学中的有关计测数据，从人的尺度、动作域、心理空间以及人际交往的空间等，以确定空间范围。人体空间一般是由人在室内的静点位置、人体三维活动范围、人的活动方向等内容构成，是影响室内空间造型、几何尺寸的重要因素。

1）静点位置

静点位置是指人们在室内空间里可能停留的地方。静点位置对于不同民族、不同地区的人们可能有一些差异，但共同点还是很多的。比如交通空间里，人们是不会久留的，但也要注意动态空间里也有相对静止的区域；另外，办公室的桌子前、商场的柜台前、居室的镜子前、厨房的灶台前等都是人们可能停留的地点。

通过分析静点位置，可以使功能分区更合理，而且还可以结合人的活动尺度对静点位置的周围空间进行布置。

2）人体三维活动范围

人体三维活动范围是指人的上下、左右、前后正常活动范围和极限。通过人体三维活动范围的研究，可以在满足人们正常活动的情况下尽量地节约空间，减少人们使用时可能带来的麻烦。比如卫生间里要设计一个浴屏，如何考虑浴屏既节约空间又要满足淋浴的需要，使小小的卫生间里空间的使用安排的很合理。

对人体三维活动范围的研究还有一个很重要的工作，那就是为家具的设计提供设计依据，任何使用性质的家具都是要满足人的生理特征要求，都要按照人的尺度去设计，使家具具有使用方便、安全、美观等特征。

3）人体动态活动范围

人的活动方向是指人在动态情况下活动的规律。这里要考虑人们生理和心理两方面的影响，比如人们在静止时肩宽550mm左右，行走起来则需要600mm左右的通道，两人通道则要1200mm，这里就要考虑人在动态时要加大活动范围；两个人对面谈话其相对位置考虑的更多是心理因素，在心理因素的作用下，两人是要保留一定的相对距离。

3. 人与家具

家具可分为人体家具、储存家具两部分，但都要满足人的使用功能。确定家具、设施的形体、尺度及其使用范围的主要依据是家具设施为人所使用，因此它们的形体、尺度必须以人体尺度为主要依据。同时，人们为了使用这些家具和设施，其周围必须留有活动和使用的最小余地，这些要求都由人体工程科学地予以解决。室内空间越小，停留时间越长，对这方面内容测试的要求也越高。

1）人体家具

属于人体家具的椅、床等，要让人坐得舒适，书写方便，睡得香甜，安全可靠，减少疲劳感。

2）储存家具

属于储存家具的柜、橱、架等，要有适合储存各种衣物的空间，并且便于人体存取。

为满足上述要求，设计家具时必须以人体工程学作为设计基础，使家具符合人体的基本尺寸和从事各种活动需要的尺寸。

2.3.1.2　人体基本尺度

人的活动是丰富多彩的，人体的动作也是千姿百态的。但从人的日常行为角度，可以将人的姿态分为立、坐、仰、卧四种类型，这四种姿势不是静止不动的，每一种姿态都有一定的活动范围和尺度。

1. 立

建筑装饰设计对人体尺寸的设计原则是要让更多的人活动时感到舒适，一般不按照人体高度的平均值进行设计。但作为建筑装饰设计的重要参考依据，为室内空间的有效使用提供了主要的参考数据。

我国按中等人体地区调查平均身高，成人男子为1670mm（图1—1），女子为1560mm（图1—2）。通过人体基本数据的了解，为装饰设计中具体的家具、围栏、陈设摆放等尺寸设计提供了依据。

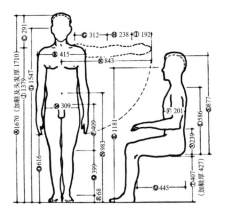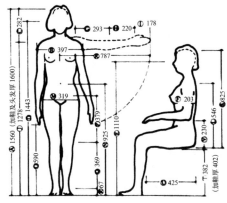

图1—1　成年男子直立与端坐时的尺寸（左）

图1—2　成年女子直立与端坐时的尺寸（右）

人的站立活动是常态，在人的一系列站立活动中，以通过、操作、收放为主要活动方式。通过掌握这些数据，可以为空间的有效利用提供可能。

2. 坐

坐是人体日常的活动状态，对坐的研究可以使人按照不同的使用方式设计不同的座位。通过对坐的高度、压力分布、肢体范围、背靠角度等的分析，使人的坐姿更标准、舒适。

1）坐的高度

它包含两个方面的内容：一是地面到座椅面的高度；二是座椅面与工作面之间的高度。在有工作面作为人体活动限制时，座椅的高度决定因素取决于工作面与座椅面之间的距离。这个高差距离一般为300±20mm，如工作面780mm高，座椅面的高度则为460～500mm高。

2）压力分布

人坐在座椅上时，体重分布在两个坐骨的范围内。人坐在椅子上的压力分布是由地面到座椅面的高度决定的（图1—3），设计椅子必须要适于人体能随意改变坐的姿势和站立的方便。坐垫柔软可以使压力均匀分布，但太高太软

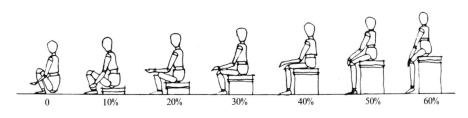

| 0 | 10% | 20% | 30% | 40% | 50% | 60% |

图1—3　座椅上的压力分布

的坐垫容易造成身体不平衡和失稳现象，一般坐垫的厚度在 25mm 为宜。设计座椅时还要考虑站立的方便，如需要经常起身的椅子，其地面到座椅面的高度可适当加高，这时人体重心偏高，容易摆脱压力。

3）肢体范围

当人坐着的时候，肢体的活动很常见。尤其是手臂的活动，要使手臂保持在正常的工作范围内，这就要求座椅和工作面的设计要有合理的工作范围。一般人的手臂最大作业范围是 500mm（图 1-4），设计时可考虑不要超越这个范围。

4）背靠角度

背靠角度的设计是因人而异的，各人对背靠角度的要求不尽相同，但基本趋向一致。汽车的背靠角度是 111.7°，椅面应以平坦的硬面或略有柔软即可，这有利于身体的重量分布。椅面的斜度一般后倾角度以 3°～6° 为宜。人体背部支持的位置关系比较参见（图 1-5），支持点 A～J 见表 1-2。

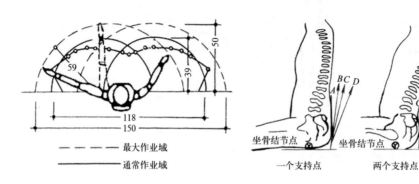

- - - - - 最大作业域

—— 通常作业域

坐骨结节点　坐骨结节点

一个支持点　两个支持点

图 1-4　手臂的活动范围（左）

图 1-5　人体背部支持的位置关系比较（右）

人体背部支持点数据表　　　　表 1-2

支持点	条件	上体的角度	上部		下部	
			支撑点的高度（mm）	支撑面的角度	支撑点的高度（mm）	支撑面的角度
一个支撑点	A	90°	250	90°	—	—
	B	100°	310	98°	—	—
	C	105°	310	104°	—	—
	D	110°	310	105°	—	—
两个支撑点	E	100°	400	95°	190	100°
	F	100°	400	98°	250	94°
	G	100°	310	105°	190	94°
	H	110°	400	110°	250	104°
	I	110°	400	104°	190	105°
	J	120°	500	94°	250	129°

3. 卧

卧也是人日常动作的常态，人有 1/3 的时间是在床上度过的。卧具的好坏直接关系到使用者休息的舒适性，如睡垫过软使人体陷的太深，不利于人体压力的合理分布，使人在睡眠时无法转换休息的姿势，而人均夜间睡眠变换睡姿20～40次左右。通过人睡在软垫床与睡在平板床上的压力分布比较（图1-6），可以看出平板床的体压分布要均匀，有转换休息的余地。

2.3.1.3　环境与人体工程学基本关系分析

人体工程学关注人与环境的关系，并根据成功与失败的工程案例为现有设计提供依据。如在出现追求"时髦"、"气派"的倾向，而导致环境污染的个别案例中，设计者不仅在大型公共建筑室内装饰中大量使用不锈钢、铝板、铜条、塑料、磨光石材等材料，甚至在某些住宅空间中也大量使用光亮、尖硬等所谓高档材料，造成室内环境中的视觉污染、光污染、辐射污染等环境污染。

又如，某住宅室内设计工程案例中，出现过大理石板装修墙壁，用不锈钢包装柱子（图1-7）等，尤其是在室内空间不是很大的情况下，还要大量使用。不但造成光污染、视觉污染，而且还大量耗用不可再生的珍贵装修材料，对建筑业的可持续发展极为不利。

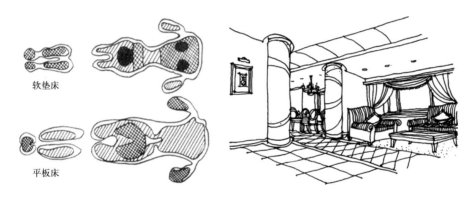

软垫床

平板床

图1-6　床的压力分布图（MPA）（左）

图1-7　家居室内不锈钢包柱容易造成光污染（右）

2.3.1.4　空间与人体工程学基本关系分析

人们使用产品时常处于动态和静态两种状态之中，因此产品不但要符合人体静态的尺寸，也要符合人体的动态尺寸。要让人在使用它时，能够方便施力、有足够的空间等。这样可以提高效率，满足健康、舒适的要求。

室内设计通常是为普通人群考虑，设计参照的标准是依据普通人群的数据确定的。如常见的住宅入户门，一般门高2000mm，宽800～900mm，门把手高1000mm，这些都是以普通人群的身高、体宽以及左右手习惯等为标准设计的，适于普通人群操作、使用。但是特殊人群也是社会的重要组成部分，他们往往有着独特的需要。设计时，还应充分地考虑特殊人群的特点和需要。

在矩形卫生间中，卫生洁具"三大件"的设计摆放要根据人体工程学知识，考虑一些使用中可能出现的问题。如根据使用频率等要求考虑布置方案，一般情况下"三大件"基本的布置方法是由使用频率高到低设置（图1-8）。即从卫生间门口开始，最理想的是洗手盆最靠近卫生间门，马桶紧靠其侧，把淋浴间设置最内端，这样无论从作用、生活功能或美观上都是一流的。

另外，在方形卫生间设计中，门的开启方向设计也要根据人体工程学的使用频率的需求，将开启方向面向洗手台方向，这是一个常识性知识，但往往初学者并不注意，没有感受到这是一个人体工程学常识性问题。

2.3.1.5　家具与人体工程学基本关系分析

家具是与人密切相关的室内陈设用品，它既有使用性又有艺术性，理想的家具设计与选择可以为室内装饰设计的成功打下一个良好的基础。家具设计要在人体工程学结合艺术性的指导下完成，下面以坐具、桌、床、柜、厨房家具为例，对家具与人体的关系进行分析。

1. 坐具

坐具是沙发、椅子、凳子等家具的总称，设计坐具时要用人体工程学的观点，符合人们端坐时的形态特征和生理要求。

设计坐具首先要确定座高，以椅子为例，经验表明座椅面过高就会导致两脚悬空，大腿的前部紧压座椅面，影响下肢的血液循环，长时间会造成小腿麻木或肿胀；座椅面过低，大小腿之间呈锐角，大腿的重量要靠小腿来支撑，也会引起腿部的不适。因此座椅面高度应保证大腿部接近水平状态（图1-9），而且在工作面过高时，应采取办法让脚部抬高，保持脚部与座椅面的高差在400～450mm之间。

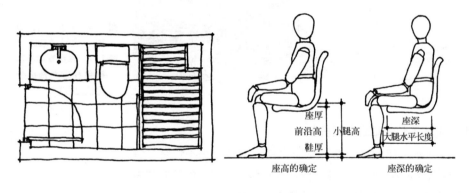

图1-8　卫浴"三大件"基本的布置方法（左）

图1-9　座高与座深的确定（右）

其次，确定椅子的靠背高度。合适的背高可以使人的坐姿保持稳定，也可以分担部分身体的重量。在设计中要注意不同用途其背高是不同的，以休息为功能的沙发，背高可以达到颈部，使人可以舒适的枕靠在背靠上；一般的工作椅背靠的高度在肩胛左右即可，使人的背部肌肉能够得到休息，并有利于上肢的活动。

第三，座椅面的宽度要≥400mm，有扶手座椅面宽度≥480mm；座椅面不要过于深或浅，深度太大，后背远离靠背，过浅则腿部过于吃力，影响坐姿的舒适程度。一般选择400～900mm之间。

最后，确定座椅面与背靠之间的角度。座椅面应前高后低，与水平成一定夹角，一般工作椅的夹角在0°～5°；休息沙发可在10°～15°。座椅的靠垫要向后倾斜，一般工作椅的夹角为95°～100°。

2. 桌

研究表明，过高的桌子不但影响人体健康，而且还会引起肌肉疲劳，影响工作效率。桌子中对人工作学习影响较大的尺寸有：桌面的高度、桌椅之间高度差等数值（图1-10）。合理的桌椅之间高度差能使坐者长期保持正确的坐姿，1979年国际标准规定的桌椅高度差为300mm，可作为设计桌高的参考依据；桌面的高度是由座椅的高度加上桌椅高度差来决定的，普通座椅高450mm，则桌面的高度可在750～780mm之间。

桌面的尺寸是由宽度和深度决定的，设计时可将手臂活动范围数值作为参考。多人平行坐的桌子，要考虑加长桌面，以人体占用桌边沿的宽度去考虑。桌边沿的宽度可在550～750mm的范围内选择。

3. 床

床的基本功能是使人躺在床上能舒适地睡眠休息，以解除每天的疲劳，恢复体力。因此，设计床类家具必须注重考虑床与人体的关系，使床具备支撑人体卧姿处于最佳状态的条件，使人体得到舒适的休息（图1-11）。

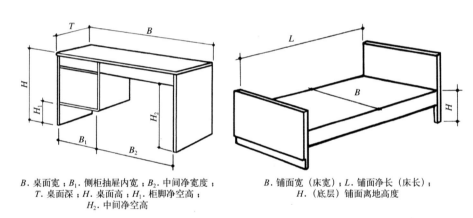

B. 桌面宽；B_1. 侧柜抽屉内宽；B_2. 中间净宽度；
T. 桌面深；H. 桌面高；H_1. 柜脚净空高；
H_2. 中间净空高

B. 铺面宽（床宽）；L. 铺面净长（床长）；
H. （底层）铺面离地高度

图1-10 桌类家具的
基本尺度（左）
图1-11 床类家具的
基本尺度（右）

床宽与人的睡眠最为密切，据观察，床的宽窄直接影响人睡时的翻身活动，过窄的床翻身次数减少30%，因而大大影响熟睡程度。床宽的尺寸以仰卧姿势作基准，使床宽为仰卧时肩宽的2.5～3倍，成人男子肩宽为410mm，则单人床宽在800mm以上为好。

床长的确定是在人体平均身高的基准上再增加5%，以及必要活动空隙，正常床长在1900～2000mm左右。

床高设计考虑既可睡又可坐，为穿衣、脱鞋等与床有关系的活动创造便利条件。一般可参考椅子坐高的设计，常用尺寸在400～500mm。

床垫的发展是越来越注重人体工程学设计。有医学研究显示：人体平躺时身体各部位重量分布为臀部40%、背部15%、头部10%、脚部10%、腰部25%，身体与床面接触部分所承受压力平均是$5g/cm^2$。因此，现代床垫的设计方向是贴合人体曲线，精确地承托头、肩、腰、臀四个压力位，令睡眠更舒适。

4.柜

柜类家具包括衣柜、书柜、餐柜、音响柜、博古柜、床头柜等，它的基本功能是贮存物品。柜类家具的设计要求以存放数量充分、存放方式合理、存取方便等为原则。

柜类家具的高度主要是根据人体高度来确定的。柜类家具与人体的尺度关系是以人站立时，手臂的上下动作的幅度为依据，通常分为三个区域（图1-12）。650mm以下为第一区域，一般可存放较重的不常用的物品；第二区域为650～1850mm之间，这是最便于达到的高度，也是视线最好的范围，因此常用的物品就应存放在这一区域；第三区域是1850mm以上，这个区域使用不方便，视线也不理想，但能够扩大存放空间。柜类家具的高度与人体高度是否协调，主要是通过设计家具各部件的高度得以实现，柜类家具部件的极限尺度如图1-13中所示，而搁板的高度范围如图1-14中所示。

柜类家具的宽度是根据存放物品的种类、大小、数量和布置方式而决定的，对于荷重较大的物品柜，如电视机、书柜等，还要根据搁板的载荷能力来控制

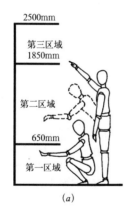

(a)

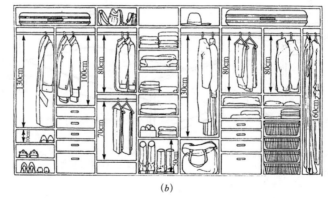

(b)

图1-12 柜类家具的
高度分区示意
(a) 家具高度分区示意；
(b) 衣柜高度分区设计

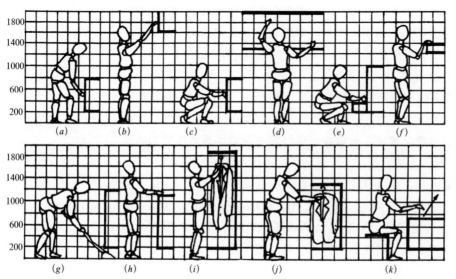

图1-13 柜类家具部
件的极限尺度示意
(a) 门拉手最低位置；
(b) 门把手最高位置；
(c) 玻璃门拉手最低位
置；
(d) 玻璃门拉手最高
位置；
(e) 抽屉最低位置；
(f) 抽屉最高位置；
(g) 脚最低位置；
(h) 小柜最高位置；
(i) 挂衣柜最高位置；
(j) 挂衣柜最低位置；
(k) 翻门最高位置

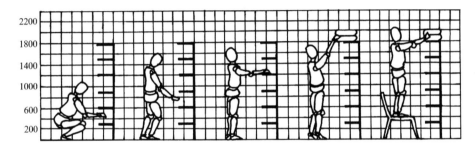

图 1-14　柜类家具搁板的高度范围示意

其宽度。柜类家具的深度主要按搁板的深度而定，另加上门板与搁板之间的空隙。搁板的深度要根据存放物品的规格尺寸而定。一般的柜深不超过 600mm，否则存放物品不方便，柜内光线也差。

5. 厨房家具

随着人们生活水平的提高，厨房设计现在已越来越为人们所认识，成功的厨房设计可以合理利用空间，使用者在操作上便捷、活动自如、使用安全。

在进行厨房设计时，首先应考虑合理的作业流程。最基本概念是"三角形工作空间"，厨房日常工作离不开"洗、储、炒"三步曲，所以洗菜池、冰箱及灶台都要安放在适当位置，最理想的是呈三角形，相隔的距离最好不超过 1m，目的是节省时间及体力，当然，这也要依厨房的面积而定（图 1-15）。合理的工作流程可以在厨房作业时，保持一份悠然自得的心态，舒适的尺度能充分让您感受到人性化的温暖，操作起来也得心应手。如用柜子储藏物品，取物时，要打开柜门，蹲下才可以拿到物品。而用抽屉储存物品，拉开抽屉，就可以看到全部的物品，轻松取物。

其次是橱柜的人体工程学设计。橱柜一般分为低柜和吊柜两种形式，设计可参考柜子的设计，低柜是使用者最常使用的柜子，它有两个功能，一是贮物的功能，二是台面操作的功能。台面的高度是操作方便的关键，一般可取 700～800mm 左右，台面的深度可在 550～600mm 之间选择；吊柜也是

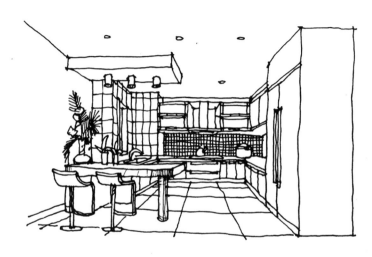

图 1-15　餐厅厨房合理布局效果图

橱柜中重要的组成部分，存放物品时，吊柜的开启方式，直接影响使用是否方便。传统的对开开启方式占用空间，上掀开启方式方便好用，也利于美观。传统的操作台与吊柜之间的高度设计不够合理，过高对排油烟不利，过低又可能碰头，合理的设计是将操作台面与吊柜之间的高度控制在 750 ～ 800mm 左右。另外吊柜的高度一般选择在 600 ～ 800mm 之间，高度过大过小都可能影响操作的方便，吊柜的深度要比低柜窄一些，使高个的使用者不至于碰头。一般可选择 350 ～ 400mm 之间（图 1-16）。

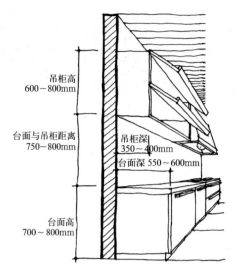

图 1-16　橱柜设计常用尺度

2.3.2　环境心理学

环境心理学是一门 20 世纪 60 年代形成、独立的新兴学科，是研究环境与人的行为之间相互关系的学科，它着重从心理学和行为的角度，探讨人与环境的最优化，即怎样的环境是最符合人们心愿的。环境心理学与多门学科关系密切，在建筑装饰设计中，环境心理学主要研究生活于人工环境中人们的心理倾向，把选择环境与创建环境相结合，着重研究下列问题：一是环境和行为的关系；二是对环境的认知；三是环境和空间的利用；四是怎样感知和评价环境；五是在已有环境中人的行为和感觉。

对建筑装饰设计工作者来说，我们要做的是符合人们的心愿。在室内空间环境中处理好空间、界面、色彩、光线等环境因素，让设计最大限度地满足人们的心理与生理需求，使环境与人的关系得到最大的协调。

2.3.2.1　符合行为模式和心理特征的设计

人在室内空间中表现出来的行为特征不单纯是一种社会行为，而是一种自然的心理特征表现，环境心理学通过对这些不经意的表现行为研究，为设计者在建筑装饰设计中提供了设计的依据。

1. 人的领域性

领域性是指动物在环境中为取得食物、繁衍生息等的一种适应生存的行为方式。人与动物毕竟在语言表达、理性思考、意志决策与社会性等方面有本质的区别，但心理中的领域性始终存在。比如，人在室内环境里的生活、生产活动中，总是力求其活动不被外界干扰，希望在自己心理能承受的领域内自由活动。所以在领域性不强的公共领地，由于没有明显标记的地方会更容易遭到破坏，如工厂、学校和空地都是被破坏最多的地方。而当空间领域性有明确的界线，标明所属者时，犯罪率和故意破坏行为要比没有标记的地方低。

环境心理学以不同的接触对象在不同的场合的人际实际接触情况为基础进行研究，提出了人际距离的概念，根据人际关系的密切程度、行为特征确定人际距离，即分为：密切距离、人体距离、社会距离、公众距离（表1-3）。通过人际距离的数据，可以使设计者在设计空间时有意推出一种空间及家具尺度，使使用者在建成后的空间里，能够按照设计者的意图去进行活动。

人际距离和行为特征分析表　　　　　　　　　　　表1-3

序号	人际距离（单位：mm）	行为特征（单位：mm）
1	亲切距离 0~450	接近相0~15，亲密、嗅觉、辐射热有感觉 远方相15~450，可与对方接触、握手
2	人体距离 450~1200	接近相450~750，促膝交谈，仍可与对方接触 远方相750~1200，清楚地看到细微表情的交谈
3	社会距离 1200~3600	接近相1200~2100，社会交谈，同事相处 远方相2100~3600，交往不密切的社会距离
4	公众距离 ≥3600	接近相3600~7500，自然语言的讲课，小型报告会 远方相≥7500，借助姿势和扩音器的演讲

不同的住房设计引起不同的交往和友谊模式。高层公寓式建筑和四合院布局产生了不同的人际关系，这已引起人们的注意。国外关于居住距离对于友谊模式的影响已有过不少的研究。通常居住近的人交往频率高，容易建立友谊。

在现代大型商场的室内装饰设计，也按照顾客的购物行为从单一的购物，发展成为一站式的"销品茂"（Shopping Mall）。购物摆脱了柜台式的服务，使顾客尽可能接近商品，亲手挑选比较，并结合茶座、游乐、快餐等形成符合顾客心理的商业模式。

2. 私密性

私密性要求满足在相应空间范围内包括视线、声音等方面的隔绝要求。在居住类室内空间里人们要求的私密性更强。这种私密性是人的正常心理反应，环境心理学所要研究的是人们在普通的环境里是如何选择私密空间的。

通过观察可以发现，在火车上人们选择座位时喜爱靠窗户的位置，就餐人对餐厅中餐桌座位的挑选，喜欢选择餐厅中靠墙卡座的位置（图1-17），相对地人们最不愿意选择临门处及交通人流频繁通过的座位。设计者通过了解人们私密性的需要，可在室内空间的设计中有意形成更多的尽端式空间（图1-18），也就更符合散客就餐时"尽端趋向"的心理要求。

3. 安全感

安全感是人们希望周围的环境能够带来稳定的心理感受。生活在室内空间的人们，从心理感受来说，并不是越开阔、越宽广越好，人们通常有一种防范心理，在各种室内空间里更愿意背靠实体物体。

通过对火车站和地铁车站的候车厅分析，人们并不较多地停留在最容易

图 1-17 卡座是消费者喜欢的位置（左）

图 1-18 尽端式空间体现人们私密性的需要（右）

上车的地方，而是愿意待在柱子边（图 1-19），人群相对散落地汇集在厅内、站台上的柱子附近，适当地与人流通道保持距离。柱子使人们感到有了依靠，使人们的心理有安全感。

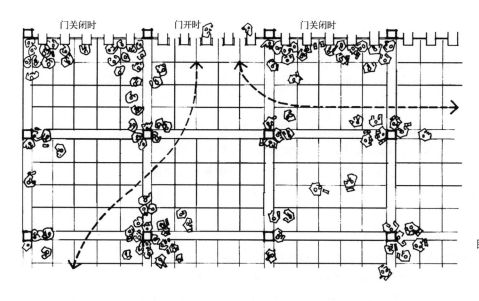

图 1-19 某候车厅内人们候车时选择的位置

4. 空间形状的心理感受

空间形状的不同往往会使人产生不同的心理感受，在设计时要掌握各种空间可能会给人们带来的心理变化，使空间设计既不浪费又符合人们的居住习惯。

首先，空间的形态可以对人的心理产生一定的影响。矩形空间的长、宽、高的比例不同，会给人带来安静、期待、开阔的心理感受；拱形空间的中心感很强，给人的感受是方向性很强；穹顶式的室内空间是给人一种集中式的心理感觉，还能给人带来一种震撼、向上的心情。

家具的安排也会带来不同的空间变化。社会心理学家把家具安排区分为两类：一类称为亲社会空间，一类称为远社会空间。在前者的情况下，家具成行排列，如车站，因为在那里人们不希望进行亲密交往；在后者的情况下，家具成组安排，如家庭，因为在那里人们都希望进行亲密交往。

其次，空间的大小、高低也会影响使用者的心理感受。大空间具有超人的尺度，设计者可以利用非正常尺度取得震撼人心的效果；空间过小、过低会使人产生压抑之感。

2.3.2.2 依据认知环境和心理行为模式的设计

环境心理学认为，人们从环境中接受初始的刺激的是感觉器官，然后经过大脑对环境或事物进行评价和判断，因此人们对环境的认知是由感觉器官和大脑一起进行工作的。而且这种感知会在人们的记忆中长期积存，形成一种固定的心理行为模式。比如，人们可以凭借自己的经验判断出某种环境适宜办公、就餐、娱乐等，通过对使用者心理行为模式的了解，设计者可以做出让人们从内心喜悦的室内设计作品。

1. 工作环境设计

人们社会交往的程度是衡量工作环境设计的指标之一。社会趋近和社会退缩表示环境促进或阻碍人们社会交往的程度。

社会趋近的环境通常设计成有面对面的座位、可灵活移动的家具，它促进了人际交往，使人们能够比较方便地聚在一起，如休息室、咖啡馆的设计。

社会退缩的环境设计则恰恰相反，它的设计由于有固定的座位陈设而阻碍了人际交往，如购物中心和飞机场等。

开放式办公室（图1-20）是办公空间环境设计通用方法之一，减少了视觉或听觉上的私密性，有助于增加人们的合作性和工作的满意度。简单任务可能比在封闭办公环境中完成得更好，并且可以增加同事间的交往，减少了上下级间心理上的隔阂，一些雇员感到工作更容易完成。

2. 学习环境设计

学习环境设计主要包括物理环境、教学设施等环境方面设计。

学习环境中的物理环境主要指空气、温度、灯光、色彩、声音和建筑材料等（图1-21）。空气新鲜能使人大脑清醒、心情愉快，空气污浊则容易使人大脑昏沉。用脑时需要有适当的光线强度。用脑环境温度适宜，颜色在促进人

图1-20 工作环境设计（左）
图1-21 学习环境设计（右）

的智力活动方面也扮演着重要角色，决定了儿童对学习环境做出何种反应。音量适中、悦耳动听的声音则可以令人轻松愉快，使人进入智力活动的最佳状态。

校舍建筑中的各种教学设施主要包括校园绿化、教室内课桌和椅子的摆设、布置等，都会对师生的精神面貌、教学情绪乃至教学质量产生影响。

3. 居住环境设计

健康的居室环境是居住环境设计首要考虑的因素。

这主要包括：一是注意居室光线。住宅设计要注意采光，在光照不足的情况下，也应科学地利用非自然光（图1-22）。二是利用居室色彩。利用暖色使人精神振作、心情愉快，增加新陈代谢；利用冷色来抑制与缓和精神紧张。家庭人口多宜采用冷色调；人口少，比较安静则多采用暖色调。三是预防噪声污染。一种办法是设置窗帘，居室周围多种些树木，临街的窗户上加双层窗或密封窗，再就是宜选用木质家具，可以吸收噪声。

4. 公共环境设计

公共环境设计要考虑人们对室内环境综合的舒适感受。

在公共环境室内设计时固然需要重视视觉环境的设计，但是不应局限于视觉环境，对室内声、光、热等物理环境，空气质量环境以及心理环境等因素也应极为重视。一个闷热、噪声背景很高的室内，即使看上去很漂亮，其环境也很难给人愉悦的感受。一些涉外宾馆中投诉意见比较集中的，往往是晚间电梯、锅炉房的低频噪声和盥洗室中洁具管道的噪声，影响休息。不少宾馆的大堂，单纯从视觉感受出发，过量地选用光亮硬质的装饰材料，从地面到墙面，从楼梯、走马廊的栏板到服务台的台面、柜面，使大堂内的混响时间过长，说话时清晰度很差，当然造价也很高（图1-23）。

图1-22　居住环境设
　　　　计（左）
图1-23　公共环境设
　　　　计（右）

2.3.2.3　个性化与环境的相互制约

环境心理学认为人们之间的个性是相互影响、相互制约、相互作用的。在室内的装饰设计中，使用者的个性对环境设计提出更多的要求，这就要求设计者充分理解使用者的行为、个性，在塑造环境时予以充分尊重，但也要适当张扬个性的设计，将自己的设计思想介绍给使用者。因为很多使用者只是凭借自己的装修认识对设计提意见，很多情况下是违反室内装修常识的，这时设计者就需要用自己的专业知识去说服业主，创作出有个性的室内设计作品。

个性化设计通常还反映在创造的室内环境高度重视艺术性，当然还有高度重视科学性的个性化设计师，不过个性化往往强调其中一方面的重要性。如在具体工程设计时，会遇到不同类型和功能特点的室内环境，对待上述两个方面的具体处理，就会有所侧重。但从宏观整体的设计观念出发，仍

图1-24 伦敦劳埃德保险公司大厦高技派的个性化风格特征更为突出

然需要将两者结合。科学性与艺术性两者绝不是割裂或者对立，而是可以密切结合的。意大利设计师P·奈尔维设计的罗马小体育宫和都灵展览馆，理查德·罗杰斯设计的伦敦劳埃德保险公司大厦（图1-24），采用高科技风格，结构暴露，大量使用不锈钢、铝材等材料构件，使整个建筑高技派的个性化风格特征更为突出；荷兰鹿特丹办理工程审批的市政办公楼，室内拱形顶的走廊结合顶部采光，不做装饰的梁柱处理，在办公建筑中很好地体现了科学性与艺术性的结合。

2.3.3 建筑装饰设计与建筑学

建筑设计是建筑装饰设计的前提，两者关系非常密切，相互渗透，正如城市规划和城市设计是建筑单体设计的前提一样。建筑设计与建筑装饰设计有许多共同点，首要问题就是空间问题。前者的任务是如何以一种结构形式构筑起空间；后者的任务则是使前者提供的空间更加完善，并达到最终实用的需求。两者都要面对诸如空间的功能、性质、结构形态、尺度、采光及内外空间协调等问题。此外，建筑与室内的众多造型因素在形式方面应取得和谐统一，建筑内外许多设计元素，实施细节更需在设计与施工过程中整体策划、相互协调。基于此，建筑和建筑装饰设计使用着许多相同的设计语言与形式，遵循着相同的原理与原则，具有较强的内在相关性，是一个相互依赖、不可割裂的统一体。

2.3.3.1 建筑与建筑装饰行业关联

目前，新建建筑的设计与施工做法来看：先由建筑设计单位经过投标完成建筑设计方案，经规划管理部门审批后付诸工程施工；而建筑装饰设计方案往往是在建筑施工完成后着手进行，可以说从设计到施工的专业人员配备完全是两套人马，这套程序虽做到了建筑与室内设计的分工，责任明确，但也为建筑室内外风格的统一带来了难度。

1. 设计行业的关联

一直以来建筑设计行业主要是由从事建筑学专业的人员构成，该行业一般是由建筑设计院和有关的建筑设计事务所构成。由于细分行业的不同，该行业的建筑设计人员主要从事建筑设计，极少从事建筑装饰设计。所以目前我国很少有建筑设计与建筑装饰设计一体完成的设计任务；建筑装饰设计是由建筑装饰工程公司附属的设计公司或专业的建筑装饰设计公司来完成，他们在设计理念、建筑相关设备、工种协调等业务往来方面很少与建筑设计部门交流，只能凭借自身的理解对室内装饰进行设计。所以目前室内装饰设计主要是根据现状资料完成设计任务，极少与建筑设计人员一起讨论设计或合作完成设计任务。

2. 施工行业的关联

现在的大型建筑施工单位多数都将企业施工的重点放在建筑施工方面，很多企业也有下属的建筑装饰公司，但很多下属装饰企业难以和独立建制的大型建筑装饰工程公司相比。在新建建筑中，很多大型建筑施工单位作为乙方与建设单位签定建筑施工和建筑装饰工程施工合同，这样对建筑的施工和室内外装修都有一定的益处，但很多建筑施工单位由于建筑装修能力有限，而将室内装修任务再二次转包给建筑装饰工程公司，而自己只起到管理的作用，这显然对室内装饰设计带来不利的影响。对于小型建筑或改造建筑一般都是建筑装饰工程公司独立开展投标或施工工作，与建筑工程公司关联性不大。

2.3.3.2 建筑与建筑装饰设计的设计关联

建筑与建筑装饰设计的关联性很强，不但体现在设计思路的一致性，而且在设计方法上也有一定相似性，值得设计者之间相互借鉴、学习。

1. 设计思想的关联

建筑设计和建筑装饰设计同样属于建筑艺术表现范畴。从其相互依存、相互延伸、相互渗透、相互融合的互动上看，建筑设计和室内设计之间决不仅仅是外在修饰和附加的关系，而是应当具有更深层次的内在互通、交流和共存的关系，是不可分割的关系。建筑设计与建筑装饰设计的同步和协调，会使建筑艺术更加完美，使设计少一分遗憾。通过建筑艺术与建筑装饰艺术的相互交融，有利于形成完整的设计体系，把设计纳入合理的程序轨道，使其不断地追求风格，从而创作出更多的、深受广大人民群众喜爱的建筑艺术作品。

2. 设计技术的关联

现在建筑设计和建筑装饰设计都面临着一个不可回避的技术问题，不但要在艺术上做到互相协调，而且还要统筹安排各种技术问题。其中包括水电暖通等各工种设施的设计协调与配合，实现设计一体化，减少或避免因设计不规范等人为的损失，使施工成本得以降低。

另外，现代建筑设计往往在电脑控制、自动化、智能化等方面不断更新，从而使室内设施设备、电器通信、新型装饰材料和五金配件等都具有较高的科技含量，如智能大楼、能源自给住宅、电脑控制住宅等。由于科技含量的增加，现在的建筑装饰设计工作也必须跟上科技的脚步，与建筑设计中的技术对接，为提升室内的设计技术含量做出努力。所以现在建筑装饰设计工作者要在做好建筑艺术创作的同时，还要对水暖电专业知识、综合布线等多方面知识加以理解，这样才能创作出完美的建筑艺术设计作品。

3. 设计业务的关联

现在我国建筑设计的业务主要由建筑设计院来完成，建筑装饰设计的工作则由建筑装饰公司或室内设计公司完成，设计业务的关联主要由业主牵头，对可能涉及的工程相互配合、互相协调。

建筑设计、建筑装饰设计专业设计应该是基本一致的，但在设计工作流程中参与的专业有很大的区别（图1-25）。

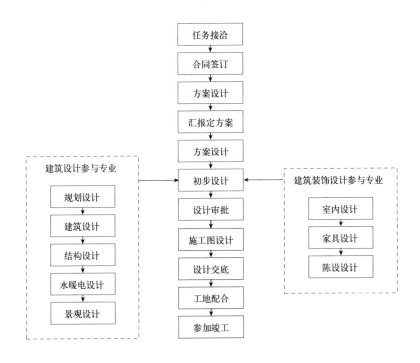

图 1-25 建筑设计、建筑装饰设计工作流程及参与的专业

目前，我国的装饰设计或环境艺术设计等专业的教学中对建筑的教学分量少一些，使得在做建筑装饰设计时对建筑的理解有时力不从心。而我国的建筑学教育的宽度和外延也不够。对建筑装饰设计或环境艺术设计的各种必要知识，也未能将其融入建筑学课程中去。以致许多设计者走上工作岗位后只能搞好本职工作，不能真正地将思想、意识与相关专业融为一体，从而可能造成相关专业之间的基础脱节和设计中的衔接问题。所以学习建筑装饰设计不能只学习自己专业的一点知识，现代是知识交融的时代，只有对相关专业知识有充分的了解，才能在设计中获得成功。

2.3.3.3 建筑与建筑装饰设计的不同点

建筑装饰设计固然是建筑设计的继续与深化，是室内建筑空间环境的再创造，但是建筑装饰设计从学科专业和行业市场说来，也还有不少与建筑设计有区别的方面。

1. 建筑装饰设计与人的联系更紧密

建筑装饰设计与建筑技术、建筑设备、建筑物理及人体工程学、环境心理学之间的关系比建筑设计更密切。由于室内环境对人们的工作效率、生活质量的影响尤为突出，因而建筑装饰设计与材料品质，产品应用以及工业设计之间的关系比建筑设计来得更为紧密。另外，建筑装饰设计在研究人们的行为模式，心理因素等方面更为细致和深入，在色彩、材质、照明、设施等方面更为关心使用者的要求。

2. 更新周期比主体建筑物短

在建筑行业中，建筑质量要保证百年大计。我国建筑设计使用年限规定，普通建筑为 50 年，特殊重要建筑结构为 100 年。但由于城市规划调整频繁、建筑维护维修不及时、材料耐久性差，现平均使用寿命仅为 30 年，建筑使用寿命远小于设计寿命。

从事建筑行业装饰设计的人都知道，室内装饰的更新周期比主体建筑物时间还要短，从目前行情看，平均使用寿命应在 8 ~ 10 年左右。如果将室内装饰分为硬装饰和软装饰，那么软装饰的使用寿命还要短，约在 3 ~ 5 年，这也就呈现了室内装饰装修工程的多样性、频繁性的特点。

2.3.4 传统建筑美学与当代建筑美学理论

建筑美学是建筑学的重要分支，是建立在建筑学和美学的基础上，研究建筑领域里的美和审美问题的一门新兴学科。

20 世纪，英国美学家罗杰斯·思克拉顿运用美学理论，从审美的角度论述了建筑具有实用性、地区性、技术性、总效性、公共性等基本特征，可看成是建筑美学的创始人。

建筑美学研究的内容主要有：建筑艺术的审美本质和审美特征；建筑艺术的审美创造与现实生活关系；建筑艺术的发展历程和建筑观念、流派、风格的发展嬗变过程；建筑艺术的形式美法则；建筑艺术的创造规律和应具有的美学品格；建筑艺术的审美价值和功能；鉴赏建筑艺术的心理机制、过程、特点、意义、方法等。

2.3.4.1 传统建筑美学

在美国哥伦比亚大学 1952 年出版的《20 世纪建筑的功能与形式》第二卷《构图原理》中，美国现代建筑学家托伯特·哈姆林对建筑的个体、群体、室内、外观的形式美的原则做了具体的阐述，提出了现代建筑技术美的十大法则，即：统一、均衡、比例、尺度、韵律、布局中的序列、规则的和不规则的序列设计、性格、风格、色彩等，较全面地概括了建筑美学的基本内容。对于建筑构图来说具有普遍意义的原则，现在一直是建筑类专业教学中讲授建筑形式美最权威的美学法则。

1. 统一

建筑艺术也符合艺术的一般规律，在设计创作上要解决好复杂空间设计中的多样性问题，将最繁杂的室内空间、室内陈设等元素高度统一起来，形成完整的设计语言，达到装饰设计艺术的最高境界。其方法有：

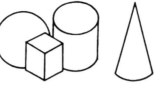

图1-26　简单的几何形体具有统一感

1）几何形体的统一

在建筑中最主要、最简单的一类统一，叫做简单几何形体的统一。任何简单的、容易认识的几何形体，都具有必然的统一感。埃及金字塔震撼人心的魅力，古罗马大角斗场的叹为观止，都源于积聚在简单几何形体里的统一感（图1-26）。

2）协调

运用协调的手法达到统一的目的，可使建筑本身及群体有一种完美的协调关系，有助于使建筑物产生统一感。形状的协调如很多欧洲小城市，建筑风格相近，建筑物的基本形状有协调感，使许多城市的城市面貌统一感很强，至今还是令人神往。在单体建筑中，利用建筑本身的窗户、门、楼梯等基本构件的几何形状，作为其他元素设计中的参考形状，同样有助于使建筑物产生统一感。形状与尺寸的协调可以贯彻到建筑物最小的细部中去，这也是使建筑物内外变成同一构图中完整整体最可靠的方法之一。玛德林大教堂的内部，几乎综合运用了所有的方法，如形式相似的拱、小拱对大拱的从属关系、内部各穹顶对中央穹顶的从属关系，使得统一的效果达到了令人惊叹的地步（图1-27）。

色彩的协调，也是获得建筑室内外空间统一的选择之一。在这方面，建筑有得天独厚的优势。因为正确地选择建筑材料可以获得主导色彩，而且这常常是得到统一和协调的唯一方法。在成功的实例中一般有一种色彩或一种材料牢牢占据主导地位，对比的色彩或材料仅仅用来加以重点点缀。

3）主从关系

主从关系的原则是所有较小的部位，从属于某些较重要和占支配地位的部位。通过次要部位对主要部位的从属关系，达到利用次要部位烘托主体部位的目的（图1-28）。

2. 均衡

在建筑艺术中，均衡性是最重要的特性之一。虽然建筑是三维空间的视觉问题，但人们会对透视所引起的视觉变形做出矫正，所以我们可以利用立面图研究构图的均衡问题。在图1-29a中，线条是有秩序排列的，所以会出现某种均衡感，可是这个序列看起来是游荡不定，它的效果是浮

图1-27　玛德林大教堂的内部设计元素的从属关系

图1-28 利用筒灯烘
托主要部位灯具

动不安的；如果我们在这样一组线条的中央加一个图案，在均衡中心处加以强调，就会使人感到安定和心情愉快（图1-29b）；即使在垂直线条的两侧加上封闭的母题，去掉均衡中心的图案，均衡也是能够感到的（图1-29c）。在均衡的分类中，主要有规则式均衡和非规则式均衡两种情况。

1）对称

对称是均衡中的一种最常见形式，由于是以轴线为对称所以又叫规则式均衡。在这种均衡中，建筑物对称轴线的两旁是完全一样的，只要把均衡中心以艺术的手法加以强调，立刻就会给人一种安定的均衡感，如印度的泰姬陵在建筑构图上就呈现出对称的艺术效果（图1-30）。

2）非规则式均衡

当均衡中心的两侧在形式上虽不等同，但均衡表现相同时，我们称之为非规则式均衡。在非规则式均衡中，首要原则是要比对称的构图更需要强调均衡中心，尤其是对一些复杂的构图，只有在均衡中心多下功夫，才能使画面稳定、层次分明。在室内的装饰设计中，设计者常常利用均衡中心把人们的脚步引向某一个方向。如果设计得当，实际中就可以少用导向标志。在建筑中如日本奈良法隆寺整体立面呈现非规则式均衡（图1-31）。

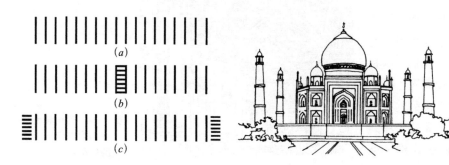

图1-29 均衡和对均
衡中心的强调（左）
(a) 数字上的均衡；
(b) 强调中心；
(c) 两端停顿，示意中心
图1-30 泰姬陵在建
筑构图上呈现规则
式均衡，也就是对
称（右）

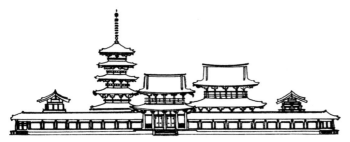

第二个原则是杠杆平衡原理。意思是指一个远离均衡中心、意义上较为次要的小物体，可以用靠近均衡中心、意义上较为重要的大物体来加以平衡。在这种构图中，均衡中心作为视觉中心有吸引人的作用，尤其在许多弯曲或曲折轴线的不规则平面中能够得以体现（图1—32）。

图1—31　日本奈良法隆寺整体立面呈现非规则式均衡（左）

图1—32　利用杠杆平衡原理做不对称的均衡（右）

3. 比例

比例是建筑艺术中很重要的因素。在建筑装饰设计中，设计者不但要研究建筑自身的比例问题，还要在室内空间与家具陈设之间的比例关系上加以推敲。只有完善各个物体之间的比例关系，才能唤起人们的美感，达到设计取悦于人、以人为本的目的。

室内空间是由不同的界面组成，设计者在设计中首先要和各个界面打交道，界面的几何形状及其比例关系则是设计的关键所在。通过总结设计可以发现，正方形不论形状大小如何，它的周边"比率"永远等于1；圆形则无论大小，它的圆周率永远是3.14。而长方形则不同，它的周边可以有各种不同的比率关系，何种长方形比例关系美观，每个设计者都有不同的答案。

在17世纪，法国皇家建筑学院教授布龙台认为绝对的、简单的是最美的，如1：1，1：2，2：3，3：4：5等，而复杂的比例关系则不起作用，甚至是丑陋的。他的理论可以在文艺复兴时期的建筑上得以验证。

另一种观点则认为比例的美感来自于比率是无公约数的，甚至只能通过图解法来获得。如常提到的黄金比和黄金分割就属此例，黄金值、黄金比及黄金分割均指满足一定需要的一种比例关系，即将一根线分成不等长的两段，短段与长段之比等于长段与整根线长度之比，也就是0.618/1=1/1.618，表达成无理数是0.618（图1—33）。从雅典卫城帕提农神庙的立面上也能看出这种黄金分割的关系（图1—34）。

图1—33　黄金分割作图法（左）

（a）黄金分割作图；

（b）黄金分割作图规律

图1—34　帕提农神庙立面的黄金分割关系（右）

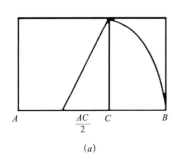

（a）

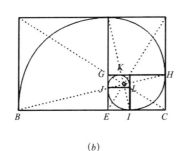

（b）

文艺复兴时期的建筑师发现，如果矩形对角线平行或垂直，它们的比例关系也一致。这类对角线称之为控制线。建筑师小桑迦洛在罗马的法尔尼斯府邸时运用了这一原则（图1-35a、b）。

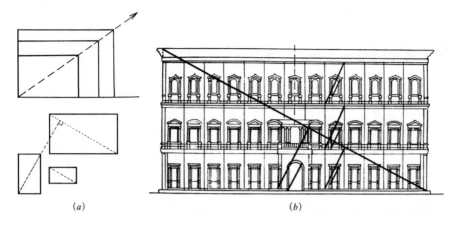

(a)   (b)

图1-35 对角线平行和垂直的应用
(a) 对角线平行和垂直关系图；
(b) 法尔尼斯府邸的设计应用

建筑大师勒·柯布西耶也对设计中的控制线有着独特的理解，在建筑设计中，使用对角线平行和垂直来划分建筑立面，可以使门窗等建筑构件比例协调，如在法国设计的加尔舍别墅（图1-36）。在他的图解法中整体建筑可从一个基准角出发，做出对角线和对角线的垂线，有时可以发展出一系列的"指示线"规则，勒·柯布西耶在不同的建筑上广泛地运用了这个体系。

勒·柯布西耶还提出了一个由人的三个基本尺寸，借助于黄金分割而引伸出来的一些要素所形成的体系。三个基本尺寸是：自地面到脐部的高度、到头顶的高度和到手部指端的高度。在这个人体比例中有着非常神奇的比例关系，勒·柯布西耶在设计中使用人体比例来决定建筑设计的一些空间与界面的比例关系（图1-37）。

4.尺度

尺度是和比例密切相关的另一个建筑特性。一般来说，尺度可以分为三种类型：自然的尺度、超人的尺度和亲切的尺度。

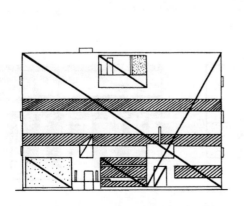

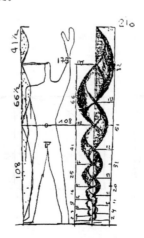

图1-36 勒·柯布西耶运用控制线设计的加尔舍别墅立面（左）

图1-37 勒·柯布西耶设计的人体三个基本尺寸（右）

第一种自然的尺度，是设计者让建筑空间表现它本身自然的尺寸，使观者就个人对建筑的关系而言，能度量出他本身正常的存在。这种尺度在住宅、商业建筑等建筑的室内外空间中都能找到。第二种是超人的尺度，设计者力求把这种建筑各个尺度尽可能的做大，使人们在接近建筑时感到一种不同寻常的震撼，这种尺度在教堂、纪念建筑、政府建筑中可以看到。

图 1-38　亲切的尺度营造私人的空间

第三种是亲切的尺度，设计者是把建筑空间做的比它的实际尺寸明显地小些，如在有些餐饮空间里，大而高的空间不会得到就餐者的认可，设计者更愿意营造一种非正规的和私人的空间（图 1-38）。

在设计中如何将尺度这一建筑特性明显的表达出来，设计者可以在设计中通过以下方法来表达尺度概念。

第一是把某个单位引到设计中去，使之产生尺度。这个单位是容易识别的，如人、植物等，与建筑整体相比，如果这个单位看起来比较小，建筑就会显得大；若是看起来比较大，整体就会显得小。

第二是在一个建筑中，与个人的活动和身体的功能最密切、最直接接触的部件是建立建筑尺度最好的选择，如台阶、门、窗等。

第三是在建筑空间的尺度设计中，还要遵循这样一个原则，那就是任何单体建筑中，一定要做到尺度的协调。设计者要在设计中使用同样的尺度类型自始至终地完成设计。当然不同空间的尺寸关系是多种多样的，不要简单地认为每个私密空间和公共空间也要尺度一致。成功的设计往往是每个空间都有自己的尺度，在复杂的建筑空间中能够找到一种真实的、自然的协调。

5. 韵律

在建筑中，韵律是指由设计元素引起系统重复的一种属性。这些设计元素可以是建筑形体、色彩、光线与阴影、支柱、洞口等，在一些优秀的设计作品中，韵律关系的协调会给人们带来强烈的视觉感受。

连续韵律是由一个或几个单位组成的，并按一定距离连续重复排列而取得的韵律。首先有形状的重复，其间距可略有改变而不破坏韵律的特点；第二是尺寸的重复，间距尺寸相等，单元可以变化大小或形状，而韵律依然存在（图 1-39）。

图 1-39　韵律和重复
(a) 尽管间距不同，相同形状的重复形成韵律；
(b) 尽管形状不同，相同间距的重复形成韵律

渐变韵律是在连续韵律的排列中将某种设计元素的韵律做递增或递减的变化，所产生的韵律序列，称之为渐变韵律。这种韵律效果内涵着一种由小到大或是由大到小的有力运动感（图1—40）。

交错韵律是几种设计元素有规律的穿插排列形成的韵律形式。这种韵律效果从整体空间上看有着连续韵律的特点，但又有着丰富多彩的变化。这种交错韵律在古典建筑立面上有很多设计，比如斯多潘尼·维多尼府邸的渐变韵律应用（图1—41）。

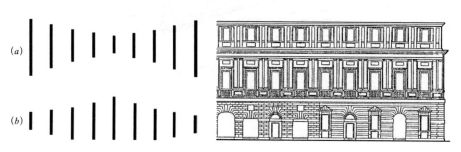

图1—40 渐变的垂直韵律（左）
(a) 大－小－大；
(b) 小－大－小
图1—41 斯多潘尼·维多尼府邸立面渐变韵律应用（右）

6. 室内空间的序列设计

任何一个成功的建筑装饰设计作品都能给人一种独特的、赏心悦目的、连续不断的审美感受，让每一位观者都能按照设计好的空间序列有条不紊地进行游览、穿行。室内空间的序列设计就是要将不同使用功能的空间，按照一定的使用要求，结合人们的审美，对不同空间进行组合。由于人们要用一定的时间来品味设计，所以作为空间艺术的建筑装饰设计，同样也是一种时间艺术；设计艺术存在于空间中，也存在于时间中。人们只有在室内空间内反复游览，不断感悟，在不同的时间、不同的角度里欣赏不同的空间艺术，才能真正体会到设计的内涵。所以，也有人将建筑空间比喻为含有时间因素在内的四维空间艺术。

在设计室内空间的序列之前，设计者要体会观者在建筑空间的感受，一般人在进入室内后，首先要留心这个空间是厅堂还是走廊，那个空间是办公还是会议；另外他还会体会室内各个界面的形状及造型，并要感受这些造型存在的目的。所以设计者在设计室内空间序列时，一定要在功能的序列、审美的序列两个方面做出连续的、有机的序列设计，这就是在组织序列设计时要考虑的两个方面。

在进行室内空间的序列设计时，按照一般的艺术规律可将空间序列划分为：序幕、展开、高潮、结尾四部分组成（图1—42*a*、*b*）。

序幕是空间序列设计的开端。它一般设计在建筑室内空间的入口附近，使用功能上要起到引导和过渡的作用；审美上要有足够的吸引力，为后面的设计作铺垫。

展开是为进入高潮所做的伏笔。在功能上各个空间的协调、衔接，使空间产生连续的节奏感；艺术审美上要使观者有一个连续不断的视觉感受，为高潮序列打下一个良好的伏笔。

(a)　　　　　　　　　　　　　　　　(b)

高潮是空间序列设计核心。在这个重要空间里，使用功能与精神功能达到了完美的境界。所有的艺术伏笔都在高潮中绽放，所以说高潮主要体现在艺术审美上。

结尾是空间序列设计的结束。由高潮转入结尾过程中，要体现使用功能的完整性，还要在艺术上给观者一个回味、一个追思的余音。

如何在空间序列设计中运用具体艺术手法，是设计中不可缺少的环节。尤其是设计伏笔的手法更为重要，在这里简述两种处理手法。

第一，充分利用观者的期待心情，设计者可利用一系列形状大致相同的元素所组成的渐变序列，使观者在渐变的心情中盼望着更大的元素的出现。如当一个人经过一个小门后，再进入一个尺寸也小但门略高一些的门厅，再从这里进入一个更大些的厅堂，这就形成要求前面出现更大空间的期望（图1-43）。

第二，使用一系列强有力的元素符号，尤其是一些建筑结构元素，其自身的连续韵律会使观者对前面有一种强烈的期望。而且韵律越长，期望值越高，由此引起高潮的出现（图1-44）。

空间序列设计并不适用所有建筑室内空间。如一些小室内空间、市场、交通繁忙的空间。像地铁车站，高潮的出现会使人们驻足停留，而这里的使用功能是要使公众迅速疏散。在这样的空间里，设计者的首要任务显然是要设计完整的连续性，并且避免高潮的出现。

图1-42　室内空间的序列设计
(a) 中国美术馆局部轴测图；
(b) 中国美术馆局部剖面图

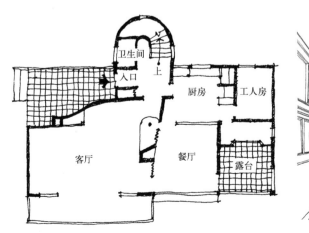

图1-43　门厅形成渐变系列（左）

图1-44　强烈的结构元素符号使人期待高潮的出现（右）

另外，传统建筑美学的基本内容还涉及规则的和不规则的序列设计、性格、风格、色彩等。

2.3.4.2 当代建筑美学理论

包豪斯的建筑美学理论与现代主义联系较多，美国建筑大师文丘里则从符号学的角度来探讨建筑的美和审美问题。

1. 功能主义美学

作为芝加哥学派的中坚人物，路易斯·沙利文（Louis H Sullivan）在20世纪初提出了"形式追随功能"的口号，还强调"哪里的功能不变，形式就不变"。从这一思想出发，合理的使用材料，把最单纯的功能形态给予了他所设计的建筑物。沃尔特·格罗皮乌斯（Walter Gropius），德国人，包豪斯的创始人之一，将功能主义进一步赋予理论内涵。主张建筑走工业化的道路，反对建筑复古。在建筑设计中认为"新的建筑外貌形成于新的建造方法和新的空间概念"。他的代表作品有法古斯工厂、包豪斯校舍（图1-45），在激进理念的引领下，现代主义建筑师竭尽所能地剥落建筑的古典装饰表皮，刻意淡化建筑表皮的存在，以消除表皮对功能传达意义的干扰。表皮因此变得光秃粗糙，其色彩也因此简化为以白色、黑色为中心的工业化的中性色。柯布西耶的粗野主义作品是极端的例子。于是，机器般裸露成为符合历史逻辑的抉择。虽然，现代主义的理念及其作品反对古典主义，但其隐含的有关建筑表皮二元结构却是阿尔伯蒂二元对立理论的延续，只是以功能取代了结构。在表皮与功能的二元对立关系中，表皮依然处于从属的地位，甚至处于较古典时期更为边缘的地位。

图1-45　功能主义建筑美学风格的包豪斯校舍

2. 地域性建筑美学

阿尔瓦·阿尔托（Alvar Aalto），芬兰人，他设计的建筑能够反映时代的精神，将地域性建筑美学思想根植于建筑之中，其设计的建筑极具北欧地区的特点，多用砖、木传统材料创造出独特的建筑艺术。他的建筑设计是人情化、地方性的代表。其代表作品有珊纳特赛罗市政中心、贝克大楼、路易·卡雷住宅（图1-46）等。葡萄牙著名建筑师阿尔瓦罗·西扎（Alvaro Siza），被认为是当代最重要的建筑师之一。他的作品注重在现代设计与历史环境之间建立深刻的联系，并因其个性化的品质和对现代社会文化变迁的敏锐捕捉，而受到普遍关注和承认。以波诺瓦茶室为例，整个建筑的体量与屋顶形式，使其如同是从满布岩石的海岬地段中生长出来，把一幕幕动人的风景画定格到建筑空间里。

3. 后现代主义建筑美学

后现代主义建筑思想起源于 20 世纪 60 年代中期的美国，活跃于 70 年代。后现代主义建筑有完整的建筑理论及建筑实践，在建筑美学思想上同现代建筑的各种主张相反，是全盘否定现代建筑理论的派别。查尔斯·詹克斯（Charles Jencks）在《后现代建筑语言》一书中，将后现代建筑归纳为六方面的内容：分别是历史主义、复古派、新方言派、个性化+都市化＝文脉主义、隐喻+玄学、后现代空间。罗伯特·文丘里（Robert Venturi）为其母亲设计了具有后现代主义建筑美学风格的栗子山住宅，后现代主义风格建筑作品在美国较为活跃，如查尔斯·摩尔（Charles Moore）设计的新奥尔良市意大利广场（图1—47）。后来的美国建筑师罗伯特·斯特恩（Robert A . M . Stern）将后现代建筑归纳为三点特征：文脉主义、隐喻主义、装饰主义。后现代建筑主张装饰性、地方性、识别性等，但它与折中主义、集仿主义有根本的区别。它是把古典建筑中有价值的内容加以消化或给以夸张，使其成为新建筑中的有机部分。

当代建筑随着时代的发展，审美观也在变化，今天，除了上述的比例、尺度、对比、均衡等美学元素之外，已更注重空间的处理和建筑艺术的隐喻效果，并强调主观的审美见解和建筑构图规律的结合，这就促使当今建筑艺术领域里出现了流派纷呈的局面。

4. 高技术建筑美学

高科技派的设计理念在 20 世纪 70 年代流行。其建筑美学理念认为技术是机械美学的核心，是推动理想主义建筑发展的动力，建筑应该完全受工程和技术的左右。其代表人物为意大利建筑师伦佐·皮阿诺（Renzo Piana）、英国建筑师理查德·罗杰斯（Richard Rogers）、诺曼·福斯特（Norman Foster）等，代表作品有巴黎蓬皮杜艺术中心（图1—48）、劳埃德保险公司大楼、香港汇丰银行总部大楼等。

5. 解构主义建筑美学

解构主义是对结构主义的破坏和分解。其建筑美学上最大特点是反中心、反权威、反二元对抗等理论。建筑表现上呈现无次序、多元性、凌乱的、自由表现的特点。代表人物有加拿大建筑师弗兰克·盖里（Frank Gehry），作品有

图1—46 地域性建筑美学风格的路易·卡雷住宅（左）

图1—47 后现代主义建筑美学风格的新奥尔良市意大利广场（右）

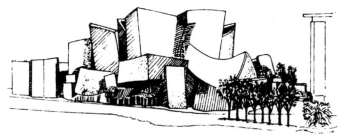

自用住宅、洛杉矶沃尔特·迪士尼音乐厅（图1-49）、巴黎"美国中心"、毕尔巴鄂的古根海姆美术馆等。

图1-48 高技术建筑美学风格的巴黎蓬皮杜文化中心室内（左）

图1-49 解构主义建筑美学风格的洛杉矶沃尔特·迪士尼音乐厅（右）

2.3.5 建筑堪舆（风水）学

堪舆又称风水，建筑堪舆学是中国古代建筑理论三大支柱之一，堪舆思想是把人看成自然的一部分，认为人与自然同处于一个有机整体中，人类居住的建筑空间应与周围环境相互协调。堪舆对理想生活环境的追求，始终是人类生存和发展的永恒主题。

堪舆学是地球物理学、水文地质学、宇宙星体学、气象学、环境景观学、建筑学、生态学以及人体生命信息学等多种学科综合一体的一门自然科学。其宗旨是审慎周密地考察、了解自然环境，利用和改造自然，创造良好的居住环境，赢得最佳的天时、地利与人和，达到天人合一的至善境界。

建筑堪舆学可分为两派，形势派和理气派。前者主要突出于因地制宜，因形选择，关注来龙去脉、建筑空间，追求优美意境，特别看重分析地表、地势、地物、地气、土壤及方向，尽可能使宅基位于山灵水秀之处，用现代建筑学阐释仍然有一定合理性。

理气派主要依据《周易》的原理以八卦、十二支、九星、五行为四大纲，比形势派专论山川形势更为抽象玄奥，不适宜用现代建筑学诠释其中的理论。

2.3.5.1 室内与堪舆

研究室内堪舆并非一律是封建迷信，现在关于室内堪舆的理论与说法非常多，设计师可以将一些符合现代建筑理论和哲学思想的形势派堪舆理论加以研究和借鉴，并应用到设计中去。

1. 家居与堪舆

1）玄关

堪舆学在玄关设计中要注意以下几个事项：纳气、聚气、镜子、钟。

家居中玄关的作用不容忽视，特别在格局不理想的户型中，玄关起到"化煞"于无形之效。玄关还起到改变门口纳气、聚气的作用，并在一定程度上起到装饰美化门口的功能。通常大门口与屋中的走廊成一直线，为"穿心剑"，另外玄关对卧室门、厨房门、厕所门、阳台门、楼梯等的情况下都需设计玄关"化煞"。

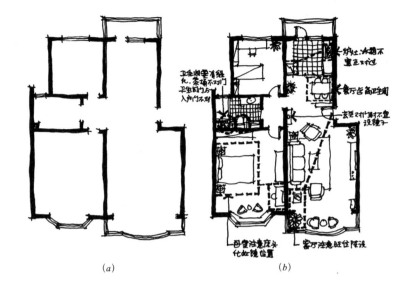

图 1-50 普通居室堪
舆设计注意事项
(a) 住宅原平面图;
(b) 设计时要注意的
事项

(a)　　　　　　　　(b)

在设计玄关陈设时要注意慎用镜子（图1-50）、钟等，镜子具反射及影像功效，门口的气可能会因镜子的反射而改变，所以镜子不要正对大门。钟对门有压制的作用，不符合玄关的"化煞"、纳气之要求，所以也要慎用。

2）客厅

堪舆学在客厅设计中要注意以下几个事项：光线、盆栽、动线、旺位。

客厅堪舆设计首重光线充足，所以阳台上尽量避免摆放太多浓密的盆栽，以免遮挡光线。明亮的客厅能带来家运旺盛，所以客厅各界面也不宜选择太暗的色调。

客厅设计中应注意动线规划，不应在客厅中部设主要交通通道，使人走动过于频繁，使家人聚会或客人来访受到干扰。客厅是聚集旺气的地方，应要求清静、安定。家居旺位应放置可助长运势的吉祥物，最好的方法是种植具有生命力的宽叶绿色植物（图1-50）。

3）卧室

堪舆学在卧室设计中要注意以下几个事项：窗户、房门、床头、镜子。

卧房窗户要明亮，易采光，空气流通，使人精神畅快。窗户应备有窗帘，挡住户外夜光，使人容易入眠。

房门不可对大门，卧房为休息的地方，需要安静、隐秘，房门对大门不符合卧房安静的条件，大门直冲房门容易影响健康；房门不可正对厕所，厕所容易产生秽气和湿气，所以正对房门会对卧房的空气产生影响，对人的身体健康有害；房门不可正对厨房或和厨房相邻，厨房炉火煎炒、排出油烟，容易影响正对的房门，危害人体健康。

另外床头要远离门窗（图1-50），合理安排镜子的位置。

4）餐厅

堪舆学在餐厅设计中要注意以下几个事项：门、窗。

餐厅应在住宅的中心位置，但不可直对前门或后门。还有一些格局上的问题也应避免。餐厅左右两面墙的窗户不应正对，因为气会从一面窗进，而从另一面窗出，无法聚气，不利于住宅的气运。避免利用邻近卫生间的空间当餐厅，如果难以避免，餐桌应尽量远离卫生间（图1-50）。

5）厨房

堪舆学在厨房设计中要注意以下几个事项：炉灶、厨房门。

入厨房不可直接见炉灶，炉灶为一家三餐的餐饮来源，炉灶是一家财富所在。炉灶忌风，因为风来、火容易熄灭，所以正对门口或是背对窗户皆不宜。炉灶不可直接与水槽相邻，与冰箱相对（图1-50），炉灶生火用于烹饪、水槽用于蓄水、洗碗，冰箱储藏冷冻食物，两者不宜相连相对，中间应有一定距离，以免水火相冲。

厨房门不可与大门相对，厨房为一家财富所在，大门为理气的入口，是家人、朋友进出的地方。大门正对厨房门时，会使厨房对外一览无遗。厨房不可对厕所，厨房为烹调食物的地方，而厕所容易滋养细菌、污物，如果两者相对将会影响卫生，损害家人健康。

6）卫生间

堪舆学在卫生间设计中要注意以下几个事项：卫生间门、马桶。

卫生间的马桶坐向没有规定方向，以方便使用为原则。但马桶若在房屋中央，极易造成家人的身体不适，尤其肠胃系统易有疾病。

卫生间门设计注意：不可与大门入口（图1-50）、卧室门、书桌或办公桌、灶位相对正冲，否则可引起家庭的一些生活、健康等问题。

2. 办公室与风水

堪舆学在办公室设计中要注意以下几个事项：写字台、门、窗、墙。

在办公室设计中，写字台的位置非常重要。通常写字台之后是实墙为好，左边是窗，写字办公采光良好，门开在写字台前方右角上，也不易受门外噪声的干扰和他人的窥视。如果写字间的门开在左上角，写字台也可以相应调整一下位置，效果一样好。在这样的环境里工作，能提高工作热情、工作效率。

写字台摆放如人背门而坐，座椅侧对门、座椅后有窗等情况（图1-51），工作可能会受到干扰，工作效率低下，还会影响身体健康，应尽量予以避免。

图1-51 写字台座椅
摆放避免后有窗情况

2.3.5.2 植物与堪舆

1. 植物与阴阳

天地万物分阴阳，植物亦遵循着这个恒定法则。如白兰、玫瑰、茉莉、梅花、牡丹、芍药属喜阳的植物，你把它安置在阴湿的环境中，它就长不好或无花开。杜鹃、菊花是喜阳植物，这类植物在阳光下，要有1800lx光照度才能开正常之花，否则，即使你再勤恳给它淋水施肥，亦无济于事。大岩桐、茶花、桂花、夜合、含笑这些花卉，不要1800lx光照度，不用直射的阳光亦能开花，这类属中性植物。其中茶花、桂花阳中要阴，夜合、含笑、大岩桐要阴中带阳。文竹、龟背竹、万年青、绿梦、蓬莱松、巴西铁等要100lx或几十勒克斯光照度亦能生长正常，此类植物较长期放置室内，属阴生植物。从上可见，植物分阴阳，如反逆它，这生物场受到破坏，将失去平衡。

2. 室内环保植物

1）能吸收有毒化学物质的植物

芦荟、吊兰、虎尾兰、一叶兰、龟背竹是天然的清道夫，可以清除空气中的有害物质。常青藤、铁树、菊花、金橘、石榴、半支莲、月季花、山茶、石榴、米兰、雏菊、腊梅、万寿菊等能有效地清除二氧化硫、氯、乙醚、乙烯、一氧化碳、过氧化氮等有害物。

兰花、桂花、腊梅、花叶芋、红背桂等是天然的除尘器，其纤毛能截留并吸滞空气中的飘浮微粒及烟尘。

2）能驱蚊虫的植物

随着天气转暖，能驱蚊的植物成了人们关注的焦点。蚊净香草就是这样一种植物。它是被改变了遗传结构的芳香类天竺葵科植物，近年才从澳大利亚引进。该植物耐旱，半年内就可生长成熟，养护得当可成活10～15年，且其枝叶的造型可随意改变，有很高的观赏价值。蚊净香草散发出一种清新淡雅的柠檬香味，在室内有很好的驱蚊效果，对人体却没有毒副作用。温度越高，其散发的香越多，驱蚊效果越好。据测试，一盆冠幅300mm以上的蚊净香草，可将面积为10m²以上房间内的蚊虫赶走。另外，一种名为除虫菊的植物含有除虫菊酯，也能有效驱除蚊虫。

3）能杀病菌的植物

紫薇、茉莉、柠檬等植物可以杀死白喉菌和痢疾菌等原生菌。蔷薇、石竹、铃兰、紫罗兰、玫瑰、桂花等植物散发的香味对结核杆菌、肺炎球菌、葡萄球菌的生长繁殖具有明显的抑制作用。

仙人掌等原产于热带干旱地区的多肉植物，其肉质茎上的气孔白天关闭，夜间打开，在吸收二氧化碳的同时，制造氧气，使室内空气中的负离子浓度增加。

虎皮兰、虎尾兰、龙舌兰以及褐毛掌、伽蓝菜、景天、落地生根、栽培凤梨等植物也能在夜间净化空气。

在家居周围栽种的爬山虎、葡萄、牵牛花、紫藤、蔷薇等攀援植物，让它们顺墙或顺架攀附，形成一个绿色的凉棚，能够有效地减少阳光辐射，大大降低室内温度。

丁香、茉莉、玫瑰、紫罗兰、薄荷等植物可使人放松、精神愉快，有利于睡眠，还能提高工作效率。

3．室内空间适宜植物

植物的摆放与房间位置有一定关系，室内各空间应根据功能需求摆放最适合的植物。

1）玄关、窗口

适合摆放水养植物或高茎植物，比如水养富贵竹、万年青、发财树，或高身铁树、金钱榕等。因为这些地方一般都有风，空气流动性比较大，养上一些高大的植物或水生植物，有利于保持房间的湿度和温度平衡。

2）客厅

适宜养植常春藤、无花果、猪笼草和普通芦荟。客厅本是人来人往的地方，这些植物不仅能对付从室外带回来的细菌、小虫子等，甚至可以吸纳连吸尘器都难以吸到的灰尘。

3）通道

最好挂置一些藤蔓类的水养植物，如绿萝、绿精灵、常春藤等，这些植物比较容易造型，而且通道一般都很通风，是它们的最佳生长环境。

4）卫生间

虎尾兰的叶子可以自己吸收空气中的水蒸气，是卫生间、浴室的理想选择。常春藤可以净化空气、杀灭细菌，而且是耐阴植物，也可以放置在洗手间内。蕨类、椒草类植物喜欢潮湿，不妨摆放在浴缸边。

5）卧室

适合放置一些能吸收二氧化碳等废气的花草，如盆栽柑橘、迷迭香、吊兰、斑马叶等，它们的气味并不浓烈，不至于熏得人头昏脑涨。绿萝这类叶大且喜水的植物也可以养在卧室内，使空气湿度保持在最佳状态。

6）厨房

吊兰和绿萝具有较强的净化空气、驱赶蚊虫的功效，是厨房内的不二选择，也可以将它们摆放在冰箱上。

绿化美化家居，使生活环境优美，可以提高生活品位，促进人的健康成长。但对选用植物是有严格科学性的，应良莠分清，使家宅生物场协调。

【思考题】

1．想做一名建筑装饰设计师，不但要学好本专业课程，还要学好哪些相关专业的知识。

2．本课程只是对相关学科知识进行简单的介绍，教师也不会用大量的时间给你仔细的讲解，那么你如何利用自己的时间系统地自学一下设计相关学科的知识，做到设计有备无患。

3. 通过寻找建筑设计与建筑装饰设计的不同点，挖掘建筑设计专业的特点和长处，补充本专业的知识。

4. 学习传统建筑美学，如何继承传统建筑美学的精髓，创新和拓展现代建筑美学在建筑装饰设计上的应用。

5. 如何将建筑堪舆学中符合现代建筑理论和哲学思想的形势派风水理论加以研究和借鉴。

【习题】

1. 人体动态活动范围是什么？如何以此推断通道宽度？

2. 储存家具中的存衣柜如何确定宽度？

3. 利用人体工程学知识确定坐具、写字台、开关等的适合高度。

4. 利用人体工程学知识确定厨房橱柜的尺度。

5. 依据环境心理学中人际距离和行为特征知识，设计宾馆服务台总体尺度，使总台人员和顾客之间具有适当的人体距离。

2

模块二　室内建筑学导入

【学习目标】通过本模块的学习，需要学生了解室内空间功能的两重属性、室内空间类型多样性。理解建筑室内界面设计要求、附设终端设备，以及材料的选择。牢记常用建筑细部的处理手法，并可以举一反三。熟悉建筑室内色彩的基本法则，并以此开展不同空间的色彩设计。理解室内照明设计基本知识，能够开展简单的室内照明设计。熟悉建筑室内环境艺术设计规律，能够完成简单软装组合练习。

【知识点】室内空间、使用功能、精神功能、空间的类型、空间的分隔、室内界面、顶棚、地面、墙面、界面常用设备、装饰材料细部、色彩三要素、色立体、色彩设计基本法则、照度标准、常用电光源、植物造景、山石景观、水体景观、软装材料。

1 学习目标

了解建筑室内空间功能，熟悉室内空间的主要类型，并能够应用到实际设计案例中去；了解室内空间的具体分隔方式，能够创新应用到具体设计中去。

2 相关知识

几千年以前人们为了生存需要，开始建造极其简陋的建筑室内空间，目的是遮风避雨、繁衍生息。随着社会发展，今日的建筑室内空间的类型越来越多样化，不但有多种不同功能的使用空间，而且室内空间的舒适性也越来越高，能够满足不同人们的生活需要。本次学习知识点主要是与建筑室内空间密切相关，主要有：室内空间、使用功能、精神功能、开敞与封闭空间、动态与静态空间、凹入与外凸空间、地台与下沉空间、虚拟与虚幻空间、共享空间与母子空间、固定分隔、移动分隔等。

2.1 室内空间功能

在建筑中，功能一般表现为建筑的内容，而空间则体现为建筑的形式，一方面功能决定着空间的形式，另一方面，空间的形式又对功能具有反作用。

人在室内空间活动，空间周围存在的一切与人息息相关，存在着功能要求。空间的功能包括使用功能和精神功能。使用功能包括使用上的要求，如空间的面积、大小、形状，适合的家具、设备布置，使用方便，节约空间，交通组织、疏散、消防、安全等措施以及科学地创造良好的采光、照明、通风、隔声、隔热等的物理环境等。

2.1.1 室内空间与使用功能

在室内空间的设计中首先要解决的是使用功能的问题。使用功能就是要在设计中充分依据人们的活动规律，科学、合理地安排室内环境及各种设计元素。使用功能从人们使用、生活角度看也可以称之为实用性，它主要在设计中解决平面布置、细部尺度、材料、设备、家具、通风采光、电气照明等与人紧密接触的室内的各种问题。

2.1.1.1 平面布置满足使用功能

在室内设计中首先要解决平面布置的功能问题，依据设计的任务首先来确定室内空间的性质，如餐饮、办公、居住等，然后根据其使用要求来安排室内空间，在设计中按使用的规律和重要性将室内空间加以划分。

1. 空间的主次划分

确定人们在室内活动中的主要空间和从属空间，即明确空间的主次关系。通过这种主次关系，来划分设计的重点。如在餐厅的室内设计中，根据顾客的活动规律，应将空间的重点放在餐饮大厅及各个包房中，这是设计的第一重点。因为使用者在此消费首先要与就餐空间打交道，这里的环境、材料、方便与否等因素是设计成败的关键。第二重点是要考虑与使用者就餐时密切相关的次要空间，如明档区、洗手间等，因为此类空间是使用者在就餐时可能要去的地方，虽然停留的时间不会很长，但设计也要做重点考虑，另外与之相连的交通空间也是要在重点考虑的范围之内。

餐饮空间要考虑的空间类型还有很多，包括厨房、仓库、员工休息、办公等辅助空间，但这些都不是餐饮的主要空间，因为这些空间都是为主要空间服务的空间，所以在设计中，要抓住主要矛盾，有条不紊地进行空间的分类与定性，用最好的设计来为使用者服务。

2. 单一空间的分区

根据空间的使用性质的不同，可将室内空间划分成公共空间、私密空间。在各种属性的空间里，设计者还要细划空间内的家具等的分类，将单一空间的使用分类做以功能划分。如宾馆的客房是一个私密空间，设计者在做这个空间的设计时，要按照旅客进入客房内的使用情况，细化该空间的分区；在餐厅的私密空间包房里，还要细化包房内各种功能布置，满足使用者的用餐及娱乐要求。

在银行大厅公共空间中，根据银行不断开发的业务需要，要求对大厅做单一空间的使用分区（图1-52）：引导区、电子银行区、客户等候区、现金服务区、非现金服务区、理财服务区、贵宾服务区等。

3. 空间的流动

在室内设计中，平面布置最重要的工作还有规划设计人们在室内活动的路线。只有确定了使用者在室内的活动路线，才能将室内的空间有机的联系在一起，实际中人们通过便捷、合理的活动路线，完成每天的室内活动工作。人们每天都要在室内各个空间中活动交流，有些不同性质的空间需要明确界定；

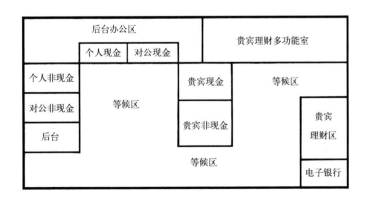

图1-52 银行大厅做单一空间的使用分区图

有些单一空间中的分区则需要体现分区，但不妨碍交流的设计方案。这就要求设计者在设计时要用所学过的专业知识如人体工程学、家具与陈设等安排室内各种设备、家具、材料等内容，使各种使用空间、不同分区以最好的方式、舒适的组合来展现室内装饰设计方案的优势。

例如，在专卖店的设计中，空间可能不大，但分区要划分很细，设计者要对货架的摆放做出设计方案，还要对货架之间的距离、主通道的宽度给出恰当的尺寸，使交通空间与展示空间能互相借用、各个分区又各有特点，让顾客购物能够随心所欲。

2.1.1.2 细部设计满足使用功能

在室内外各种与人活动有关系的因素都要按人体工程学去设计，从细部设计着手满足使用功能的要求，为人的使用创造舒适、最佳的条件。可以说功能设计在室内细节设计中处处存在，从室内界面到踢脚板的设计，每一个设计环节都有设计者对使用功能的理解。对细部尺度的功能设计，可以使室内整体设计更加人性化，使用者在室内活动时更加方便、舒适。细部设计内容包含非常广，比如像踏步、栏杆、家具、设备、采光通风、电气照明等各个方面。

在室内装饰设计中，经常能够遇见设计起台、楼梯踏步等细节尺寸问题，在公共场合每个踏步的尺寸应在多少为合理，是每个设计者必须要掌握的基本规范。因为高了使用者上楼时会很快就感到疲劳，低了会加长楼梯的整体长度，经济上不够划算。关于踏步设计这里有个案例，如在路段设计上要求有坡路与踏步设计时，该设计采用了一种结合一起的设计手法，完成了使用功能的要求，也巧妙地节约了占地面积（图1-53）。

在室内经常要考虑设备安放的位置，如家用空调的位置与人常活动的位置之间的最佳距离；洗衣房里水龙头的位置、高度要和洗衣机吻合，下水地漏的位置要合理，还不能太占据好位置等这些都是设计师在细部设计中要考虑的。

在家居室内电气照明设计中，功能设计也是考虑的重点。因为室内人们使用电器的普遍性，电气开关、插座等位置就是设计中要细心考虑的问题，在

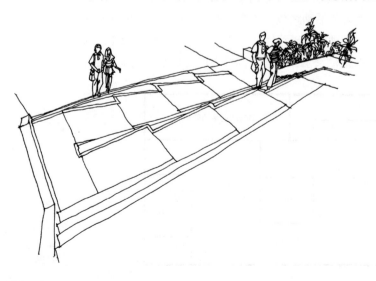

图1-53 坡路与踏步结合一起的细部设计手法

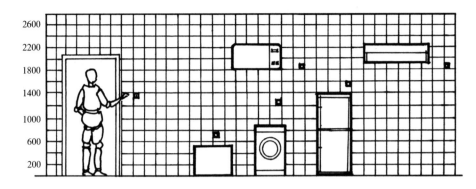

图1-54 常用家用电器插座设计时要考虑位置、高度

家装中如厨房、洗衣房的插座位置和高度（图1-54），各个房间的开关位置和高度等问题都是设计者必须掌握、认真思考的问题。

还有一些设计不能很好地满足使用功能的要求，可以说不但给使用者使用时造成了不便，而且严重时会造成人身的伤害。

所以室内的细部设计也要满足使用功能，而且这些设计为使用者提供便捷、方便的同时，也会为设计方案增添一分成功的砝码。

2.1.1.3 材料选用满足使用功能

在使用功能设计中，材料的选用是一个很重要的因素。在室内装饰设计中材料要为室内的整体效果服务，但材料的设计与选择也必须满足使用功能的要求。在设计时必须要熟悉各种装饰材料，掌握主要装饰材料的性能，选择最合适的装饰材料，为功能设计服务。

在室内装饰设计的每一个环节中，都要按使用功能选择材料。如在餐厅的地面设计上，必须考虑地面材料要耐污、耐磨、防滑、易清洗等因素，所以设计者要有目的地选择地砖、石材等地面材料；在宾馆的走廊及客房里，很多设计都选用阻燃地毯，这是因为宾馆的客房区是需要安静的地方，人在地毯上行走时不但没有噪声，而且走路时脚上感觉也十分舒服。

2.1.2 室内空间与精神功能

精神功能是在满足使用功能需求的同时，从人的文化、心理需求出发，并能充分体现在空间形式的处理和空间形象的塑造上，使人们在享受室内生活便利的同时获得精神上的满足和美的享受。

2.1.2.1 空间形式与精神功能

根据人体工程学知识，建筑室内空间应该从人的尺度、动作域、心理空间以及人际交往的空间等多个要求中确定空间范围。在居住空间中，空间形状的不同会给人们的精神带来一定的变化。比如普通人的身高都在2m以下，设计者按照人的尺度、动作域等方面的需要完全可以将层高设计成2.5m以下，但试想人们在这样低矮的空间中，一定会有一种压迫感，长期在这样的空间中生活，精神上会处于长期的郁闷状态，影响正常的生活、学习、工作等日常活动（图1-55a）。这是在设计中没有考虑心理空间的结果，所以现在居

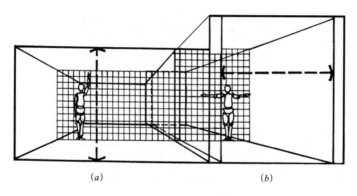

图 1-55 空间形状的
不同会给人们心里
带来不同变化
(a) 室内空间高度过
低不符合心理空间
需求；
(b) 房间平面比例失
调不符合心理空间
需求

住建筑的层高限制在最低 2.8m 以上，保证了室内空间有一个较合理的心理高度。

在室内空间中，心理空间同样对房间平面的比例控制有一定的心理需求。在房间平面的长宽比超过一倍时（图 1-55b），人对室内空间的心理舒适性感觉不好，尤其对于居住建筑来说这种比例的房间不好布置，也不适宜在空间内开展各种活动。

2.1.2.2　空间形象与精神功能

对于室内空间形象的美感问题，由于审美观念的差别，往往难于一致，而且审美观念就每个人来说也是发展变化的，要确立统一的标准是困难的，但这并不能否定建筑形象美的一般规律。不管是设计者和使用者都有一般的传统建筑美学作为共同语言，也有现代设计师发展的个性化设计风格。

在餐厅室内空间设计中，设计师可以通过空间形象来让客人感受到餐厅的基本功能，以及该餐厅的基本定位和品位，如快餐厅、火锅店、烧烤店、自助餐厅、风味餐厅等不同的餐厅。快餐厅的空间形象就是要简洁、明快；火锅店、烧烤店就要通过空间的排风设备、座椅、餐具的选择展现空间形象；自助餐厅是通过自助区的设置、宽松的交通空间等方面来完成空间形象的塑造；西餐厅则是通过典型的方桌、各种造型的沙发椅，以及高脚杯、刀叉等来让人们感受西餐厅的独特魅力（图 1-56）。

图 1-56　西餐厅空间形象展示

2.2 室内空间的类型

建筑室内空间的类型很多，分类方法也很多，但有些空间很难作出恰当的定位，有些空间则属于几个空间类型，下面介绍一些常见的空间类型，这样就可以在使用时抓住空间划分的主要规律，应用空间知识处理好室内装饰设计中的重要环节。

2.2.1 开敞与封闭空间

开敞空间主要是指围合的界面不够封闭，私密性比较小的空间类型。封闭空间主要是空间围合界面的通透性非常差，与外界空间的联系比较少的空间类型。开敞空间和封闭空间是相对而言，开敞的程度取决于有无侧界面，侧界面的围合程度、开洞的大小及启用的控制能力等。开敞空间和封闭空间也有程度上的区别，如介于两者之间的半开敞和半封闭空间。它取决于房间的使用性质和周围环境的关系，以及视觉上和心理上的需要。

2.2.1.1 开敞空间

开敞空间可提供更多的室内外景观和扩大视野。强调与周围环境互相渗透、互相交流，人们可以利用开敞空间达到眺望远方的目的。在心理效果上开敞空间常表现为愉悦精神、开阔思路。

在设计应用上，设计者常常把室内外的过渡空间设计成开敞空间（图1-57），该空间不但起到了室内外的过渡作用，而且作为人们停留、休息的好地方，该空间类型也是一种很好的选择。

2.2.1.2 封闭空间

封闭空间使人们的视觉、声音、影像等与外界隔离，这种空间有很强的领域性、安全性和私密性。设计者可以利用这种特点，将生活中比较隐私的活动安排到这种空间里。在心理效果上具有领域感、安全感、私密性。

在设计应用上，这样的空间多数出现在家庭的居室、宾馆的客房（图1-58）等个人隐私很强的休息空间。当然交流性较强的空间里也是需要封闭空间，如卡拉OK包房等。

图1-57 开敞空间（左）
图1-58 封闭空间（右）

2.2.2 动态与静态空间

动态空间是包含各种动态设计要素或由建筑空间序列引导人在空间内流动使人心理感受变动的空间类型。静态空间是空间构成比较单一、关系较为清晰、视觉转移相对平和、视觉效果稳定的空间类型。

2.2.2.1 动态空间

动态空间是人们从动态的角度去观察空间的变化，随着步移景移，空间及环境在不断的改变，形成新的空间景色。这种由时间加空间相结合的空间类型也可称之为"四度空间"。动态空间主要特点有：①利用机械、电器、自动化的设施、人的活动等形成动势；②组织引人流动的空间序列，方向性较明确；③空间组织灵活，人的活动线路为多向；④利用对比强烈的组团和动感线性；⑤光怪陆离的光影，生动的背景音乐；⑥引入自然景物；⑦利用楼梯、壁画、家具等使人的活动时停、时动、时静；⑧利用匾额、楹联等启发人们对动态的联想。

动态空间的设计方式主要有利用一些动态的代步工具如观光电梯（图1-59）、自动扶梯等设施，在载入使用者运行的过程中，将走过的空间里按动态的分布组织几个有序列或有重点的空间形式，使使用者在运动的过程中能够感受到空间带给他们的美感；另外人们在室内最常见的运动形式还是以步行为主，设计者可以充分利用使用者在步行的过程中可能间歇的地方，将这里的空间效果做重点设计，让人们充分享受到步移景异给他们带来的空间变化。

2.2.2.2 静态空间

静态空间是在室内空间中带有趋向稳定、安静、平衡的空间形式。在室内空间里很多空间类型是带有流动、动态的空间形式，使用者不可能只是在这样的空间环境下活动，很多人还是喜欢动静结合，在需要的时候选择静态空间作为其活动的空间。

设计静态空间主要是通过选择尽端空间、加强空间的限定性、选择静态的陈设、视线及声音与外界交流阻断等设计手法进行设计。静态空间的特点：①空间的限定度较强，趋于封闭型；②多为尽端房间，序列至此结束，私密性较强；③多为对称空间（四面对称或左右对称），除了向心、离心以外，较少其他倾向，达到一种静态的平衡；④空间及陈设的比例、尺度协调；⑤色彩淡雅和谐，光线柔和，装饰简洁；⑥实现转换平和，避免强制性引导视线（图1-60）。

在宾馆大堂设计中，大堂的主要功

图1-59 动态空间

能是一个交通集散的空间，应该说是一个喧闹的场所，但大堂还有会客、谈心等交往的功能，这需要一个相对安静的空间，所以很多设计把宾馆的堂吧设计成了比较安静的地方，住宿的客人可以通过堂吧与外界人员进行交往，并取得了静态空间应达到的作用。堂吧设计的手法通常采用起台限定空间，吸声地毯、植物等阻隔视线及声音，选择景观适宜、尽端的空间来分散繁杂的交通带来的影响。

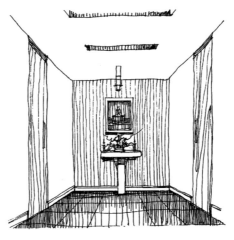

图1-60　静态空间

2.2.3　凹入与外凸空间

凹入空间是在建筑某一墙面或局部角落形成周围高、中间低的空间。在室内局部是指退进的一种室内空间形式.外凸空间对内部空间而言仍然是凹室，对外部空间而言是凸室。外凸空间常作为饱览风光，使室内外空间融为一体的空间形式。

2.2.3.1　凹入空间

凹入空间是指室内的界面中有局部凹入的空间。这种空间由于只是大空间中附属的小空间，通常只是尽端空间并只与大空间发生联系。该空间受外界干扰比较小，由于多为尽端空间，其领域性和私密性都比较强，这为使用者的学习、交谈、就餐、储物等活动提供了较好的一种空间类型。

一般设计者在做凹入空间的使用功能设计时，首先要考虑凹入空间的大小。大的凹入空间可以做一些使用功能比较强的空间；而小型的凹入空间主要还是考虑一些艺术性很强的陈设品，如一些花瓶、挂画、其他设品（图1-61）等。

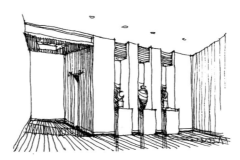

图1-61　凹入空间

2.2.3.2　外凸空间

外凸空间是指室内空间对外界的伸展、延续。这种外凸的空间是可见的，是扩大空间的一种常用手法。这种空间比凹入空间更有明显的开敞性。作为使用者可在该空间中得到充足的视野、良好的感觉，如建筑中的挑阳台、阳光室等。

住宅建筑中设计者常喜欢用飘窗的形式来做外凸空间，人们可以在大角度的飘窗前尽享眼前的美景；在室内的很多大型空间中，如宾馆等的共享空间里，经常能看到悬挑出的外凸空间，这种空间类型不但为使用者开阔视野、扩大空间提供了方便，而且也为空间的造型增添了丰富的色彩。但这些外凸空间的设计通常是通过建筑设计来完成的，做室内设计就是要学习和借鉴这种设计的手法，比如依托墙面做一些外凸小型展品柜，也是非常出色的外凸空间设计案例（图1-62）。

图1-62 外凸空间

2.2.4 地台与下沉空间

在室内外经常看到的这种空间形式主要是相对于地坪而言，如在地坪之上起台则称之为地台空间，反之在地坪之下挖坑，形成下沉地面效果的则称之为下沉空间。

2.2.4.1 地台空间

地台空间是将室内地面局部的抬高，加高的地面空间称之为地台空间。该空间同下沉空间一样是视线的焦点，而且还具有独立性和展示性。在该空间中，可以感受到视野比较开阔，与外界用视线交流比较方便；而且地台空间在室内施工方便，所以深受设计者和使用者的喜爱。

地台空间在室内的应用非常广泛，在各种公共空间、居住空间中都可以找到该空间的应用。如在宾馆堂吧、住宅大客厅、餐厅、时装店（图1-63）等，就是利用地台空间的设计手法，来形成相对独立的、视线良好的视觉空间。

图1-63 地台空间

2.2.4.2 下沉空间

下沉空间是指室内的地面相对比正常标高地面有所降低，而形成不同标高带来的空间效果。这种空间使下沉的地段成为了视线的焦点，布置空间可以此处地段为主，它带来的空间效果是内敛的、稳定的感受。

下沉空间的利用较广泛，尤其是在室外，因为可以改变室外地面的标高，所以下沉空间比较好设计。在室内，地面下沉有可能影响建筑结构，楼地面结构部分是不可能下沉的，所以设计者只好利用其他地方的加高来形成局部的下沉，变相地做成下沉空间。如在日韩餐厅常设计榻榻米，就餐者席地而坐，餐桌部分放在下沉空间里，便于就餐者坐姿舒适；或利用起台做地炕，形成下沉空间便于使用者席地而坐（图1-64）。

2.2.5 虚拟与虚幻空间

虚拟空间是指在已界定的空间内通过界面的局部变化而再次限定的空间。由于缺乏较强的限定度，而是依靠"视觉实形"来划分空间。虚幻空间是利用不同角度的镜面玻璃的折射及室内镜面反映的虚像，把人们的视线转向由镜面所形成的虚幻空间。

2.2.5.1 虚拟空间

虚拟空间是在母空间里依靠某些形体、元素的启示，形成空间的心理限定，从而使使用者感受到空间的存在。所以也可称之为"心理空间"，如在雨中，一把雨伞可以使人感受到虚拟空间的存在，设计者可充分利用人的心理感受，在设计中丰富空间层次。

在宾馆大堂里，高大的空间是大堂的显著特点之一，但也使很多有独立功能的小空间无法用界面去划分，这时在母空间里做一些虚拟空间就显得很有必要，而且效果也非常好。如在大堂的临时休息区，一组沙发、地毯、茶几、角几、台灯共同构成了一组丰富的小空间，使人们在此处能够感受到休息的小环境（图1—65）。

图1—64 下沉空间（左）
图1—65 虚拟空间（右）

2.2.5.2 虚幻空间

虚幻空间是指室内镜面反映的虚像，把人们的视线带到镜面背后的虚幻空间去，于是产生空间扩大的视觉效果。因此，室内特别狭小的空间，常利用镜面来扩大空间感，并利用镜面的幻觉装饰来丰富室内景观。除镜面外，有时室内还利用有一定景深的大幅画面，把人们的视线引向远方，造成空间深远的意象。在虚幻空间可产生空间扩大的视觉效果，在空间感上使有限的空间产生了无限的、古怪的空间感。

这种空间类型在一些科幻、游乐、探险、旅游点等空间中经常能够看到，设计者常利用使用者追求神秘、新奇、喜新的特点，将一些场合设计成光怪陆离、变幻莫测、极富戏剧性的商业及空间效果（图1—66），以达到人们追求刺激的好奇心理。

图1—66 虚幻空间

2.2.6　共享空间与母子空间

共享空间是将建筑物内部做一个可以直接屋顶采光的内庭院，从空间处理上是一个具有运用多种空间处理手法的空间类型。母子空间是对空间的二次限定，是在原空间中用实体性或象征性的手法再限定出小空间，将开敞与封闭空间相结合的一种空间类型。

2.2.6.1　共享空间

共享空间是指在大型公共建筑室内核心部分，多层共同拥有的公共室内空间。这种空间多数在宾馆、饭店、商场、写字楼、教学楼等大型建筑中出现，它作为建筑内的公共活动中心和交通枢纽，极大地丰富了建筑室内空间的类型，并使室内空间有了大型化的空间类型。

在宾馆的室内，经常能看到共享空间这种空间类型（图1-67），由于它好像是一个内庭院，所以人们又称此空间为中庭。在共享空间的设计中，设计者经常把室外自然景色引入室内，使空间里自然植物、自然水景与室内的人工景观融为一体。另外共享空间还有垂直交通的作用，设计者常把观光电梯与共享空间结合在一起，使人们在享用电梯的同时，还能饱览共享空间的美景。

2.2.6.2　母子空间

母子空间是在室内空间中做第二次的空间限定。原空间称为母空间，被二次限定的空间称为子空间。这种子空间比虚拟空间更为实体，所以其私密性、领域性更强，使用功能更加明确。

在实际生活中，很多宾馆、餐厅、舞厅、酒吧等大空间里会出现封闭性较强的母子空间。如在宾馆的中庭里，设计者将中庭的大空间做了第二次的小空间限定（图1-68），使使用者感受到的领域性更强，从而增加了空间的魅力。

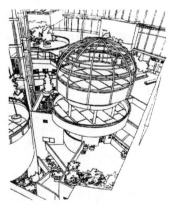

图1-67　共享空间（左）
图1-68　母子空间（右）

2.3　室内空间的分隔

根据室内的功能与要求，室内的各个空间之间有的需要联系，有的空间需要私密，还有的空间则需要半开敞式的流动，设计者常常需要对室内空间进行组合和分隔。

2.3.1 室内空间的分隔方式

对于空间的分隔方法有许多，归纳起来有固定、活动两种形式。

2.3.1.1 固定分隔

固定分隔是在设计中采用界面与分隔体之间实体联系，不能活动的一种分隔形式。经常采用的分隔形式有绝对分隔、局部分隔两种。

1. 绝对分隔

利用一切可以做分隔的材料对空间进行界限明显、限定性强、各自封闭的分隔形式。这种分隔可以使空间各自相对独立，具有视线互不干扰、隔声性能好、私密性强的特点，设计者可以利用这种分隔形式的特点对一些需要私密的、不希望被打扰的空间进行分隔。

2. 局部分隔

在室内空间中利用固定分隔材料对空间进行部分封闭和限制的分隔形式。这种分隔可以使被分隔的空间之间既有分隔又有联系，其联系随着分隔的增强而减弱。这种分隔形式适用于需要限定界限、视线，又可以适当联系的使用功能房间，这种空间的分隔性不是很强，与周围环境有一定的流动性。

2.3.1.2 活动分隔

活动分隔是在空间中利用活动的界面等装饰材料对空间进行划分的分隔形式。常用的分隔方法有象征性分隔、移动分隔两种。

1. 象征性分隔

象征性分隔是利用可以活动的室内元素对空间进行划分的分隔形式。这种分隔形式限定性较低，灵活性较强。空间分隔的界限比较模糊，多数是利用人们的心理感受，调动人的心理联想，追求空间似有似无的分隔效果。这种分隔形式使空间似断非断、似隔似断、流动性强、强调变化，具有一定的意境和内涵。

2. 移动分隔

移动分隔是利用分隔体按设计的方式自由地运动来对空间进行划分的分隔形式。这种分隔形式可以根据使用要求随时移动和启闭，空间形式也随之可大可小，分隔自由。在这种分隔形式中更注意空间分隔前后的效果，强调分隔前后空间的不同使用功能。

2.3.2 具体分隔手法

室内空间的具体分隔手法有很多，但都隶属于固定分隔、活动分隔两种分隔方式。通过掌握空间的具体分隔手法，可以改善室内界面的功能作用，使室内装饰设计的整体风格更加协调。

2.3.2.1 固定分隔手法

固定分隔手法在室内装饰设计中经常采用，有些隔断封闭，有些开放；可以垂直分隔空间，也可以水平分隔空间。在这种分隔手法中，可用实体砌体、轻质隔断、钢化玻璃等作为分隔的材料，完成各种固定分隔手法的应用。

1. 绝对分隔

这种分隔空间呈现比较封闭的状态（图1-69），厚重的墙体阻止了内外视线与声音的交流。

2. 列柱分隔

用实体列柱进行空间分隔也是空间分隔中常用的手法之一。这种手法主要可以消除实体界面的沉闷感和封闭感，在设计中可以将列柱手法加以扩展，形成有个性风格的分隔形式。

列柱分隔可以使空间变得自然分隔，因为人们已经熟悉柱子在室内空间分隔的作用；也有一些列柱起装饰性分隔的作用（图1-70），还有一些列柱经设计者的演变，变成了轻巧的垂直分隔，使分隔手法更加丰富。

3. 翼墙分隔

翼墙分隔是在大空间中用实体界面局部分隔空间的设计（图1-71），丰富了空间的类型以及层次。

4. 固定家具分隔

固定家具可以作为分隔空间的重要手段之一，这类的家具有：博古架、玄关墙等，不但可以达到分隔空间的目的，还能使室内增添不少艺术氛围。

2.3.2.2 活动分隔手法

活动分隔手法与固定分隔手法相比效果更加灵活、隐蔽，对于空间可分可合、灵活划分的空间类型比较适合。

1. 活动家具分隔

利用活动家具分隔空间是室内空间分隔中常用的手法之一。在很多办公空间、商场空间、候车厅、餐厅等众多空间中经常能看到采用服务台、柜台、地柜等分隔形式，限定不同的使用功能空间（图1-72）；也可以采用沙发等家具象征性地围合空间，达到分隔不同使用功能空间的目的。

2. 移动界面分隔

活动分隔中以移动界面分隔手法的功能性最强。这种分隔手法适合大空间中的灵活分隔，分隔手法比较隐蔽，经常是扩大空间、缩小空间的较佳选

图1-69　绝对分隔（左）
图1-70　列柱分隔（右）

择。如在某星级宾馆的餐厅，设计者利用移动界面的分隔手法将室内的空间按不同使用要求做成了可分可合的空间类型（图1-73）。

3. 景观小品分隔

在室内利用景观小品也可以完成分隔空间的工作，如利用水体、植物等景观小品分隔空间。水体是室内设计者喜欢采用的设计元素之一，它以流动、喷涌的形式出现，不但可以美化环境，而且可以完成分隔空间的任务（图1-74）；植物也是与人最为亲密的自然元素，它可以为室内空间增添活力，贴近自然，同样还可以达到分隔空间的目的（图1-75）；另外也可以利用灯具的组合给空间带来分隔的效果，灯具的造型和灯光给室内空间的划分带来生动的变化。

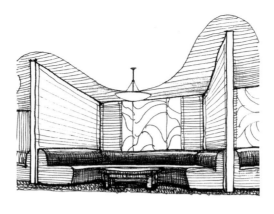

图1-71　翼墙分隔

图1-72　家具分隔

图1-73　移动界面分隔

图1-74　景观小品－
　　　　水体分隔空间（左）
图1-75　景观小品－
　　　　植物分隔空间（右）

3 项目单元

3.1 室内空间分隔设计练习一

在大型商业空间中，中庭是大型的公众活动空间。它对于调节空气流通，形成交通枢纽，组织空间秩序，开展各种活动，提升整个商场的空间质量和档次，无疑具有非常积极的意义。由于大型共享空间有很多功能需求，所以细分空间必不可少，这里要求学生利用分隔空间的三样材料（如：家具、绿化、软装材料），完成十一国庆节开展促销活动的部分中庭布置的设计工作。

3.2 室内空间分隔设计练习二

在旅游饭店空间中，酒店大堂设计是酒店空间设计的重点区域，它是客人来往的必经之地，大堂的主要区域为入口、总服务台、休息区、公共洗手间、大堂经理、旅游咨询等。由于大堂共享空间较高，在这较高的母空间中，需要完成各个功能空间的设计任务。这里要求学生利用组合空间的三样材料（如：家具、灯具、装饰画等），采用虚拟空间的设计手法完成大堂经理办公区域的立体设计。

【思考题】

1. 使用功能在建筑装饰设计工作中的重要性都有哪些？凡是需要设计的行业是否都需要开展使用功能设计，尝试比较一下工业设计、服装设计等行业对使用功能的理解。

2. 精神功能在建筑装饰设计工作中的重要性都有哪些？如何理解精神功能与使用功能之间的关系。

【习题】

1. 开敞与封闭空间的基本概念是什么？如何灵活运用封闭空间的视觉、声音、影像等与外界隔离的概念，减去视觉封闭，这样会选择什么封闭材料，适合什么场合布置？

2. 在室内设计中，如何利用地台设计完成下沉空间的设计任务？试举例说明。

3. 查找共享空间首位设计师是谁？请在宾馆共享空间中设计一个开放式的子空间，用作休闲吧。

1　学习目标

了解室内界面设计基本要求，熟悉室内顶棚、地面、墙面的设计形式，并能够应用到实际设计案例中去；熟悉各个界面的常用装饰材料，以及设备终端，并能够熟练地应用到具体设计中。

2　相关知识

室内空间是由界面来限定和划分的，室内空间造型效果在很大程度上取决于室内界面的设计成败。室内界面是指围合室内空间的各个实体面，实体面通常是指地面、顶棚、墙面或隔断。一个空间的大小、高矮和形状是由各个界面去控制的，室内界面本身是实体界面，容易进入使用者的眼帘。室内空间是虚的，是通过界面围合成的，使用者通常只能感受空间，并通过对界面的装饰达到美化、完善空间的目的。本次学习知识点主要是与建筑室内界面密切相关，主要有：界面、顶棚、建筑结构式顶棚、局部吊顶式顶棚、吊顶式顶棚、功能性地面、艺术性地面、地台地面、突出功能性的墙面、突出艺术性的墙面等。

2.1　室内界面设计要求

由于建筑结构的要求，室内设计一般很难对已建成的室内空间进行大规模改造设计。层高和顶棚中的隐蔽工程一定程度上制约了设计者的思路，设计者在室内分隔空间方面容易创新，但还要考虑建筑结构问题。设计者通常是在兼顾空间的情况下，直接对室内的各个界面进行设计的。可以说室内界面的装饰设计是整个室内设计的重点之一。当然，作为一个优秀的室内设计还要包括家具、陈设、绿化等多个组成部分，而且缺一不可。那么如何将室内复杂的空间按业主的要求较好地完成室内设计任务呢？不妨先从室内各界面的设计开始，从室内界面的使用性、艺术性、经济性、整体性等方面考虑设计，完成室内空间及界面的整体装饰设计。

2.1.1　满足使用性要求

室内设计要以创造良好的室内环境为宗旨，把满足人们在室内进行生产、学习、工作、休息的要求放在首位。在室内设计中注意使用功能，概括地说就是要使内部环境布局科学化与舒适化。为此，除了要妥善处理空间的尺度、比例与组合外，还要考虑人们的活动规律，合理配备家具设备，选择适宜的色彩，解决好通风、采光、采暖、照明、通信、视听装置、消防、卫生等问题。

2.1.1.1　使用功能对界面设计的影响

在室内顶棚、墙面、地面等界面设计上，要首先满足人们使用上的要求。通过对使用功能的分析，室内界面重点要解决以下三个方面内容。

第一是界面自身材料的使用性能。如墙体的保温、隔声、防水、防潮、防冲击等性能，设计中要针对不同空间的使用性质采取不同的材料设计，保证各个界面满足最基本的使用要求。

第二要解决好自身的造型问题，使空间中的各个界面不能有不利于使用者和建筑结构的设计。如地面的起坡、起台，可能对使用者的活动造成一定的影响。墙面上盲目扩大空间做各种龛等，可能对建筑的结构带来一定的破坏等问题。

第三要设计好各个界面上的各种终端设备的位置，使其满足使用者的使用要求。如各种电气开关、插座、音响、进出风口等的位置和高度，使使用者操作起来方便，使用起来能够达到最好的效果。

2.1.1.2　细分使用功能空间完善界面设计

室内界面设计首先要考虑建筑的性质，不同使用功能的室内空间要有不同的室内界面设计，要了解该空间是属于宾馆、饭店、办公楼、剧院、娱乐中心、体育馆、住宅等建筑中的哪个部分，是对外还是对内，是属于公共场合还是私密空间，是需要热闹还是宁静的环境。对于不同的内容有不同的功能，就应有与之相应的室内设计做法。

同样是休息居住功能建筑，居室的室内设计与宾馆的室内设计，在空间尺度、环境气氛，所用材料及色彩等诸多方面都不一样，绝不能简单类比。居室是以家为单位的住宅空间，居留时间长，独立性、私密性很强，设计中其独立性要考虑生活习惯、格调及户主的个人爱好；私密性则要考虑家庭成员的要求及隐私。在界面设计选材时要考虑实用，简洁明快，避免花哨。宾馆客人停留时间短，界面设计要注重尺度、材质还要在造型上注意追求现代感以吸引顾客，并满足旅客的休息活动要求。由此可见，室内设计是建立在了解建筑性能、满足室内使用功能的基础上，是建筑装饰设计师首要考虑的问题。

2.1.2　满足艺术性要求

近年来越来越多的人对室内艺术性设计的要求越来越高。这就要求室内设计者在室内设计的艺术性方面多下功夫。可以说室内界面的艺术性设计是室内空间艺术性设计的重要组成部分之一，界面的造型应该使人们在室内界面围成的环境中得到一种美的享受，从而使身心愉悦、心理健康，精神上得到最大的满足。室内界面设计对人们精神生活的影响主要表现在两个方面：一是装饰艺术；二是色彩与材质。

2.1.2.1 装饰艺术

界面装饰艺术感就是指人们对室内空间及界面的装饰产生的美感,装饰艺术感的体现主要满足现代人的审美情调。前辈设计师在实践中总结了符合一般人审美观点的构图法则,实践证明凡是尺度宜人、比例恰当、陈设有序、色彩和谐的室内设计,即使没有强烈的感染力,也能使人感到很舒服。

在室内设计中为了达到给人美感的目的,在界面设计中首先要注意空间感,用合适的界面设计手法改进和弥补建筑空间存在的缺陷。合理的空间不但使用起来让人们感到舒适、方便,而且还能带给人们视觉上的享受。

另外,要注意界面上及界面周围陈设品的选择和布置。界面设计要与家具及各种陈设品等密切配合,做到有主有次,层次分明。通常设计者按照自己的理解,通过运用各种符号、材料、陈设品将室内界面装饰设计成预想的效果,由于界面设计气氛的影响,从而促使室内的预想效果达到轻松活泼、庄严肃穆、安静亲切、朴实无华、富丽堂皇、古朴典雅等符合使用要求的空间气氛和性质,所以说室内空间的气氛在很大程度上取决于界面的设计。如在家装设计中,有的界面设计看似随意,但却经过缜密的设计,追求活泼为家营造一个轻松的气氛;有的界面设计朴素无华、洁白无瑕、线条简洁,室内的设计风格追求朴实、简约,为家增添了一份意境、一份哲理。在公共空间设计中,简约的界面风格为办公空间赢得了庄重、严肃的环境气氛。在商场设计中复杂的界面设计是要追求一种商业气氛,宾馆的各个界面的设计是要给宾客一个家的感觉,界面设计更加重视亲近性。所以不论空间使用多么复杂,空间的界面设计一定要与空间的用途、性质及环境气氛相一致。

2.1.2.2 色彩与材质

室内界面的设计还要注意色彩与材质的运用,在对室内各界面色彩设计的同时还要对室内色彩关系影响较大的家具、织物等进行选择,要注意界面与室内陈设的协调一致,符合色彩学的一般原则。

通常的设计是在有了造型和艺术风格上的整体构思以后,就可以从整体构思出发,设计选用室内地面、墙面和顶棚等各个界面的色彩和材质,确定家具和室内陈设的色彩和材质。使室内界面的艺术性设计为室内环境的改善得到确实的体现,如在居室内各界面以及家具陈设等材质的选用上,应考虑人们近距离、长时间视觉感受的舒适,甚至应考虑与肌肤接触等特性,要形成人们的亲切自然感。

色彩和材质、色彩和光照都与室内界面存在着极为紧密的内在联系,在界面设计中要仔细考虑色彩、材质对环境的影响,使界面的设计传达出一种良性的文化内涵。

2.1.3 满足经济性要求

在当今室内设计中有诸多影响设计个性化体现的要素,而商业化与经济性则是关键的一对矛盾。处理得好两者协调一致,个性化特征能够很好地体现;

处理不好往往是商业化泛滥。

商品化设计趋势是世界生产规模日益发展的产物，这种设计往往具有很强的推销意识，哗众取宠的炫耀性成为其基本的特征。因而在材料色彩和照明的选用上，多以强烈炫目的感官刺激为手段。在用材方面不惜成本，追求浮华风格。

经济性要求限制商品化的趋势，在设计中考虑以勤俭节约为本，不要走入花钱越多越好的误区。室内界面在室内整体设计中所占分量很大，界面设计的经济性可以直接影响室内装修的整体造价，所以要在界面设计中充分考虑实用、经济的影响，使设计不要留下遗憾。

在我国现阶段经济还不很富足，人均资源并不乐观的条件下，设计者要有责任感、使命感，要有对国家及后代负责任的态度。对一个优秀的设计师来讲，少花钱同样能做出优秀的室内设计作品。如界面设计中的顶棚设计要充分考虑到使用者不易接触的特点，多考虑形体的变化，在饰面材料上可以考虑使用常用的装饰材料，避免使用高档材料。

2.1.4　满足整体性要求

在做室内界面设计时要注意各个界面的整体性的要求。使各个界面的设计能够有机联系，完整统一，其直接影响室内整体风格的形成。

界面的整体性设计首先要从形体设计上开始。各个界面上的形体变化要在尺度、色彩上统一、协调。协调不代表各个界面不需要对比，有时利用对比也可以使室内各界面总体协调，而且还能达到风格上的高度统一。界面上的设计元素及设计主题要互相协调、一致，让界面的细部设计也能为室内整体风格的统一起到应有的作用。

其次，界面的整体性还要注意界面上的陈设品设计与选择。选择风格一致的陈设品可以为界面设计的整体性带来一定的影响，陈设品的风格选择不应排斥各种风格的陈设品，如不同材质、色彩、尺度的陈设品，通过设计者的艺术选择，都能在整体统一的风格中找到自己的位置，并使室内整体设计风格高度统一，而且又有细部的设计统一。

2.2　顶棚的设计

一般典型的建筑室内空间多呈六面体，由六个界面围合而成，它们分别是顶棚、地面、四个墙面，处理好这三种界面要素，不仅可以赋予空间以个性，而且还有助于加强空间的完整统一性。

顶棚是室内空间三个主要界面中，不常与人接触的水平界面。由于在人活动的上方空间，所以在室内设计空间形式和限制空间高度方面起着决定性作用；另外，顶棚的变化形式多样，不同的变化常常会带来不同的艺术效果，所以常用它的变化来调节室内的环境气氛，对室内空间风格的形成起到了重要的作用。

2.2.1　顶棚的设计形式

顶棚是室内空间的主要界面，它的主要形式有两种：一种是让结构暴露出来，当作顶棚；另一种是在楼板和屋顶的底面，用各种不同的材料直接和结构框架连接，或在结构框架上吊挂即做吊顶。吊顶顶棚的设计形式多种多样，它可以为不同的室内环境带来不同的艺术效果，通过不同吊顶顶棚的处理手法，可以加强空间的宏大感，加强空间的深远感，还可以起到引导空间的作用。但不是说任何顶棚形式都可以取得满意的效果，顶棚设计要讲究一定的原则性，设计者要充分利用原有建筑的顶棚形式，如果达不到预期的室内空间效果，可以做一些适当的顶棚吊顶，以满足室内空间整体造型的需要。

2.2.1.1　建筑结构式

建筑结构式顶棚一般是指在原土建结构顶棚的基础上加以修饰得到的顶棚形式，结构构件、各种设备全部外露，不需要另做吊顶对结构顶棚加以掩饰。在历史上，中国古建筑木构架结构大都采用建筑结构式顶棚，合理的结构形式和彩画构成了独具风格的木结构建筑体系。在西方古典建筑中，穹顶结构、十字拱结构体系同样是展现建筑结构式顶棚。合理的结构体系使内部空间高耸，极富力量。现在采用建筑结构式顶棚的设计多为以下四种顶棚形式。

1. 大跨度钢结构顶棚

现代建筑设计经常采用各种钢结构顶棚设计，不但可以取得足够大的室内空间，还可以将现代高科技大跨度结构体系的结构美充分展现出来。大跨度钢结构顶棚通常采用桁架、网架、网壳、悬索桥、斜拉桥、张弦梁、索穹顶等结构形式，能够建成人们意想不到的特大空间。这种钢结构体现了现代审美情调，流畅自由，让人们获得毫无虚假、不需掩饰的结构力量之美感。

这种大跨度结构体系顶棚一般在需要大空间的建筑中采用，被广泛应用于体育馆、展览馆、宾馆中庭（图1-76）、候车厅等建筑的顶棚上。这种结构形式的顶棚具有整齐的韵律，在视觉上又具有现代艺术的特征，越来越多的设计师利用它的坚固性与自然性，构筑大型屋顶骨架。这种结构体系的出现使顶棚的设计可以取得空间大、采光好、艺术性强的效果。而且无需另外再做室内的吊顶顶棚。

2. 木作坡屋顶类顶棚

木作坡屋顶类顶棚包括木结构的屋架以及仿木结构屋架的顶棚形式。对看惯了钢筋混凝土平屋顶室内空间的现代人来说，木作坡屋顶体现出来的木结构体系建筑形式，其室内空间宽敞，木结构构件亲近自然，是一种令人向往的空间类型和界面形式（图1-77）。相信随着人们生活水平的不断提高、居住条件的不断改善、审美情趣的不断变化，很多异型的建筑空间及顶棚形式将会越来越为人们喜爱。

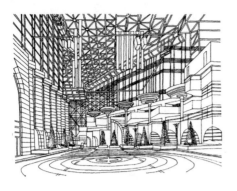

图 1-76　大跨度钢结
　　　构顶棚（左）
图 1-77　木作坡屋顶
　　　类顶棚（右）

3. 建筑设备类顶棚

建筑设备类顶棚主要展示经过简单装饰的各种管道和设备，这些裸露的设备管线在精心修饰后，不再做任何顶棚吊顶，突出后工业化设计的情调。这种展示设备结构的顶棚中的多种管线及管道可考虑装饰涂料，这些在顶棚中粗细不同、颜色不一的管道、管线和设备，可以给人一种不同于吊顶顶棚的粗犷美和技术美，也让人享受了工业时代的多种审美情趣。

建筑设备类顶棚常见于大型仓储式购物中心、餐饮、酒吧，甚至在有些办公（图 1-78）、会议空间等空间内采用，这种顶棚经济实用，空间效果新颖，能代表一些有后工业化情结设计者的审美取向，不少这类的空间在实际使用中取得了满意的效果，极大地丰富了室内空间及顶棚的造型形式。

4. 混凝土结构类顶棚

混凝土结构类顶棚应该是我们日常生活中最常见的顶棚形式，对于一些层高较低的室内空间，可采用吊顶式顶棚形式，也可以直接采用混凝土结构类顶棚形式。

这一类空间顶棚形式在我国的日常生活中很多见，尤其以住宅建筑、办公建筑中为多，在这类建筑的室内设计中，要以清水混凝土结构顶棚为主（图 1-79），也可以装饰彩色涂料，或辅以极少的吊顶及线条，这种顶棚形式既可以取得一定的艺术效果，又可以最大限度地利用室内空间，还可以取得良好的经济效果。

图 1-78　建筑设备类
　　　顶棚（左）
图 1-79　混凝土结构
　　　类顶棚（右）

2.2.1.2 局部吊顶式

局部吊顶式是在原建筑结构顶棚上部分采用吊顶装饰的一种顶棚形式。这种吊顶形式的优点在于可以最大限度地扩大室内的高度空间，避免空间的浪费，还可以节约很多材料，有着良好的经济效果和社会效果。从实用的角度可将局部吊顶分为两种形式：一种是以功能性为主的局部吊顶；另一种是以装饰性为主的局部吊顶。

1. 功能性局部吊顶

功能性局部吊顶是为了避免室内的顶部有水、暖、气管道，而且房间的高度又不允许进行全部吊顶的情况下，采用的一种局部吊顶的方式。通常这些水、电、气管道靠近边墙附近，局部吊顶装修以掩盖这些裸露的管线为主（图1-80），当然还要考虑局部吊顶的造型问题。

2. 装饰性局部吊顶

装饰性局部吊顶是在顶棚上做造型设计需要而采取的一种吊顶形式，这种局部吊顶形式通常以吊边棚为常见，设计中棚井部分采用原来的结构棚面，在墙面周围的上空做局部的吊顶造型（图1-81），这样也可以达到类似全棚吊顶的效果，追求用最简洁的顶棚造型形式达到最佳的顶棚造型效果。

2.2.1.3 吊顶式

采用吊顶式顶棚是现在室内设计常用的顶棚设计手法，吊顶式的优点在于追求顶棚设计的艺术性，同时掩盖顶棚中不美观的设备与粗糙结构界面。吊顶类的形式很多，所追求的艺术效果也不一样。从外观来分，常见吊顶类顶棚形式可以归纳为以下四大类：

图1-80 功能性局部吊顶

1. 平顶式

平顶式是吊顶后的顶棚棚面总体上无标高变化、外观上无明显凸凹变化的吊顶形式。这种顶棚形式构造单一、施工方便，表面简洁大方，整体感明快（图1-82）。在此类吊顶棚面设计中常采用与照明灯具相结合设计的方式，如均匀排放一些嵌入式的筒灯、牛眼灯或灯箱，局部点缀射灯、吸顶灯等。此类顶棚形式适合于办公空间、教学空间、商业空间等功能性较单一的空间的顶棚设计上。

图1-81 装饰性局部吊顶

图1-82 平顶式

2. 灯井式

灯井式是在吊顶平面的局部做出标高变化，形成各种叠级式吊顶类顶棚形式，它是吊顶类顶棚最常使用的形式。由于它是顶棚吊顶局部棚底标高升高产生的顶棚形式，局部升高后的井心常布置灯具，所以称之为灯井式。灯井式的平面样式变化很多，可设计成方形、长方形、圆形、自由曲线形、多边形等（图1-83）多种灯井式顶棚形式。

(a)　　　　　　　　(b)

图1-83　灯井式
(a) 自由式灯井；
(b) 圆形灯井

灯井式可以有很多变异的造型。最常见的是将灯井设计成台阶式，即所谓的多层叠级（图1-84）式的灯井形式，它常见于室内层高较高，设计追求变化的顶棚造型，此类灯井向心性很强，突出中心灯具，需要灯具与其呼应配合。

灯井式的另一种变化形式是设计反光灯槽。如果把灯井口悬挑，内藏灯光，就形成了反光灯槽这种顶棚形式（图1-85），反光灯槽内如果藏有照明灯具，就可以形成隐蔽光源，它主要起辅助光源的作用，使顶棚照明更加柔和、均匀，而且照明艺术性较强。另外，灯井式顶棚在有高差的灯井处也可以做成格栅或灯箱形成发光顶棚。常见做法是龙骨和玻璃组成饰面，顶棚内藏照明灯具，透过玻璃形成均匀照明，一般玻璃面常设计成较大面积，故形成发光顶棚（图1-86）。玻璃一般选用非透明的，如磨砂玻璃、纹理玻璃、彩色玻璃、彩绘玻璃等。由于顶棚放玻璃所以要注意使用安全，设计中还要注意玻璃能够开启，以方便清洗和维修灯具等。

图1-84　多层叠级灯
　　　　井（左）
图1-85　反光灯槽式
　　　　灯井（右）

3. 悬吊式

悬吊式是由顶棚吊顶局部标高降低产生的顶棚形式。由于是在一次吊顶的基础上再次吊顶，所以这种悬吊式又可称为二次吊顶。顶棚的整体可以是折板、平板，也可以是一个大灯箱等多种顶棚艺术造型。

这种吊顶形式充分地利用了顶棚的空间，使室内空间立体感强，造型丰富。同时它应用广泛，可用于室内空间需要特殊处理的场所，也可以作为大面积的吊顶形式出现在体育馆、剧院、音乐厅等文化艺术类的室内空间中。这种吊顶形式局部降低空间，形成有收有放的空间形式，并使局部形成虚拟空间，感觉亲切，领域性强（图1—87）。

4. 韵律式

韵律式是指顶棚吊顶造型呈现某种有规律变化、装饰图案较强的吊顶平面形式。韵律式吊顶不用过多考虑顶棚造型与地面布置的对位关系，是适合于平面布置经常更换，以及大空间的顶棚吊顶形式。韵律式吊顶装饰性较强，造型变化丰富，不但可以全棚吊顶，还可以用图案龙骨做吊顶，使局部吊顶通透，不但节约材料，而且吊顶轻盈，空间穿透性强。

1）井格式

井格式是由纵横交错的井字梁构成的吊顶形式（图1—88）。是顶棚造型主要由均匀分布的多个凹井组成的一种顶棚形式，这种顶棚可以是由建筑结构层的井字楼盖改造后形成的暴露结构的顶棚形式。当然也有利用原主次梁结构添加假梁形成井格式，还可以完全用吊顶做出井格式顶棚形式。

2）格栅式

格栅式是由格栅片有规律地分布形成的吊顶形式。格栅片可组成井字格也可组成线条形格，这种吊顶形式材料单一，施工方便，造价低廉，造型形式较为流畅，韵律感较强。但随着格栅间距加大，原栅面也会显露出来，如原栅面处理不当，可能会造成整体效果不佳。

图1—86 发光顶棚

图1—87 悬吊式

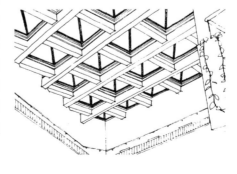

图1—88 井格式

格栅片一般用轻钢、铝合金等材料加工而成，也有些格栅片是由施工单位现场木作而成。

从外观看，这种顶棚形式节奏性强、图案性强（图1-89）。现代格栅式吊顶无论在选用材料，还是在整体图案上都体现了丰富多彩的样式，充分展现了设计者个性化的设计风格。

3）散点式

散点式是指在顶棚吊顶设计中重复使用单一图案造型的吊顶形式。这种吊顶形式韵律感强、图案清晰、节奏明显、施工容易掌握。但是由于图案单一，图案的造型设计就显得尤为重要了。解决好图案造型设计，对此空间的顶棚造型有着重大的影响。这种吊顶形式适宜在宾馆、候机楼、候车室、商场等大空间的顶棚中采用。

浦东国际机场航站楼（图1-90）就是一个成功的例子。此航站楼出发大厅吊顶采用蓝色金属穿孔板，屋顶上开有方形天窗，支撑屋架的白色金属杆自天窗穿出，形成一个个散点式的图案。在蓝色的背景下，如同蓝天白云，夜晚则由安装在屋架两头的聚光灯将天花吊顶和金属杆照亮。

5. 自由式

在一些室内层高较高的空间中，由于室内空间足够宽敞，有一定的吊顶空间，这样的条件给设计者提供了一个设计想象空间。随之一些异型吊顶形式大量出现，它既可以看出一些设计者的设计取向、流行趋势，张扬个性，又可以活跃室内空间，使室内设计更富个性，更有活力，其中悬浮式吊顶比较有代表性。

在有些室内实例中，设计者将吊顶做成曲线面，使吊顶更有立体感，创造出看似流动的悬浮吊顶，也有用软布料垂吊（图1-91a）达到顶棚装饰效果。

还有一些室内设计，设计者将一些曲线的、不规则的造型引入顶棚造型，而且这种造型形式越来越为设计者喜欢，原因是可以展现其个性化的一面，使顶棚吊顶的设计成为设计者展示艺术的舞台。在此类自由式吊顶中，极富动感的空间造型，为空间变化带来了一份神秘感和立体感。展现了吊顶设计的丰富内涵，为室内空间的艺术设计增添了更多的设计元素（图1-91b）。

图1-89　格栅式（左）
图1-90　散点式（右）

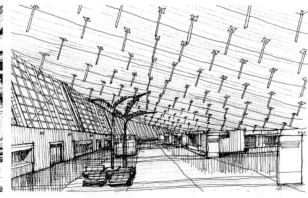

（a）   （b）

图 1—91　自由式
（a）软布料垂吊形式；
（b）异型吊顶形式

2.2.2　顶棚的材料选择及常用设备

顶棚界面位于室内空间的上方，一些设备管线以及设备终端常设置在顶棚界面附近，在做顶棚设计之前，需要熟知吊顶常用材料及顶棚常用设备，为室内界面设计打好基础。

2.2.2.1　顶棚材料的选择

顶棚的吊顶饰面材料选择应该分为两部分，一个是顶棚吊顶的围护材料，另一个是顶棚的饰面材料。作为吊顶的围护材料，通常应该考虑选用防火性能好，便于施工安装、体重轻、造价低的装饰材料。

现在的室内设计常选用的是纸面石膏板。石膏板平整度好、造价低、施工便捷，但也有怕潮湿、油污等缺点，所以它适合于除潮湿、油污很大的卫生间、厨房等之外的其他室内顶棚吊顶中作为围护材料。除纸面石膏板外，还可以选用金属扣板、塑料扣板、胶合板、细木工板等作为围护材料，金属扣板自重轻、使用耐久、安装简单，是目前装修中使用较为广泛的一种新型建筑装饰材料。金属扣板主要品种有条形扣板和方形扣板两种。塑料扣板以其重量轻、耐腐蚀、抗老化、保温防潮、防虫蛀及防火等特点，被广泛应用于室内装修。胶合板较薄，易弯曲，顶棚有曲线造型时常局部使用。细木工板平整度好，适合各种造型，经常采用但价格较高。另外这些板材都是由木制纤维热压而成的，所以防火性能较差，设计使用时要符合国家有关装修的防火规范。而且不宜大面积使用，只在局部造型中和防火涂料配合使用。

在饰面材料的选用中，常见的有三大类：涂料类、裱糊类、板材类。它们是在楼板底面或围护材料底面处理平整的基础上，进行施工操作的。

涂料类是设计中常选用的一种饰面材料，它应用面很广，现常用的乳胶漆类涂料，造价低廉，施工方便，作为顶棚饰面材料它可以在高级宾馆中采用，也可以在普通居室中使用。

裱糊类也是较常采用的一种顶棚饰面形式，比较有代表性的是贴壁纸。顶棚贴饰面壁纸，施工难度较大，所以大面积顶棚裱糊不宜采用，小房间可考虑使用。

板材类作为顶棚饰面材料近些年也较为多见。设计中可以选用榉木、胡桃、水曲柳等纹理精美的木制饰面材料做局部造型。也可以选用金属板材如不锈钢板、金属彩板等。还可以考虑塑铝板、氟碳板等复合型饰面材料。板材类饰面材料造价较高，但设计选用适当，可以取得较好的艺术效果。

有些顶棚饰面材料的选择既有维护作用，同时也有完整的饰面，施工中和龙骨配合安装完成，不用另行覆盖饰面材料。这样的材料主要有矿棉装饰吸声板、石膏装饰吸声板、石棉装饰吸声板、塑料扣板、塑铝板、氟碳板、金属微孔板、金属扣板等。这些材料具有防水、防火阻燃性能，施工方便，维修便利，图案整洁，常在公共空间的顶棚吊顶中采用。

2.2.2.2　顶棚常用设备

吊顶棚面上除要安装各种灯具外，在一些大型空间的吊顶内还不同程度地隐蔽多种管线设备，其设备的端口也在吊顶棚面上，如送风口、排风口、烟感器、喷淋头、扬声器、监控器等（图1-92），以满足室内空间的通风换气、火灾报警、消防灭火、广播、安全监视的要求。配置这些设备首先要满足技术上的要求，同时，又要以恰当的尺度、形状、色彩和符合构图原则的排列方式美化顶棚，使其成为吊顶棚面整体造型的一部分。

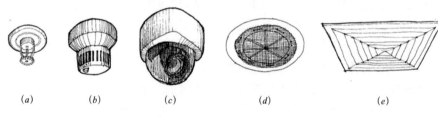

(a) (b) (c) (d) (e)

图1-92　顶棚常用设备端口
(a) 喷淋头；
(b) 烟气探测器；
(c) 半球摄像头；
(d) 扬声器；
(e) 排风口

送风口、排风口的形式有方形、圆形、带形等，扬声器喇叭、烟气探测器、喷淋头、监控器一般都伸出吊顶之外，为室内空间的使用服务。这些设备与灯具可综合地布置在一起，但不要过于突出各种设备的造型。在门窗的上口，一般装有窗帘、门帘，有的装有热风幕，这些部位在顶棚设计时要考虑窗帘门帘盒的位置及尺度，在北方入口处的顶棚吊顶还要考虑风幕罩的使用。

2.3　地面的设计

在室内空间三种不同界面中，地面是和人接触最为频繁的一个水平界面，视线接触频繁，并且要承接静、活荷载，所以地面的设计不但要艺术性强，而且还要坚固耐用。在不同使用功能的房间里，地面的设计要求还要包括耐磨、防水、防滑、便于清洗等。特殊的房间地面还要做到隔声、防静电、保温等要求。

因为地面与人的距离较近，其色彩感、艺术感和软硬感能够很快地进入人的第一感觉，使人马上就能得出对地面质量的评价。所以设计地面时，除根据使用要求正确选用材料外，还要精心研究色彩和图案。另外，地面是室内家具、设备的承载面，同时又是它们的视线背景，所以在设计地面的时候要同时兼顾考虑家具和设备的材质、图案和色彩搭配，使地面的功能设计与艺术设计更加完善。

2.3.1 地面的设计形式

近年来，我国建筑装饰行业迅速发展，各种新型、高档舒适的地面装饰材料相继出现在各种室内装修的地面中。地面材料的分类也越来越细，不同功能的室内可以选用不同材质的地面材料，极大地丰富了设计者的选择范围，而且地面的设计形式也越来越新颖。

2.3.1.1 功能性地面设计

功能性地面设计主要是指设计者将地面功能性设计放到第一位，设计重点体现在地面的实用性上。这种地面铺设形式最为常见，通常设计者会配合使用功能的需要，在地面上可以进行质地划分、导向性划分等两种方式。

1. 质地划分

质地划分主要是根据室内的使用功能特点，对不同空间的地面采用不同质地地面材料的设计手法（图1-93），也可以称其为功能性划分。如在宾馆大堂中人流较多，常采用坚硬耐磨的石材，但在客房里则要采用脚感柔软的地毯装饰地面。在家庭装修中，厨房和卫生间采用地砖饰地面，防止地面污水等的侵蚀。卧室地面则常选用木地板装饰，不但脚感好，而且保温隔热性能良好。

图1-93 不同材料质地划分

2. 导向性划分

在有些室内地面中常利用不同材质和不同图案等手段来强调不同使用功能的地面形式。目的是使使用者在室内能够较快地适应空间的流动，尽快地熟悉室内空间的各个功能。

首先是采用不同材质的地面设计，使人感受到交通空间的存在。这种地面形式比较容易识别，但要注意不同材质地面的艺术搭配。

其次是采用不同图案的地面设计来突出交通通道，也可以对客人起到导向性作用。这种设计往往在大型百货商场、专卖店（图1-94）、博物馆、火车站等公共空间采用。例如在商场里顾客可以根据通道地面材料的引导，从容进行购物活动。

2.3.1.2　艺术性地面设计

设计者对地面进行艺术性划分是室内地面设计重点要考虑的问题之一，尤其在较大型的空间里更是常见的设计形式。它是通过设计不同的图案，并进行颜色搭配而达到的地面装饰艺术效果。通常使用的材料有花岗石、大理石、地砖、水磨石、地板块、地毯等，这种地面划分往往是同房间的使用性质紧密相连的，但以地面的艺术性划分为主，用以烘托整个空间的艺术氛围。

地面艺术性划分应用很广。如在宾馆的堂吧设计中采用自由活泼的装饰图案地面，用以达到休闲、交往、商务的目的。在宾馆、商场等大型空间中设计一组石材拼花地面，既可以取得一些功能上的效果，还可以取得高雅华贵的艺术效果（图1-95）。在一些休闲、娱乐空间的室内地面设计中，有些设计师将鹅卵石与地砖拼放一起布置地面，凹凸起伏的鹅卵石与地砖在照明光线下有着极大的反差，不但取得了较好的艺术效果，而且设计者利用不同材质的变化将地面进行了不同功能的分区。

2.3.1.3　地台地面设计

地台地面形式是在原有地面的基础上采用局部地面升高或降低所形成的地面形式。在一些较大的室内空间里，平整地面设计难以满足功能设计的要求。所以设计者力求在高度上有所突出，来满足设计的整体效果，在一些大空间地面里，设计出不同标高的地面，这就是地台地面。修建地台常选用砌筑回填骨料完成，也可以用龙骨地台选板材饰面，这种作法自重轻，在楼层中采用更合适。

图1-94　不同图案的地面导向性的划分（左）

图1-95　石材拼花地面艺术性划分（右）

地台地面应用的范围不是很广，但适当的场合采用可以取得意想不到的艺术效果。如宾馆大堂的咖啡休闲区常采用地台设计。地台区域材料有别于整体地面，常采用地毯饰面，加之绿化的衬托，使地台区域形成了小空间，旅客在此休息有一种亲切、高雅、休闲、舒适的感觉；在某餐厅，设计者将就餐区域和交通区域用地台设计的手法加以划分（图1-96），使就餐环境安全性、私密性更好。

在家庭装修中也常采用地台这种设计形式，形成有情趣的休闲空间。地台设计还常在日式、韩式的房间装修中采用，民族风格特征鲜明。和地台设计相反的还有下沉地面的设计手法，但采用的机会不多，采用不妥会影响室内地面及建筑结构的稳定性。

图1-96 地台地面设计

2.3.2 地面材料选择

地面铺装材料范围很广，质地不同效果也不同，适用的室内性质不同选择也不一样。按所用材料区分，有木制地面、石材地面、地砖地面、马赛克、艺术水磨石地面、塑料地面、地毯地面等。

2.3.2.1 木制地面

木制地面主要有实木地板和复合地板两种，实木地板是用真实的树木经加工而成，是较为常用的地面材料。其优点是色彩丰富、纹理自然、富有弹性、隔热性、隔声性、防潮性能好。常用于家居、体育馆、健身房、幼儿园、剧院舞台等和人接触较为密切的室内空间。从效果上看，架空木地板更能完整地体现木地板的特点，但实木地板要求室内湿度适度，否则容易引起地板开裂及起鼓等问题，所以实木地板更适合北方铺设。

复合地板主要有两种：一种是实木复合地板；另一种是强化复合地板。实木复合地板的直接原料为木材，保留了天然实木地板的优点即纹理自然、脚感舒适，但表面耐磨性比不上强化复合地板。强化复合地板主要是利用小径材、枝桠材和胶粘剂通过一定的生产工艺加工而成。这种地板表面平整，花纹整齐，耐磨性强，便于保养，价格适中，但脚感较硬。复合地板的适应范围也比较广泛，家居、小型商场、办公等公共空间皆可以采用，并能取得很好的效果。

2.3.2.2 石材地面

石材地面常见的有花岗岩、大理石等石材。花岗岩质地坚硬，耐磨性极强，磨光花岗岩光泽闪亮，美观华丽，用于大厅等公共场所，可以大大提高空间的装饰性。由于花岗岩表面成结晶性图案，所以也称之为麻石。大理石地面纹理清晰，花色丰富，美观耐看，是门厅、大厅等公共空间地面的理想材料。由于大理石表面纹理丰富，图案似云，所以也称之为云石。

花岗岩石材质地坚硬、耐磨，使用长久，石头纹理均匀，色彩较丰富，常用于宾馆、商场等交通繁忙的大面积地面中。大理石的质地较坚硬，但耐磨性较差，纹理清晰，图案美观，色彩丰富。其石材主要做墙面装饰，做地面时主要用做重点地面的图案拼花。

2.3.2.3 地砖地面

地砖的种类主要有抛光砖、玻化砖、釉面砖等陶瓷类地砖。抛光砖是用黏土和石材的粉末经压机压制、烧制而成，表面再经过抛光处理，表面很光亮。缺点是不防滑，有颜色的液体容易渗入。玻化砖，也叫玻化石、通体砖，它由石英砂、泥按照一定比例烧制而成，表面如玻璃镜面一样光滑透亮，玻化砖属于抛光砖的一种，它与普通抛光砖最大区别就在于瓷化程度上，玻化砖的硬度更高、密度更大、吸水率更小，但也有污渍渗入的问题。釉面砖就是表面用釉料一起烧制而成的，釉面砖的优点是表面可以做各种图案和花纹，比抛光砖色彩和图案丰富，但因为表面是釉料，所以耐磨性不如抛光砖。

地砖的特点是花色品种丰富、便于清洗、价钱适中、色彩多样、在设计中不但选择的余地较多，而且可以设计出丰富多彩的地面图案，适合于不同使用功能的室内设计选用。地砖另外一个特点就是使用范围广，适用于各种空间的地面装饰。如办公、医院、学校、家庭等多种室内空间的地面铺装，特别适用于餐厅、厨房、卫生间等水洗频繁的地面铺装，是一种用处广泛、价廉物美的饰面材料。

2.3.2.4 马赛克

马赛克又称陶瓷锦砖，按质地分为三种：一是陶瓷马赛克，是最传统的一种马赛克，以小巧玲珑著称，但较为单调，档次较低；二是大理石马赛克，是中期发展的一种马赛克，丰富多彩，但耐酸碱性差、防水性能不好；三是玻璃马赛克，玻璃的色彩斑斓给马赛克带来蓬勃生机，是目前设计中较为流行的装饰材料。

随着马赛克的材质和色彩的不断更新，马赛克的特点也逐渐为人们所认识。如可拼成各种花纹图案，质地坚硬，经久耐用，花色繁多，还有耐水、耐磨、耐酸、耐碱、容易清洗、防滑等多种特点。随着设计理念的多元化，设计风格的个性化的出现，马赛克的使用会越来越多。

马赛克多用于浴室、卫生间以及部分墙面的装饰上。在古代，许多教堂等公共建筑的壁画均由马赛克拼贴出来，艺术效果极佳，保持年代长久，也许会对我们设计者有所启发，设计出为现代审美所追求的设计作品。

2.3.2.5 艺术水磨石地面

水磨石地面是白石子与水泥混合研磨而成，艺术水磨石则是在地面上进行套色设计，形成色彩丰富的图案。现在水磨石地面经过发展，如加入地面硬化剂等材料使地面质地更加坚硬、耐磨、防油，可作出多种图案。水磨石地面施工有预制和现浇之分，一般现浇的效果更理想。但有些地方需要预制，如楼梯踏步、窗台板等。水磨石地面施工和使用不当，也会发生一些诸如空鼓、裂缝等质量问题。

水磨石地面的应用范围很广，而且价格较低，它适合一些普通装修的公共建筑室内地面。如学校、教学楼、办公楼、食堂、车站、室内外停车场、超市、仓库等公共空间。艺术水磨石地面则是经过设计者精心设计图案、体现个性化的设计，常在酒吧、餐厅、咖啡厅等需要展现艺术性的空间使用。

2.3.2.6 塑料地面

塑料地板是指以有机材料为主要成分的块材或卷材饰面材料。它的价格经济、装饰效果美观、色彩鲜艳、施工简单、擦洗方便、脚感舒服、不易沾灰、噪声小、耐磨、有一定的弹性和隔热性。不足之处是不耐热、易污染、易老化、受锐器磕碰易损坏。另外，还有用合成橡胶制成的橡胶地板。该种地板也有块材和卷材两种。其特点是吸声、耐磨性较好，但保温性稍差。

塑料地板多用于建筑和住宅室内，也有用于工业厂房的。橡胶地板主要用于公共建筑和工业厂房中对保温要求不高的地面、绝缘地面、游泳池边、运动场等防滑地面。

2.3.2.7 地毯地面

地毯是以动物毛纤维、人造纤维为原料以手工或机器编织而成的一种具有实用价值的纺织品，是一种古老而又普遍受现代人喜爱的室内地面装饰材料。

地毯有纯毛、混纺、化纤、塑料、草编地毯之分。通常地毯具有弹性、抗磨性、花纹美观、隔热保温等优点，但它相比其他地面材料还有清洗麻烦、易燃等缺点。所以设计中在选用地毯时要注意以下两个环节：首先要考虑防火、防静电性能好，其次要根据交通量的大小选用耐磨性高、防污性能好的地毯。

地毯的使用范围较广泛，在公共建筑中，如宾馆的走廊、客房都可满铺地毯、以减轻走路时发出的噪声，在办公室或家庭也都可以使用地毯，不但保温，而且可以降低噪声。

2.4 墙面的设计

墙面是人的视线第一时间触及的界面，也是三种界面中唯一一个垂直界面。同时墙面也是人们经常接触的部位，也是装饰材料运用最为广泛的一个室内界面，所以墙面的设计不但要考虑保证围护功能的需要，而且更是设计者展现设计风格的一个界面。

2.4.1 墙面的设计形式

墙面设计首先要考虑满足使用功能、精神功能两方面的要求。只有在对其设计原则充分理解的基础上，才能设计出与室内空间相应的墙体界面。

2.4.1.1 设计原则

在建筑中墙体有承重墙和非承重墙之分，在使用者角度看来，墙体主要起围护和间隔作用，如何在设计中既要美观又不影响墙体结构，应该遵守四点原则。

1. 安全性

在室内装饰设计中，设计者要严格遵守有关建筑法规。在实际装修中，常会出现空间不够理想的情况，采用拆东墙补西墙的情况，如何在不损害原建筑结构体系的条件下，拆除不需要的墙体，这是设计中较难把握的一个问题。这就要求设计者在设计中严格执行安全性的原则，能不拆的就不拆，若要拆则要在征得结构设计师同意并在有关规范、法规允许的条件下进行。所以室内装饰设计要做到以安全为第一原则。

2. 保护性

墙面是人活动经常接触的界面，接触频繁的部位容易损坏，所以室内装饰设计要考虑到墙体的保护性原则。通常的做法是对人体接触多的 1.5m 以下部分墙体，设计考虑做墙裙以达到保护性的目的。门套的装修不但解决了保护墙角的作用，而且起到了美观的艺术效果。在厨房和卫生间常用瓷砖装修墙体，不但美观，更主要是保护了墙体免受油烟和水洗的侵蚀。

墙体的保护性原则考虑周全，不但空间界面的使用强度大，而且耐久、美观，可以将室内装修更新的时间延长，达到保护建筑物的目的。

3. 功能性

由于房间使用功能的不同，各种空间对墙体的要求也有所不同。居室要求比较安静、舒适，墙面的导热系数小，所以采用壁纸、壁布、软包、木板等装修材料更为合适。

在电影院、音乐厅等公共视听空间，对声学要求比较高，墙面装修就要综合考虑隔声、吸声、反射等混响时间要求，选用材料要满足这几方面，并通过自身的形体变化来满足声学的要求。

在医院特殊房间、录音棚等空间里，墙壁要求绝对隔声，所以选用装修材料时要考虑隔声，并按照一定的构造做法装修墙面。

南北方由于气候的影响，其墙体设计也有很大差异，尤其是在外墙的设计上。北方的外墙要做保温设计，南方的外墙则要注意墙体的防水、防潮问题。这些问题不但要在室外墙面设计时考虑，而且在室内装饰设计时也要统筹考虑。

4. 艺术性

墙面与人的视线接触时间在三个界面中最长、面积最大，所以墙面装饰的艺术性就显得很重要。在考虑墙面艺术性设计时，要注意墙面的尺度、设计元素的繁简、色彩的搭配等问题。

墙面设计思考不能是孤立的，要通过各个界面综合去考虑。往往是对设计者艺术修养、材料知识、施工经验等能力的综合考验。使用者则是通过对墙面的形状、质感、色彩、图案等综合因素去感受设计。并通过对墙面的艺术设计的感悟，逐渐了解整个室内设计风格的内涵。

2.4.1.2 设计形式

随着建筑装饰的不断发展，墙面作为人的视线首先感受的界面，受到了越来越多的人重视。依据墙面设计的四项原则，服从整体空间需求，并且遵循艺术规律去完成墙面形式设计。墙面的设计可用比例、尺度、节奏、旋律、均衡等艺术手段去完成墙面的艺术设计。现在墙面设计形式多种多样，从内墙装饰的角度可将墙面设计形式分成三类：一是突出功能性的墙面设计；二是突出艺术性的墙面设计；三是强调功能与艺术相结合的墙面设计。虽然三类墙面各有侧重，但由于现代社会对艺术审美的认识不同，部分墙面设计作品可能很难归类，但突出个性风格这个趋势会越来越明显。

1. 突出功能性的墙面设计

突出功能性的墙面就是将功能性设计放到了墙面设计的首位，无论从主要材料选择到使用材料方式，以及设计手法都围绕着功能性去开展设计工作。

1）传统式墙面

传统式墙面是在室内墙立面上做高度方向的三段设计，这种墙面设计手法可以追溯很久的历史，设计理念是以使用功能为出发点，完善建筑墙体的围护。同时经长期的比例构图的推敲，使得这种立面构图符合传统的构图原则。

传统式墙面是将立面自下而上分为三个部分：第一是踢脚和墙裙部分；第二是墙身部分；第三是顶棚与墙交角形成的棚角线部分（图1-97）。在有些设计中，没有设计墙裙或只设计了腰线，这些都是传统式的扩展形式。这种墙面设计形式符合大多数人对墙面功能的需求和审美观点，既能保护墙面的整洁又能满足简洁明快的设计风格。

2）整体式墙面

整体式墙面强调墙面材料基本一致、样式统一，形成整体墙面风格统一、简洁明快、节奏感强的特点。在设计选用材料时，要注意材料的质地要坚硬些，材料的分隔要均匀并有节奏变化，所以说整体式墙面主要是以材料为主的墙面设计形式。

（1）块材墙面设计　在实际工程整体墙面的设计中采用一种材料来装饰完整墙面的做法较多。在设计上这一种材料为墙面的绝对重点，重点突出块材的拼接与对缝，使整体墙面形成规则式韵律。此种墙面简洁、高雅（图1-98），施工也比较方便。常用的装饰材料有石材、墙砖等。

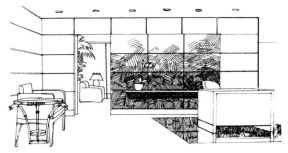

图1-97　传统式墙面（左）

图1-98　块材墙面设计（右）

(2) 玻璃幕墙设计　玻璃是一种重要的建筑材料，随着玻璃性能的提高、产品的增多，加上二次深加工技术的进展，玻璃产品已经从以前的单纯采光材料，演变成了玻璃幕墙体系。围绕着玻璃面支承结构的不同做法，出现三次划时代的发展。首先是常见的框式玻璃幕墙做法，其次是利用结构胶粘结的隐框式玻璃幕墙做法，到现在应用DPG点式连接安装法。从形式上看，前两种做法着重于用玻璃来表现窗户、表现建筑、表现质感、表现体形，但DPG点式连接安装法已超出了上述目的，而更多地利用玻璃透明的特性，追求建筑物内外空间的流动和融合，人们可以透过玻璃清楚地看到支承玻璃的整个结构体系，这种系统已从单纯的支承作用转向表现其可见性及结构美的整体性墙面（图1-99）。

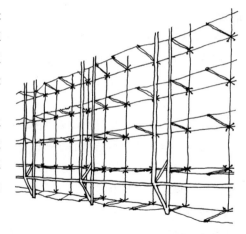

图1-99　玻璃幕墙设计

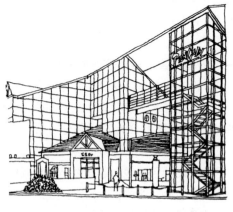

图1-100　复合材料墙面设计

(3) 复合材料墙面设计　在整体墙面的设计上采用一种复合材料为主，使整体墙面线条清晰、简洁美观（图1-100）。常用的材料有铝单板、铝塑板等。

复合材料墙面设计应用场合较广泛。如宾馆、商场、居室等外墙、室内大堂墙面以及外墙立面改造等均可局部或整体采用。

2. 突出艺术性的墙面设计

突出艺术性的墙面就是将墙面的艺术设计放到了墙面设计的首位，无论从主要材料选择到使用材料方式，以及设计手法都围绕着艺术性去开展设计工作，但这种墙面设计应该同样满足功能性及安全性等要求。

1）清水混凝土墙设计

清水混凝土墙体是将模板拆除之后不再加任何修饰的混凝土墙面。建筑大师柯布西埃是首先运用混凝土而获得成功的，当时他是以"粗野主义"而闻名的，这是由于混凝土表面有孔隙，模板排放不够细致导致的，但他充分发挥了混凝土材料的可塑性，将材料性格与设计风格完美统一。

近些年出现的清水混凝土墙面，早已改掉了粗野的表面，展现人们面前的不但有混凝土的粗犷，更有混凝土细腻的一面，所以被许多设计大师钟爱，如美国的斯蒂芬·霍尔、日本的安藤忠雄等。安藤忠雄在他设计的清水混凝土墙面上使用了更为精细的模板，又加了一些装饰元素，比如凹点、线条划分等

（图 1-101），将柯布西埃时代的混凝土粗犷墙面演变成了可以贴近人的友好界面。现在有很多清水混凝土墙面出现在室内，人们不但可以接受，还会将其作为主要墙面进行装饰，极大地丰富了建筑墙面的艺术设计形式。

2）玻璃纤维混凝土墙面设计

玻璃纤维混凝土又称 GRC，在强调肌理图案为主的整体墙面设计中，常依靠材料的肌理和凸凹变化来组合成完整图案，使墙面图案清晰、整体效果好，这种墙面装饰性强、视觉感受明显。常选择的墙面材料如 GRC 构件目前主要用在外墙改造装修设计中。如某大型商场外墙选用 GRC 构件完成的装饰效果（图1-102），整体墙面立体感及装饰设计感都很好，给路人带来一种强烈的视觉冲击力。

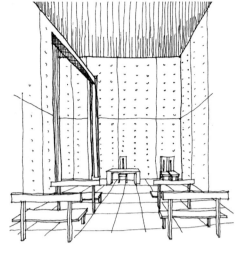

图 1-101　安藤忠雄设
　　　　　计的清水混凝土墙面

图 1-102　GRC 构件墙
　　　　　面设计

3）手绘墙面设计

手绘墙面设计又称墙绘，成为近年来墙体装饰设计的一种可选择的方式。手绘墙体可以彰显墙面的个性，体现个性化设计的存在。从空间设计上看，手绘墙体可以作为背景画面体现装饰性的特点，也可以作为主景墙面突出空间的主题。该墙体设计现在多在居室、会所、展厅、酒吧等空间里使用，并取得了很好的效果（图1-103）。

手绘墙面不但在艺术性上已得到了普遍的认可，从实用性和经济性方面同样也具有竞争性。墙体手绘采用丙烯颜料，附着牢靠，永不起皮；性能稳定，耐久性好，不变色；防水耐擦洗，并且抗静电，灰尘不易附着。墙体手绘也可以采用水性漆，无毒、无味，符合当前绿色建筑设计理念。

图 1-103　手绘墙面
　　　　　设计

2.4.2 墙面的材料选择

现在作为墙面的装饰材料很多，大致可分为：抹灰类、涂料类、卷材类、贴面类、贴板类等，设计者可充分利用材料的多样性去设计墙面，下面就常用的材料加以简介。

2.4.2.1 抹灰类

抹灰是一种经济实用的墙面装饰方法，常见做法是在底灰上罩纸筋灰、麻刀灰或石灰膏，然后喷涂石灰浆或大白浆。另外还有石膏罩面的做法，墙面光洁细腻，并有哑光效果。除这些以外，还有拉毛灰、挖条灰和扫毛灰等装饰抹灰做法，其装饰效果较好，尤其在装饰一些不太平整的墙面时更能显示其特点。缺点是墙面容易落灰、藏灰。

2.4.2.2 涂料类

涂料类装饰材料可用于做室内墙面的有很多种类，如：多彩涂料、乳胶漆、真石漆、氟碳涂料等。

多彩涂料、乳胶漆价格适中，也是普通装修中常采用的饰面材料，特别是乳胶漆类涂料，不易燃、无毒、无怪味，有一定通气性，色彩丰富，施工方便，从高档装修到普通装修都可采用。

真石漆是一种高档涂料，它以聚酯乳液为基料，用彩色石料为骨料，添加各种助剂配制而成，它的特点是天然色泽、石材质感、水性涂料、喷涂施工、色调耐久，尤其适合于大型公共建筑的内外墙墙面装饰。

氟碳涂料是指以氟树脂为主要成膜物质的涂料，又称氟碳漆。具有优异的耐候性、耐摩擦、耐擦拭、耐沾污、耐酸、耐碱、憎油、憎水等性能。在建筑领域，尤其是高档建筑和厂房建筑，钢结构开始大量使用，如钢材领域的应用最早出现在彩钢板上，在建筑外墙上，美国等发达国家的建筑外墙已经逐步摒弃了瓷砖、马赛克等装饰材料，80%以上使用涂料进行装饰。其中氟碳涂料优异的综合性能和性能价格比，使它在超高建筑、标志性建筑、重点工程等方面具有无与伦比的竞争优势，随着水性氟碳涂料的开发和应用，它可喷涂，也可混涂，又使它在施工方面的成本大大降低。

总之，涂料类墙面材料新产品不断涌现，施工方法则通常采用喷、滚、抹、刷等施工方法进行，各种施工方法的效果不尽相同。不管选择哪一种涂料，在重视环保的今天，设计中首选的应该是国家认定的绿色环保型涂料，创建绿色环保的空间环境，这是每个设计工作者应该承担的一份社会责任。

2.4.2.3 卷材类

卷材类材料是室内墙面装修最常选用的饰面材料之一，这些材料主要包括壁纸、墙布、皮革及人造革等。这种材料图案种类多，色泽丰富，可模仿多种质感，并适合多种室内空间的墙面装饰。

1. 壁纸

壁纸是室内墙面装修的典型材料之一。现代壁纸主要有塑料壁纸、织物壁纸和纸基壁纸等。正确选用花色品种，可以获得良好的装饰效果。壁纸的特点是图案和色调品种多，有吸声、易于清洁的特点。特种壁纸具有耐水、防火、防霉等性能，适合于高、中、低等各种档次的墙壁装修使用。

2. 墙布

墙布作为墙壁饰面材料，也有经济、品种多、吸潮、无毒无味、吸声、色泽鲜艳等优点。常用墙布有玻璃纤维贴墙布、装饰墙布、无纺贴墙布、化纤装饰贴墙布等多种品种的墙布。

3. 皮革及人造革

皮革及人造革材料，质地柔软，手感好，有隔声隔热的作用，常用在高中档的室内装饰中，在设计中适合于小面积使用，和其他材料搭配，起到画龙点睛的作用。在一些专业性要求较高的室内空间，如健身房、练习房等大面积采用，可使环境增加舒适感，隔声效果好，立体感强。

2.4.2.4 贴面类

这里所说的贴面类包含比较广，包括：石材干挂类、墙砖类。

1. 石材

现用于装修工程上的石材主要有大理石、花岗石。其特点是坚硬耐久、纹理自然、可高可低，表面处理可光滑如镜，也可剁斧粗糙，有天然与人工之分，可在宾馆大堂等公共建筑的墙面上使用，使室内空间富丽堂皇、高贵典雅。

由于大理石是由变质或沉积的碳酸盐岩形成。按其丰富的层次、纹理、质感等又可细划为灰岩、砂岩、页岩和板岩等。我们统称这些石头为文化石。从名称中可以看出用这些石头装饰的房间，其文化、艺术感还是较强的。尤其对一些喜爱自然材料的设计者更有吸引力。

2. 墙砖

墙砖是建筑内墙装饰的精陶制品，俗称瓷片。有釉面砖和无釉面砖及外墙和内墙之分。釉面砖的种类繁多，规格不一，较常见的有 152mm×152mm、152mm×200mm、200mm×300mm 等，并有相应的腰线，它表面光滑洁净、耐火、防水、抗腐蚀、图案种类多，适合于卫生间、厨房等墙面中使用。

2.4.2.5 贴板类

贴板类主要是以大块板材贴面或干挂方式施工。

1. 石膏板

石膏板是以熟石膏为主要原料掺入适量添加剂与纤维制成，具有质轻、隔热、吸声、不燃烧、可切可钉、施工方便等性能。石膏板与轻钢龙骨结合，可在墙面上做各种立体造型，也可做室内隔墙，是一种广为采用的装饰材料。当然石膏板只是做为一种基板材料出现的，饰面还要由涂料或其他成品板配合使用完成。

2. 木材

木材是室内墙面装饰用途极广的一种材料。它材质轻、强度高，有较好的弹性、韧性，对电、热、声音有高度的绝缘性，纹理自然、华贵，视觉感、触觉感俱佳，但防火性能差。

木材可以加工成胶合板、细木工板、纤维板等多种饰面板，特别是饰有胡桃木、樱桃木、影木、枫木、榉木、水曲柳、柚木、花梨木面胶合板更是装修经常使用的饰面材料，这种材料应用广泛，可适用于高、中、低档各种性质的室内空间墙面。还可利用木材的纹理进行拼纹设计，使墙面造型更加丰富。

3. 玻璃

由于玻璃及玻璃构件的迅猛发展，近些年玻璃在建筑及室内大量出现，更有设计者将玻璃与墙面设计结合起来，并取得了较好的效果。玻璃本身经过设计可以做各种磨砂、布纹、裂纹等效果，使造型更具艺术性。

镜面玻璃是一种反射性极强的材料，利用这一特点装饰墙面可以使空间产生扩大的视觉效果，产生虚拟空间。另外它能创造华丽、高雅的气氛，富于变化的生动效果，一般常用于酒吧、餐厅、舞厅等消费娱乐性场所。在一些交通繁忙的场所，使用镜面玻璃面积不宜过大，以免造成视觉上的混乱。

4. 金属板

金属板饰面主要有不锈钢板、氟碳板、铝塑板、铝合金板、钢板、铜板等，这类材料使用寿命长，质地坚硬，色彩丰富，表现特点突出，具有强烈的时代感。作为饰面材料，它们的价格较高，且施工要求精度高。钢板可以通过喷漆、烤漆等方法得到各种各样的颜色。这些材料用于公共建筑的室内外空间，并可根据不同设计要求，在不同的建筑局部使用。

在室内设计中，根据这些板材的特点，经常设计成曲线板、表面冲孔等艺术造型，以达到现代、简约的设计效果。

总之，随着建筑装饰材料新产品不断涌现，为设计者的选择提供了可以施展的资本，作为设计工作者要不断学习、应用新材料，这样才能创新出为现代人所接受、为社会所认可的优秀建筑设计作品。

3 项目单元

3.1 顶棚、地面、墙面形式的组合手法练习一

建筑装饰设计在室内主要是完成建筑室内界面的设计，包括完成顶棚、墙面、地面的设计选择，即所谓是硬装设计。根据课程前述的建筑室内界面的主要形式，假设室内空间为家居空间形式，这里需要学生完成由"灯井式＋地毯地面＋传统式墙面"组合的界面形式，具体细节由学生自己取舍、发挥完成。

3.2 顶棚、地面、墙面形式的组合手法练习二

建筑装饰设计在室内主要是完成建筑室内界面的设计，包括完成顶棚、墙面、地面的设计选择，即所谓是硬装设计。根据课程前述的建筑室内界面的

主要形式，假设室内空间为咖啡店空间形式，这里需要学生完成由"建筑设备类顶棚＋木制地面＋清水混凝土墙设计"组合的界面形式，具体细节由学生自己取舍、发挥完成。

【思考题】

1. 室内界面设计四个要求是什么？你的体会是哪个更为重要，理由是什么？

2. 做室内建筑装饰设计主要是做室内六个界面的设计，还是完整地做空间和界面的设计，请举例说明。

【习题】

1. 建筑结构式顶棚中有建筑设备类顶棚，顶棚中裸露着各种管道和设备，请你画出五种可能出现在这种顶棚上的管道、设备和终端。

2. 地面的设计形式有哪三种？请设计绘出两种不同形式的艺术性地面，并说明材质和空间类型。

3. 请设计绘制一组外墙石材干挂整体式墙面，注意色彩、细节和体块的搭配。

1　学习目标

了解装饰材料、建筑空间中的细部特点，熟悉石材、木材等材料的表面肌理特征，并能够将其特点运用到实际设计案例中去；熟悉不同肌理的巧妙搭配，熟悉常用建筑空间转换部位细部特点，并能够熟练地应用到装饰设计中。

2　相关知识

很多现代设计者都知道现代建筑大师密斯·凡·德·罗的"少就是多"的名言，他的建筑是众人皆知的国际风格，但这位建筑大师的设计作品中各个细部精简到不可精简的绝对境界，其基本特点就在于艺术和技术细部处理上的一致性。这位建筑大师还有一句称著于世的名言"上帝就在细部之中"，可见这位大师对建筑细部的关注程度，这才是这位建筑设计大师完成的设计哲学。

建筑方案设计的成功是重视建筑细部设计的结果，在建筑室内各界面设计也有许多的细部处理手法，诸如许多细部的线条、纹理及构件，其中有许多设计手法既很成熟又被人认可，掌握其中的设计手法可以为室内整体艺术效果打下一个良好的基础。本次学习知识点主要与建筑细部密切相关，有：石材表面肌理、石材尺寸、石材碰接方式、木材表面纹理、木材处理细部特点、木材肌理组合、清水混凝土、建筑空间转换部位细部、结构性转换的部位细部、造型转换的部位细部、重点部位的细部设计等。

2.1　装饰材料细部特点

装饰材料具有品种多、更新快、肌理复杂等特点，不同的设计师对各种材料都有不同的选择，这里挑选一些设计中常被选用的装饰材料，从肌理、视觉、触觉感的角度审视这些材料的不同特点，为建筑细部的处理、整体形象的塑造，以及设计方案的成功打下结实的基础。

2.1.1　石材在设计中的应用

石材来自于自然，它的特点是坚硬、粗犷。建筑装饰用的饰面石材主要有大理石和花岗石两大类。大理石是指变质或沉积的碳酸盐岩类的岩石，其重要的化学成分是碳酸钙，属于中硬石材；花岗石是以铝硅酸盐为重要成分的岩浆岩，其重要化学成分是氧化铝和氧化硅，所以是一种酸性结晶岩石，属于硬石材。

2.1.1.1 石材表面肌理的特点

作为饰面的石材，人们不仅从其颜色、图案等方面来实现装饰的目的，而且从石材的表面肌理的效果来达到装饰的目的，如将表面处理成光滑的镜面，可以在室内表现出华丽、典雅的性格；如果把它处理成粗糙表面，又可体现粗犷、野性的一面。

作为室内设计师要充分了解材料的细部特征，这样才能通过材料的运用，将空间特性表现的淋漓尽致。单就石材而言，肌理表现主要有：高光面、哑光面、菠萝面、荔枝面、龙眼面、蘑菇面、火烧面、斧劈面、自然面、仿古面、拉丝面、艺术面等样式（图1-104）。

菠萝面　　　　　　粗拉丝面　　　　　　仿古面

喷沙面上漆　　　　砂岩自然面　　　　　水洗面

斧劈面　　　　花岗岩抛光面　　　透光石抛光面

蘑菇面　　　　　　哑光面　　　　　　　艺术面

斧劈面上漆　　　　拉丝面　　　　　　　荔枝面

火烧面　　　　　　云石抛光面　　　　　龙眼面

图1-104　各种石材表面处理效果

除高光面和哑光面之外，很多石材表面都是加工出来的表面肌理效果。常见的纹理加工方法有：打锤面，通过锤打表面形成纹理，可分不同粗糙程度加工，常见有荔枝面、龙眼面及菠萝面等；火烧面，将石材用高温加热至晶体爆裂，造成表面粗糙的效果，由于其多孔的特性，因此或需使用渗透密封剂；仿古面，将石材放在容器内翻滚，或加入合适的酸蚀化学剂，令其表面有点粗糙，造成古旧的效果，如有需要可使用增色剂加强色泽；打砂面，用高压喷射方式，将水和砂喷在石材上，形成不平滑但带有光泽的表面；机切面，以刀具直接切割而获得的表面效果。对于设计者来讲，也许更关心各种饰面所产生的效果，以下就是各种饰面效果的介绍：

1. 高光面

用磨料将平板进行粗磨、细磨、精磨，并加以抛光粉、剂予以抛光加工而成的饰面。此表面光亮如镜、色彩鲜艳，毛孔很少并且很小。

2. 哑光面

用磨料将平板进行粗磨、细磨加工而成，其饰面的光度和色彩都低于高光面，此表面较光滑、多孔，这种纹理饰面通常用于公共场所。

3. 菠萝面

锤打石材表面使之形成近似菠萝表皮纹理一样的表面，石材表面比荔枝面、龙眼面等锤打面石材更加凹凸不平。

4. 荔枝面

用形如荔枝皮的锤在石材表面敲击而成，使石材表面形成如荔枝皮的粗糙表面，其面的色彩较哑光面暗淡。这种纹理饰面通常用于雕刻品表面、广场等公共场所。

5. 龙眼面

又称剁斧面。用剁斧击捣石材表面获得的条纹状饰面，有些像龙眼表皮的效果，其纹理的疏密和粗糙程度可以选择。表面色彩较淡，毛孔大，吸水率非常大。

6. 蘑菇面

一般是用人工劈凿，效果和自然劈相似，但是石材的表面却是呈中间突起四周凹陷的近似蘑菇状形状。

7. 火烧面

用乙炔和氧气的混合气体喷烧石材板面，将其表面层爆裂，使表面凹凸不平的饰面。其表面色彩较淡，多孔，吸水率大。

8. 喷砂面

利用高压的砂和水流冲击石材表面而形成的粗糙表面，表面色彩较淡，纹理均匀，但毛孔较大，吸水率高。

9. 拉丝面

也称为拉沟面，该石材表面的加工工艺是在石材表面上开一定深度和宽度的沟槽，使表面形成整齐的凹沟线条特点。

10. 机刨面

用锯直接加工而成，表面无光，色彩较淡，呈锯痕。主要用于一些要求粗糙表面装饰的饰面。

2.1.1.2 石材尺寸实际应用

作为设计师不但要了解使用材料物理特征，还要进一步了解材料本身的出材率和常用标准规格。比如石材来说，国产石材受到开采机械设备的限制，主板规格一般都在长 3000mm、高 1800mm 以内，而进口石材的开采水平较为先进，可达到长 3400mm、高 2600mm 左右；由于石材为天然矿山，具有易碎易裂的特性，毛板周边有一定的损耗，影响大尺寸的出材率，所以一般的石材商喜欢出产规格板 600mm×600mm，能够保证合格的出材率。

设计者在考虑选择大尺寸的石材时，由于出材率低，价格就要高一些。另外，石材尺寸太大容易起拱和变形，可能会影响工程整体效果。

2.1.1.3 石材肌理实际应用

了解石材肌理的特点后，更重要的是设计中的应用。设计者在工程设计中常运用石材肌理进行设计主要有三种形式。

一是根据不同石材纹理的特点，设计出不同效果的饰面特点（图1-105）。

二是同一石材的不同肌理的巧妙搭配，也会获得不同的视觉效果（图1-106）。

三是单一石材改变使用方式可以获得衍生效果（图1-107）。

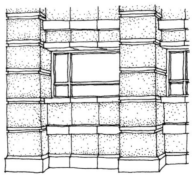

图1-105 不同石材纹理的巧妙搭配（左）

图1-106 同一石材的不同肌理的巧妙搭配（右）

图1-107 单一石材改变使用方式可以获得衍生效果

2.1.1.4　石材碰接方式实际应用

在墙面装饰上，石材板面与板面的接缝有实接，也有留有空隙的，空隙处有填充其他材料，也有为凹槽的，还有将石材做成车边，石材衔接后形成八字缝（图 1−108a、b）。

在墙面、台面等任意阳角处，石材板面与板面的对接必不可少，常用的对接处理有大圆边、海棠边等（图 1−109）。常用在柱子、墙面阳角，以及台面转角处。

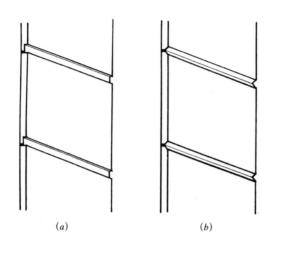

(a)　　　　　　　　　　(b)

图 1−108　石材衔接处理方法
(a) 凹缝处理；
(b) 八字缝处理

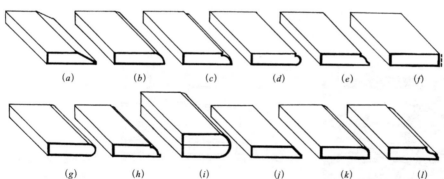

(a)　　(b)　　(c)　　(d)　　(e)　　(f)

(g)　　(h)　　(i)　　(j)　　(k)　　(l)

图 1−109　石材阳角处理方法
(a) 大斜边；
(b) 大圆边；
(c) 法国边；
(d) 法国棋子边；
(e) 海棠边；
(f) 见光边；
(g) 棋子边；
(h) 双级法国边；
(i) 双级棋子边；
(j) 小斜边；
(k) 小圆边；
(l) 鸭嘴边

1. 大斜边

斜长大于 14mm 的斜边。

2. 大圆边

R 大于 10mm 的 1/4 圆边。

3. 法国边

由一个小直边和 1/4 圆边相连组合而成。

4. 法国棋子边

由一个小直边和 1/2 圆边相连组合而成。

5. 海棠边

由垂直的两个小边和中间为小于 1/4 的圆边相连组合而成。

6. 见光边

两相邻的边磨光在 80° 以上。

7. 棋子边

半圆边。

8. 双级法国边

由两个小直边和中间为 1/2 圆边相连组合而成，或由两块法国边组合而成。

9. 双级棋子边

由两块 1/4 圆边相连组成半圆边。

10. 小斜边

斜长小于 14mm 的斜边。

11. 小圆边

R 小于 10mm 的 1/4 圆边。

12. 鸭嘴边

形似鸭嘴的边。

2.1.2 木材在设计中的应用

木材等装饰材料来自于自然，没有污染，作为建筑装饰材料历史悠久。在提倡绿色材料的今天，被设计者广泛使用，尤其是在表现文脉主义及地方乡土风格的室内空间中经常大量使用。木材具有纹理清晰、品种多样等特点，利用这些特点可以设计出更多界面的组合，这些纹理组合可在各种界面中使用，分别表达了设计者不同的设计理念和思想。

2.1.2.1 木材表面纹理的特点

木材给人的总体感受是亲切的、温暖的，是人们可以近距离接触。它有着良好的视觉感、触感，但各种木材（图 1–110）又有所不同，下面是一些常用的木材给人的感受。

1. 松木

松木材质较强，纹理比较清晰，木质较好，常见的一种是马尾松，一种是樟子松。马尾松纹理直或斜、不匀，结构中至粗。樟子松的木纹经过处理可作为防腐木，应用在户外、入户花园等场合。

2. 榉木

榉木为南方木种，材质坚固、色调柔和、纹理清晰，有宝塔纹的榉木木纹。榉木分红榉和白榉，二者烘干前是同一种木材，所不同的是红榉在烘干时有蒸汽熏蒸的工艺，而白榉没有。木材色彩上的变化为设计师的设计选择提供了更多的资源。

3. 水曲柳

水曲柳学名白蜡木，水曲柳材质坚固、纹路美观清晰。市场上该种材料价格适中，很受不同业主的欢迎。

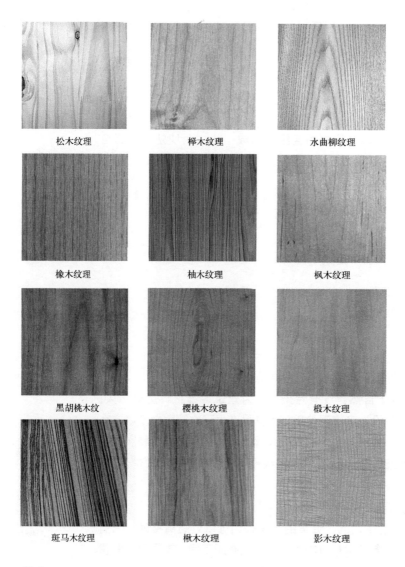

松木纹理	榉木纹理	水曲柳纹理
橡木纹理	柚木纹理	枫木纹理
黑胡桃木纹	樱桃木纹理	椴木纹理
斑马木纹理	楸木纹理	影木纹理

图 1—110　各种木材纹理

4. 橡木

橡木的学名叫做栎木，也称柞木。纹理直重，结构粗犷，色泽淡雅。橡木在色彩上有红橡、白橡之分，纹理上有直纹和横纹之分。常用在各种装饰界面整体或局部造型设计中。

5. 柚木

柚木又称胭脂木，木纹木性之优、古典华贵。在使用上耐腐、耐磨，色调高雅，稳定性好，变形性小。

6. 枫木

枫木分软枫和硬枫。该木材年轮不明显，管孔多而小，结构细密，分布均匀。枫木木性简约、质轻而较硬，纹理细致、颜色较浅。

7. 胡桃木

胡桃木木材纹理直或交错，结构均匀，木质重而硬，耐冲撞摩擦。黑胡桃心材茶褐色，有时具黑或紫色条纹。常用在各种装饰界面设计中。

8. 樱桃木

樱桃木木纹文雅含蓄、纹理通直，细纹里有狭长的棕色髓斑及微小的树胶。常用在各种装饰界面局部造型设计中。

9. 椴木

椴木材质较硬，有油脂，耐磨、耐腐蚀，细胞间质结构均匀致密，但木性温和所以不易开裂、变形，木纹细，易加工，韧性强。适用范围比较广，可用来制作木线、细木工板、木制工艺品等装饰材料。

10. 斑马木

斑马木又称乌金木。淡桃褐色、淡黄褐色。具有间隔窄、有规则性的深褐色条纹。可以在各种装饰界面局部造型设计中或个性化设计中使用。

11. 楸木

楸木是不结果之核桃木，楸木棕眼排列平淡无华，色暗、质松软、少光泽。在实际应用中，楸木具有价格、硬度适中等竞争力，使用量较大。

12. 影木

影木木纹交错，有时有波状纹理，条理清晰，色泽有影。很多设计师常在局部造型中使用。

2.1.2.2 木材处理细部特点

木材处理细部特点主要是讲述在实际工程中效果较好的木材特点。设计者可以借鉴该种木材设计效果，在可能出现的工程案例中采用。

1. 防腐木处理

防腐木是将木材经过特殊防腐处理后，表面木纹清晰、原本色泽、稳定性好，具有防腐烂、防白蚁、防真菌的功效。

防腐木的特点是亲水性好。可以直接用于与水体、土壤接触的环境中，是户外木地板、园林景观地板、户外木平台、露台地板、户外木栈道及其他室外防腐木凉棚的首选材料。木材防腐处理的方法主要以 CCA 药剂为主，其主要化学成分为铬化砷酸铜（Chromated Copper Aarsenate），它清洁、无臭、处理后的木材表面可以上漆。防腐木其种类有很多，最常用的是樟子松防腐木，北欧赤松防腐木等（图 1-111）。

1）俄罗斯樟子松

俄罗斯樟子松能直接采用高压渗透法做全断面防腐处理，力学性能好、纹理美观，深受设计师的喜爱。俄罗斯樟子松防腐木应用范围极广，如户外家具、室外环境、亲水环境及室内、外结构等项目均可使用。常见的形式有木栈道、亭院平台、亭台楼阁、水榭回廊、花架围篱、步道码头、儿童游戏区、花台、垃圾箱等，由于防腐工艺突出，所有的防腐木材料都可以长期使用。

2）北欧赤松

质量上乘的欧洲赤松，经过特殊防腐处理后，具有防腐烂、防白蚁、防真菌的功效。木材强度高、握钉力好、纹理清晰，可专门用于户外环境，并且可以直接用于与水体、土壤接触的环境中，是户外园林景观中木制地板、围栏、桥体、栈道及其他木制小品的首选材料。

2. 开放漆处理

开放漆又称水洗白，是相对封闭漆而言的一种木器涂装工艺。其原理是保留天然木纹的毛孔，突显肌理感。如果把毛孔全盖死就是普通的封闭工艺。如果木质比较柔软也可用手刷，例如杉木。木质比较坚硬的必须喷漆。

开放漆是一种完全显露木材表面纹理棕孔的喷漆工艺，特点表现为木孔明显、纹理清晰（图1-112）、自然感强，但其成本高，对喷涂技术要求高。一般来说做开放漆要求木材的棕孔必须较深、很明显，如橡木、水曲柳等。

图1-111 防腐木纹理（左）

图1-112 开放漆纹理（右）

2.1.2.3 木材肌理实际应用

在室内空间中，材料大都靠近人们，它们的肌理形态会被人们近距离地观察。所以在现代室内设计中，对木材肌理的简单设计已远远不能满足个性设计的需要，设计师需要研究肌理的特点以及肌理的表现规律，才能主动地组织设计、表现材料肌理的美感（图1-113）。

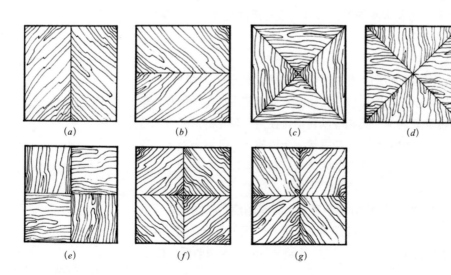

(a)　(b)　(c)　(d)

(e)　(f)　(g)

图1-113 木材饰面的纹理组合
(a)(b) 直缝组合纹理；
(c)(d) 斜缝组合纹理；
(e)(f)(g) 方格缝组合纹理

1. 直缝组合纹理

将木材纹理的饰面板切割成长方形，木材纹理呈现 45° 方向，这样就可以粘贴成韵律一致的木做造型。

2. 斜缝组合纹理

将木材纹理的饰面板切割成方形，且木材纹理沿对角方向设计，利用 45°方格分格缝粘贴，这样木纹就可以组合成回字形或放射形图案肌理的木做造型。

3. 方格缝组合纹理

将木材纹理的饰面板切割成方形，且木材纹理沿对角方向或直边方向设计，利用水平方格分格缝粘贴，这样就可以组合成菱形或席纹图案肌理的木做造型。

2.1.3 混凝土饰面特点

混凝土是一种塑性成型材料，利用模板几乎可以加工成任意形状和尺寸，使其表面具有装饰性的线条、图案、纹理、质感及色彩，以满足人们的审美要求，满足各种装饰的不同要求，展现出独特的建筑装饰艺术效果。使普通混凝土获得装饰效果的手段很多，主要有线条与质感、色彩、造型与图案三个方面。

2.1.3.1 清水混凝土

前面在墙面设计中已将清水混凝土墙设计做了简单阐述，这里要将清水混凝土的特点进行描述。清水混凝土又称装饰混凝土。它浇筑的是高质量的混凝土，而且在拆除浇筑模板后，不再作任何外部抹灰等工程。它不同于普通混凝土，表面非常光滑，棱角分明，无任何外墙装饰，只是在表面涂一层或两层透明的保护剂，显得十分天然、庄重。

清水混凝土成本要高于普通混凝土。清水混凝土需要一次浇筑成型，不能进行修补，因此要做到颜色统一，而且平整光滑，施工难度非常大。清水混凝土直接利用混凝土成型后的自然质感作为饰面效果，使得在耐久性、材料产地、拌和器材等技术指标方面的要求都很高，因而造价比普通混凝土要高。另外，清水混凝土不仅环保，还能做到历久弥新，由于免了外墙装饰，省却了维护，长远来看，又具明显的综合成本优势，更有社会效益。

2.1.3.2 彩色混凝土

现在建筑装饰市场上称之为彩色混凝土的材料是一种防水、防滑、防腐的绿色环保装饰材料，因为主要应用在地面上，所以也叫做彩色艺术地坪。艺术地坪的原材料是一种高分子聚合物彩色干粉，是高科技的新型彩色地坪材料，可使用在混凝土表面上，产生丰富多彩的高强度、高耐磨性的彩色装饰面，也可以对墙及旧的地面进行装饰改造，真实地模拟传统建材中的各种墙砖、瓷砖、石块、板岩、地砖等图案。这种材料的艺术特点是外观自然、真实、具立体感、型材多样，使用范围广泛，模拟图案多等特点（图1-114）。常设计使用的场合有广场、绿地、背景墙、室内等地坪及墙面上等。

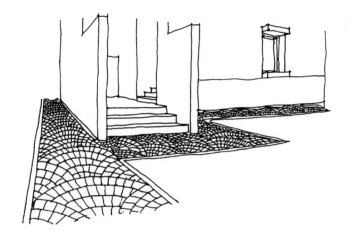

图 1-114 彩色混凝土
地面造型

2.2 建筑空间中的细部特点

建筑空间中的建筑细部设计反映了设计者的耐心与敏感、修养与灵感，决定了设计师在简约与繁杂间的控制力、对于建筑材质与建筑构造的认识深度以及经济价值观，所以是设计者必须掌握的设计技术之一。

2.2.1 建筑空间转换部位细部

从室内建筑构件来看，梁柱是建筑水平受力与垂直受力互相转换的部位，而梁柱又是室内细部上突出的部位，此外，室内六个界面的装饰划分部位也分别是各种材料质感、色彩等转换连结的部位，所以说细部主要指建筑各种组成元素如功能、构件、材质等互相关联的部位。

2.2.1.1 功能转换的部位细部

在建筑空间中，在不同功能空间或构件转换的交接处，就是产生功能转换的部位，是设计师要重点设计的部位。因为建筑室内的各种功能发生联系、产生功能转换常会导致形态突变，必须采用一定的设计手段将连接处进行协调转化，既能满足功能需求又能完成装饰作用。比如不同功能部位之间的拼接而产生连接关系的部位，最常见的门窗就是墙体围护与建筑物出入与采光通风功能部件。那么门窗与墙体连接部位就属于功能转换部位的建筑细部。这种建筑细部设计师常称之为门口、窗口设计。

室内常用门口、窗口设计从材料上看，有木材、石材、金属等材料之分；从造型上看，常见花线、素线之分（图 1-115）。从市场销售上看，有很多成品门窗口线，但设计含量不高，如想取得与空间设计一致的效果，就要求设计者拿出含金量高的门窗口线设计细部。

2.2.1.2 结构性转换的部位细部

在建筑空间中，建筑结构构件构成一个完整的建筑结构体系，在这个体系中各种结构构件，以及它们的连接方式都会暴露在室内空间中，形成很多结

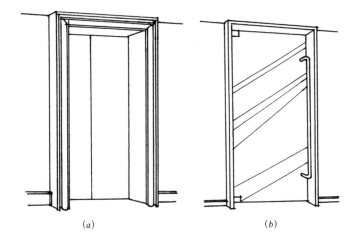

图1-115 门口线
(a) 花线门口;
(b) 素线门口

构性转换的部位,这些部位也会作为建筑细部成为设计师思考的重点。最明显的结构性转换的部位就是梁柱相交的部位。不管在室内或室外,梁柱相交处都是细部重点处理的地方。

中国古代木构建筑木结构体系,在梁柱相交处有各种精巧的处理,"丹楹刻桷"等即是对梁柱相交处细部处理的形象描绘。斗栱、梁枋、藻井处的彩画都是中国古建筑独具特色的细部处理方法。现代建筑中,建筑师将结构美作为建筑艺术表现的重要手段从而大大丰富了细部表现的建筑语言,特别是高技派把外露的结构体系和部件当成张扬建筑的手段,充分表现了现代建筑技术的语言。总之在传统建筑中,结构性转换部位例如柱子与地、梁柱等结构构件清晰,关系明确(图1-116a);而在现代装饰设计中则更强调装饰效果,塑造个性化室内空间(图1-116b)。

2.2.1.3 造型转换的部位细部

造型转换的部位涵盖了许多功能转换的部位和结构性转换的部位不能涵盖的部位,功能转换和结构性转换归根到底都要落实到造型的转换,造型转换更是前两者的发展。

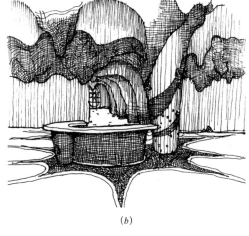

图1-116 结构性转换
　　部位细部
(a) 传统梁柱结构性
　　转换;
(b) 结构关系不明晰
　　的装饰梁柱结构性
　　转换

(a)　　　　　　　　　(b)

例如在建筑墙面的划分上，为了提高建筑立面的表现力，需要对墙面进行处理。用不同的材质、色彩和装饰部件来表达建筑师的各种构思。还有，不同建筑体量之间的衔接部位、建筑空间之间的过渡部位、建筑物之间的连接部位都可归结为造型转换的部位。

在建筑室内外中，转角部位的处理突出了各种造型转换的部位的处理方法，建筑端部是另一个造型转换的部位，也是转角问题的二维化。

在建筑外立面上，像屋檐的滴水处理、封檐板的处理、出挑的梁头处理等都是端部造型问题。而在室内墙面不同材料交接细部处理（图1–117）等也是造型转换的部位。

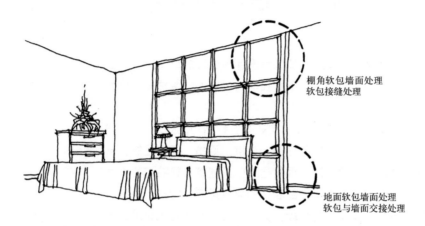

棚角软包墙面处理
软包接缝处理

地面软包墙面处理
软包与墙面交接处理

图1–117 室内墙面不同材料交接细部处理

2.2.2 重点部位的细部设计

建筑的细部设计，从外立面下至上看，台阶、勒脚、门窗、阳台、栏杆、檐口等都是细部最集中的地方。从室内立面上看，有踢脚、墙裙、气包罩、棚角线等。

2.2.2.1 踢脚、墙裙交接处理

踢脚线从形态上看，主要有凸出、凹入两种踢脚线与墙体的关系（图1–118）。凸出类踢脚线是在墙面的基础上加以装饰踢脚板形成的踢脚线；凹入类踢脚线则是进行墙体装饰，在踢脚处预留凹入踢脚即可。这一类踢脚较凸出类踢脚采用的较少，主要是由于加厚墙面才能出效果，这是以牺牲了室内空间为代价取得的效果。

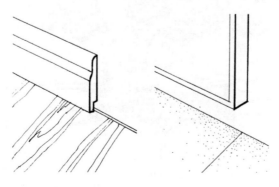

图1–118 凸出、凹入两种踢脚线与墙体的关系

1. 踢脚线

踢脚线的高低与空间尺度之间的比例关系也很大，空间高度大于 2.8m 时，踢脚线则可选择高 100 ~ 150mm，甚至更大的踢脚线；若空间在 2.5m 左右，踢脚线则可选择小于 100mm。

1）木踢脚线

有实木和密度板制作两种，实木的非常少见，成本较高，效果较好，安装时要注意气候变化产生日后起拱的现象。

2）PVC 踢脚线

是木踢脚的便宜替代品，外观一般模仿木踢脚，用贴皮呈现出木纹或者油漆的效果，便宜，但贴皮层可能脱落，而且视觉效果也较木踢脚线差。

3）不锈钢踢脚线

成本非常高，安装也比较复杂，但经久耐用，几乎没有任何维护的麻烦，但一般只适合一些现代风格的装修中。

4）瓷砖或石材踢脚线

比较耐用，但一般适合于地面也使用石材或地砖的房间。

2. 墙裙

室内墙下部用线脚装饰或用其他特殊装饰或面层的部分，通俗的说就是立面墙上像围了裙子。常用装饰方法是在四周的墙上距地一定高度范围之内全部用装饰面板、木线条等材料包住。墙裙除了具有一定的装饰目的以外，也具有避免纯色墙体因人身活动摩擦而产生污浊或划痕的功能。因此，在材料选择上常常选用在耐磨性、耐腐蚀性、可擦洗等方面优于原墙面的材质。

墙裙装饰在以往装饰设计中常被设计者采用，随着人们的审美变化和室内设计的发展，这种设计方法逐渐被冷落。

2.2.2.2　气包罩

气包罩设计虽然不是室内设计重点考虑的构件，但如果设计选用市场成品气包罩，可能会造成热量损失、罩内藏污纳垢、清扫不到、整体不美观、维修不方便等问题。但如果在设计中略加思考，可能就会减少问题的出现，而且与室内整体效果也会很协调(图1-119)。该气包罩设计采用指接实木或防腐木，造型简单，背衬饰深色漆的铁网，整体散热好；另外在窗台下面和气包罩连接处设合页，使气包罩可以在检修时自由上翻，地面固定则在地上放置地碰即可。

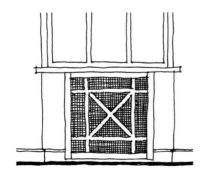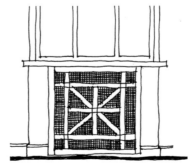

图 1-119　气包罩设计

2.2.2.3　棚角线交接处理

同踢脚板一样，棚角线交接处理通常也有凸凹两种形式。凸出形式是在墙面和棚成型后，将棚角线安装上，形成装饰线脚。凹入形式是通过墙面加装或吊顶后形成的虚线形成的棚角形式（图1-120*a*、*b*、*c*）。这种形式设计感较强，很适合现代人的审美观念。

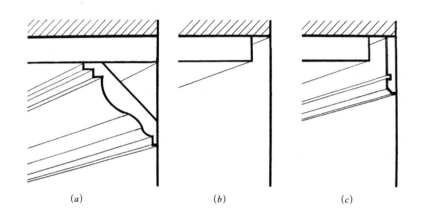

(a)　　　　　　　(b)　　　　　　　(c)

图1-120　棚角线设计
(*a*) 凸出式；
(*b*) 凹入式；
(*c*) 凸凹式

3　项目单元

3.1　室内重点部位多样化设计练习一

镶板门的外形设计。利用木材具有纹理清晰、品种多样等特点，选择一或两种木纹肌理特色清晰的饰面板材进行镶板门的外形设计。

3.2　室内重点部位多样化设计练习二

石材碰接方式设计。选择一种花色清晰的大理石，分别设计该种石材的柱子转角形式，以及接待台面的凸角方式。

【思考题】
1. 谈谈你对"建筑细部"的看法，你如何理解现代建筑大师密斯·凡·德·罗的名言"少就是多"。
2. 作为室内设计师要充分了解材料的细部特征，谈谈你对石材肌理面的感受，它们分别适合设计到什么地方。

【习题】
1. 石材工程板常用尺寸是多少？
2. 常用做木龙骨的木材是什么木材？
3. 常用做防腐木的木材是什么木材？

---

1 学习目标

了解色彩的基本知识，理解色彩的物理作用、色彩的心理效果、色彩的生理效果，并能够在实际设计案例中正确运用，能够灵活运用室内色彩设计的基本法则到具体设计中。

2 相关知识

在古代欧洲，旧街道多为石、砖、瓴瓦结构，建筑材料的色彩就是街道的基调色。在古代中国，黄色、红色和灰色基本代表了皇室和世俗的色彩。随着社会的不断进步，人们对建筑精神功能的需求，使得建筑色彩设计也变得非常重要，成为不可忽视的设计元素。本次学习知识点主要是与建筑室内色彩密切相关，主要有：色彩的三要素、色彩的混合、色彩的物理作用、色彩的心理效果、色彩的生理效果、室内色彩设计的基本法则等。

2.1 色彩的基本知识

在建筑装饰设计中，色彩有物理作用、生理作用和心理作用。室内色彩能够影响人们的情绪，它能使人兴奋或安静，也能创造神秘或遐想的气氛，所以说一个成功的室内设计，在完成界面设计及陈设、家具设计之外，室内的色彩设计也是不可忽视的。

2.1.1 色彩的来源

随着科学的发展，根据现代物理学证实，色彩是光刺激眼睛再传到大脑的视觉中枢而产生的一种感觉。人对色彩感觉的完成，首先要有光，要有对象，要有健康的眼睛和大脑，其中缺一不可。光线照射到物体上，可以分解为三部分：一部分被吸收、一部分被反射，还有一部分可以透射到物体的另一侧。不同的物体有不同的质地，光线照射后分解的情况也不同，正因为这样，才显示出千变万化的色彩。

1676 年，牛顿用三棱镜将白色太阳光分离成色彩光谱，这就是连续的色带，有红、橙、黄、绿、青、紫各色，这六种颜色作为标准色，奠定了现代色彩科学。

色彩产生于光波，光波是一种特殊的电磁能。人眼所能看到的光波长度在 380 ～ 780nm 内，人可察觉到的光称为可见光。当光刺激到人的视网膜时形成色觉，因此我们通常见到的物体颜色是指物体的反射颜色，没有光也就没有色彩。在自然界中并无纯白与纯黑的物体，也即无完全反射或完全吸收所有光色的物体，物体对光色的反射和吸收是相对的，它们除大部分反射或吸收某种光色外，又往往少量反射或吸收其他光色。正因如此，世界万物才能丰富多彩，以至达到令人眼花缭乱的程度。

2.1.2　色彩的三要素

尽管世界上的色彩千千万万,各不相同,但是人们发现,任何一个色彩（除无彩色只有明度的特性外）都有明度、色相和纯度三个方面的性质。即任何一个色彩都有它特定的明度、色相和纯度。所以我们把明度、色相、纯度称为色彩的三要素。

2.1.2.1　色相

色相指色彩的相貌，是区别色彩种类的名称。指不同波长的光给人的不同的色彩感受。红、橙、黄、绿、青、紫等每个字都代表一类具体的色相，它们之间的差别就属于色相差别。上述六个标准色与红橙、橙黄、黄绿、青绿、青紫和红紫组成十二色相，这十二色相以及它们调和变化出来的大量色相称为有彩色;黑、白为色彩中的极色，加上介于黑白之间的中灰色统称为无彩色;金、银光泽耀眼，称为光泽色。

色相还可构成高纯度、中纯度、低纯度、高明度、中明度、低明度的全色相环，这些都是美感很高的色相秩序。在室内设计中，一个思路敏捷、色相感敏锐的人，他所表现的色彩应该是十分丰富多彩的。

2.1.2.2　明度

明度指色彩的明暗程度。明度是全部色彩都具有的属性，任何色彩都可以还原为明度关系来思考，明度关系可以说是搭配色彩的基础，明度最适于表现物体的立体感与空间感。

由于物体色相的千差万别，所以在分析色彩明度时应在两个方面着手：首先不同色相的明暗程度是不同的光谱中的各种色彩，以黄色的明度为最高，由黄色向两端发展，明度逐渐减弱，以紫色的明度为最低;其次，同一色相的彩色，由于受光强弱不同，明度也是不一样的。以无彩色系为标准，色彩的明度分为九级，见表1—4。

色彩明度分级表　　　　　　　　　　　　　　　　　　表1—4

1	2	3	4	5	6	7	8	9
白	最明	明	次明	中	次暗	暗	低暗	黑
	黄	橙黄绿黄	青、绿	青绿橙红	青、红紫	青、紫	紫	

2.1.2.3 纯度

纯度是指色彩的纯净程度，也可以说指色相感觉明确及鲜灰的程度。因此还有艳度、浓度、彩度、饱和度等说法。标准色纯度最高，它既不掺白也未掺黑。在标准色中加白，纯度降低而明度提高；在标准色中加黑，纯度降低，明度也降低。

2.1.3　色立体

把不同明度的黑、白、灰按上白、下黑、中间为不同明度的灰，等差秩序排列起来，可以构成明度序列。把不同色相的高纯度色彩按红、橙、黄、绿、蓝、紫、紫红等色环列起来构成色相环。把不同色相中不同纯度的色彩，外面为纯色向内纯度降低，按等差纯度排列起来，可得各色相的纯度序列。

以无彩色黑、白、灰明度序列为中轴，以色相环环列于中轴，以纯色与中轴构成纯序列，这种把千百个色彩依明度、色相、纯度三种关系组织在一起，构成一个立体，这就是色立体。

2.1.3.1　孟塞尔、奥斯特瓦德色立体

常用的有孟塞尔色立体，它是由美国美术家孟塞尔创立的色彩表示法。色相环是以红（R）、黄（Y）、绿（G）、蓝（B）、紫（P）心理五原色为基础，再加上它们的中间色相，橙（YR）、黄绿（GY）、蓝绿（BG）、蓝紫（PB）、红紫（RP）成为十色相，排列顺序为顺时针。中心轴为黑、白、灰共分为 11 个等级，最高明度为 10，表示理想白，最低明度为 0，表示理想黑。纯度垂直于中心轴，黑、白、灰的中轴纯度为 0。离中心轴越远纯度越高，最远为各色相的纯色。

奥斯特瓦德色立体是德国诺贝尔奖获得者奥斯特瓦德创造的。它是以生理四原色黄、蓝、红、绿为基础，然后再在两色中间依次增加橙、蓝绿、紫、黄绿 4 色相，合计 8 色相，然后每一色相再分为 3 色相，成为 24 色相的色相环。

2.1.3.2　色立体的用途

（1）色立体为我们提供了几乎全部的色彩体系，可以帮助我们开拓新的色彩思路。

（2）由于色立体是严格地按照色相、明度、纯度的科学关系组织起来的，所以它提示着科学的色彩对比，调和规律。

（3）建立一个标准化的色立体，对色彩的使用和管理会带来很大的方便，可以使色彩的标准统一起来。

（4）根据色立体可以任意改变设计作品的色调，并能保留原作品的某些关系，取得更理想的效果。

总之，色立体能使我们更好地掌握色彩的科学性、多样性，使复杂的色彩关系在头脑中形成立体的概念，为更全面地应用色彩、搭配色彩提供根据。

2.1.4 色彩的混合

将两种或多种色彩互相进行混合，造成与原有色不同的新色彩称为色彩的混合。

2.1.4.1 原色

物体的颜色是多种多样的，大多数颜色都能用红、黄、青三种颜色调配出来。所以红、黄、青三种颜色称为三原色或第一次色，三原色不能用其他颜色调配出来。

2.1.4.2 间色

由两种原色调配而成的颜色称为间色或第二次色，共三种，即：橙＝红＋黄；绿＝黄＋青；紫＝红＋青。

2.1.4.3 复色

由两种间色调配而成的颜色称为复色或第三次色，主要复色也有三种，即：橙绿＝橙＋绿；橙紫＝橙＋紫；紫绿＝紫＋绿。每一种复色中都同时含有红、黄、青三种原色，因此，复色也可以理解为是由一种原色和不包括这种原色的间色调成的。改变三原色在复色中所占的比例，可以调出众多的复色。与间色和原色比较，复色含有灰的因素，所以较混浊。

2.1.4.4 补色

一种原色与另外两种原色调成的间色互称补色或对比色，如：红与绿（黄＋青）；黄与紫（红＋青）；青与橙（红＋黄）。

从十二色相的色环看，处于相对位置和基本相对位置的色彩都有一定的对比性，以红色为例它不仅与处在它对面的绿色互为补色，具有明显的对比性，还与绿色两侧的黄绿和青绿构成某种补色关系，表现出一定的一冷一暖、一明一暗的对比性。

在室内设计运用色相对比时，当你心目中的主色调确定之后，其他色彩的运用必须清楚与主色相是什么关系，是要表现什么内容、感情，这样才能增强构成色调的计划性、明确性与目的性，使配色能力有所提高。

2.2 色彩在建筑装饰设计中的作用

室内的色彩可以对人产生多种作用和效果，研究和运用这些作用和效果，可以创造一个良好的、怡人的室内氛围，并有助于室内色彩设计科学化、艺术化。色彩在建筑中主要在物理作用、心理效果、生理效果等三个方面对人的感受起到重要的影响。

2.2.1 色彩的物理作用

室内界面、家具、陈设等物体的色彩相互作用，可以影响人们的视觉效果，使物体的尺度、远近、冷暖在主观感觉中发生一定的变化，这种感觉上的微妙变化，就是物体色彩的物理作用效果。

2.2.1.1 温度感

人类在长时间的生活实践中体验到太阳和火能够带来温暖，所以在看到与此相近的色彩如红色、橙色、黄色的时候相应地产生了温暖感，在看到海水、月光、冰雪时就有一种凉爽感，后来在色彩学中统称红、橙、黄一类为暖色系；青、蓝等称之为冷色系。

从十二色相所组成的色环看，橙色为最暖色，青色为最冷色，黑、白、灰和金、银等色称为中性色。色彩的温度感不是绝对的而是相对的。无彩色和有彩色比较，后者比前者暖，前者要比后者冷；从无彩色本身看，黑色比白色暖；从有彩色本身看，同一色彩含红、橙、黄等成分偏多时偏暖。因此，绝对地说某种色彩（如紫、绿等）是暖色或冷色，往往是不准确和不妥当的。

色彩的温度感和明度有关系。含白的明色具有凉爽感、含黑的暗色具有温暖感。

色彩的温度感还与纯度有关系。在暖色中，纯度越高越具有温暖感；在冷色中，纯度越高越具凉爽感。

色彩的温度感还涉及物体表面的光滑程度。一般地说，表面光滑时色彩显得冷，表面粗糙时，色彩就显得暖。

在建筑设计中，建筑物的色彩多数为低纯度色彩，很少意识到由色彩产生的强烈温暖感。而且，由于建筑色彩以暖色为基调，具有习惯于此的倾向，因此，若将冷色系用于建筑，则容易产生不协调感（图1-121）。

在室内设计中，设计者常利用色彩的物理作用去达到设计的目的。例如利用色彩的冷暖来调节室内的温度感。如在北方长年见不到阳光的居室就适于选用暖色系的色彩（图1-122），也可利用材质表面的质感来辅助表达色彩的温度感。

2.2.1.2 距离感

在人与物体距离一定的情况下，物体的色彩不同，人对物体的距离感受也有所不同，这就是所谓的色彩的距离感。在色彩的比较中，给人以比实际距离近的色彩叫前进色，给人以比实际距离远的色彩叫后退色。

图1-121 冷色系用于建筑容易产生不协调感（左）

图1-122 选用暖色系色彩的居室（右）

色彩的距离感与色相有关系（图1-123）。一般来说，暖色系的色彩具有前进、凸出、拉近距离的效果，而冷色系的色彩则具有后退、凹进、拉开距离的效果。

图1-123 冷色系产生后退、拉开距离的距离感

另外，色彩的距离感也和色彩的明度、纯度有关系。高明度、高纯度的颜色具有前进、凸出之感，低明度、低纯度有后退、凹入的感觉。

设计者可以利用色彩的这一特点，改善室内空间某些部分的形态和比例。例如将房间深处的一面涂为后退色，让人感觉深度增加。如果室内的各面使用收缩色，则室内的空间感应该变大，而实际却相反，空间感变小。距离感终究应该就所面对的那面墙的效果进行考虑。

2.2.1.3 重量感

由于色彩的差异，有时感觉物体比实际重，有时感觉物体比实际轻。色彩的重量感是通过色彩的明度、纯度确定，首先明度越低，则感觉越重；明度越高，则感觉越轻；其次是纯度，在同明度、同色相条件下，纯度高的感觉轻，纯度低的感觉重。

从色相方面色彩给人的轻重感觉为，暖色黄、橙、红给人的感觉轻，冷色蓝、蓝绿、蓝紫给人的感觉重。

同时界面的质感给色彩的轻重感觉带来的影响是不容忽视的，材料有光泽、质感细腻、坚硬给人以重的感觉（图1-124），而物体表面结构松、软，就会给人轻的感觉（图1-125）。

在建筑内部，利用这种效果，天花板使用高明度色彩，在墙壁上使用中明度色彩，在地板上使用低明度色彩，使用这种方法可以给人以稳定感（图1-126）。

在建筑外观上也使用类似方法，在低层部使用低明度色彩，在高层部使用高明度色彩，可以给人以稳定感。

图 1-124　材料有光
泽、坚硬给人以重
的感觉

图 1-125　物体表面松
软给人以轻的感觉

图 1-126　利用色彩重
量感设计室内空间
具有稳定感

2.2.1.4　尺度感

使物体看起来变大的色彩为膨胀色，使物体看起来变小的色彩为收缩色。一般而言，明度较高的色彩和暖色为膨胀色，而明度较低的色彩和冷色为收缩色。

色彩的尺度主要取决于色彩的明度、色相。明度越高，尺度感加强，反之，收缩感越强。另外，材料的色相越暖，尺度感加强，而冷色有收缩感。在设计中常利用这一特点选择家具及陈设的颜色，调整空间局部的尺度感。

在建筑外观上，基本没有建筑以高纯度色彩为基调色，多数使用高明度、低纯度色彩。虽然高明度、低纯度色彩应该会使建筑看上去变大，但由于已经习惯于此，所以基本意识不到。另外，使用低明度色彩使建筑看上去有紧绷感，同时，重量感和收缩感增强。

在建筑内部，同样很少使用高彩度色彩作为基调色，多使用高明度、低纯度色彩（图1-127）。因此，空间看上去变大。相反，若使用低明度色彩，则空间看上去变小。

图1-127　使用高明度、低彩度色彩会使空间看上去变大

2.2.2　色彩的心理效果

色彩的心理效果是指色彩在人的心理上产生的反应。每个地区、民族、个体对色彩的感情不尽相同，带给人的联想也不一样，对色彩的偏爱也是不一样的。但有些色彩在人的心理效果上具有普遍性，掌握这方面知识可以为设计者开展色彩设计带来益处。

2.2.2.1　诱目性

易于吸引不带有特定目的的人的目光的性质称为诱目性。与无彩色相比，有彩色的诱目性较高，与低纯度色相比，高纯度色的诱目性较高，最高的是红色与橙色。

在建筑领域，高纯度色彩被称为突出色使用，为空间内带来生气。但诱目性较高的高纯度的红色、橙黄色、黄色等被用做安全色彩（图1-128），因此请勿乱用。这一点非常重要。

图1-128 诱目性强的黄色等被用做安全色彩

2.2.2.2 视认性

人的眼睛容易辨别出预先想象会出现的东西，这种性质称为视认性。在黑色的背景下，按照黄色、橙黄色、黄绿色、橙色的顺序，视认性逐渐升高，最后为青绿色、蓝色、绿紫色、紫色。在白色的背景下，按照紫色、绿紫色、紫色的顺序逐渐升高，最后是橙色、黄绿色、橙黄色、黄色。换言之，明度对比越大，则视认性越高。而且，色彩纯度越高，视认性越高。

在建筑及室内设计上，门、卫生间、电梯、楼梯等多数人经常寻找的场所和物体使用视认性高的色彩（图1-129）。

2.2.2.3 对比性

空间上接近的两种色彩相互影响，看上去与单独存在时的色彩不同。其中，大面积的背景色与小面积的突出色的差异被强调观察的现象就是对比。按照色彩的三属性分类，对比有明度对比、色相对比、彩度对比，其大小顺序为明度对比＞色相对比＞彩度对比。另外，背景色的面积越大，突出色的面积越小则这种效果越明显。

对比发生在以墙壁等建筑的基调色为背景的小面积分色涂抹部位，即门、窗帘、家具等，有时也会比实际的色彩给人以强调的印象。

这种现象一般意识不到，设计时必须预先考虑到由对比引起的色彩观察的变化（图1-130）。

2.2.2.4 同化性

突出色被接近的背景色同色化的现象称为同化。在绿色的背景色上描绘黑色条纹图案突出色，绿色的背景色看上去带有了黑色。另一方面，即便是相同的绿色，描绘上白色的条纹图形后看上去带有了白色。

图 1-129　经常寻找类场所使用视认性高的色彩（左）

图 1-130　在高明度色彩墙面上设置低明度的家具，则家具看上去更呈黑色（右）

在室内装饰设计上，要考虑色彩的同化性。这样的设计细节比如：在瓷砖或砖的色彩与接缝之间可能产生的同化。在这种情况下，设计时必须有充分的考虑，若想使整体印象呈白色则使用高明度的接缝，若想使整体印象呈黑色则使用灰色的接缝（图 1-131）。

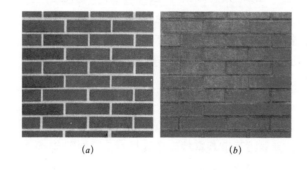

(a)	(b)

图 1-131　墙砖与接缝的同化

（a）白色接缝使整体呈白色；

（b）灰色接缝使整体呈黑色

2.2.2.5　联想性

建筑色彩的联想作用受历史、地理、民族、宗教、风俗习惯等多种因素的影响。有些民族以特定色彩象征特定的内容，从而使色彩的情感性发展为象征性。如藏族视黑色为高尚色，常用黑色装饰门窗的边框，朝鲜族常以白色作为内外装饰的主调，认为白色最能反映美好的心灵。在我国古代，朱红、金黄均为皇家色彩，是最高等级的色彩。现在我国人民在庆祝节日等喜庆的日子时还用红灯笼、红对联等表达自己的心情。

2.2.2.6　常用色彩心理反应

人们对不同的色彩表现出不同的好恶，这种心理反应，常常是因人们生活经验、利害关系以及由色彩引起的联想造成的，此外也和人的年龄、性格、

素养、民族、习惯分不开。比如以女性为主要服务对象的门店，色彩要柔和、可适当提高色彩纯度（图1-132），办公空间色彩不要渲染热烈、色彩要稳定，可选择以高调为主的室内色彩设计（图1-133）。通过分析人们对色彩的心理效果，可以在设计上恰当地采用不同材料及色彩，完成建筑装饰设计工作。下面就针对我国现阶段人们对色彩的心理反应加以分析：

图1-132 以女性为主要服务对象的门店可适当提高色彩纯度（左）

图1-133 办公空间色彩要稳定，可提高工作效率（右）

红色　红色的波长最长，是一种最醒目的颜色，常使人联想到太阳、火，象征着热烈、活跃、热情、吉祥。红色是血的颜色，它还有刺激性、危险感的一面。另外，粉红色常给人以女性化的感受。

橙色　橙色是最暖的色彩。它容易引起人们的注意，人们也常用此色表达一种丰收、兴奋、进取、文明、成熟的感情。

黄色　在色相中黄色是明度最亮的色彩，光感也最强。黄色常在普通照明中采用，给人以明快、温暖的感觉，常可以表达光明、丰收、温暖、喜悦的感情。在古代，黄色象征皇权的尊严，所以黄色还给人一种威严感。

绿色　是大自然色彩的主基调，它不刺激眼睛，能使眼睛得以休息。植物的绿色能给人带来怡人的景观和新鲜的空气，它是清新、纯净、春天、生命的象征。绿色通常给人带来的心理感受是健康、青春、永恒、和平与安宁。

蓝色　是天空、大海色彩的主基调。它使人联想到天空、大海的浩瀚、深远、透明，象征着远大、深沉、纯洁。蓝色也有冷色的一面，容易使人联想到冷酷、寒冷。

紫色　由于紫色的波长最短，自然界的紫色光几乎看不到，人们只能从植物中感受紫色的存在。并从中联想到高傲、富贵的感受。紫色是红色与青色的混合色，偏红的紫色突出艳丽、华贵的一面；偏蓝的紫色更突出高傲、冷峻的一面。

白色为全色相，明视度及注目性方面都相当高，能满足视觉的生理要求，与其他彩色混合均能取得很好的效果。白色能使人联想洁白、纯洁、朴素、神圣、光明、失败等。

黑色为全色相，它与其他色配合能增加刺激，黑色为消极色，它的心理特征为：黑夜、沉默、严肃、死亡、罪恶等。

灰色为全色相，也是没有纯度的中性色，由于视觉最适应看配色的总和为中性灰色，所以灰色是最为值得重视的色，它与其他色彩配合可取得很好的效果。灰色的心理特征是：阴天、灰心、平凡、消极、顺服、中庸等。

目前，在社会上有专门从事色彩流行趋势研究的行业，定时发布当前的流行色。作为室内设计者，不但要掌握色彩知识，还要掌握当今色彩的流行趋势，通过对色彩流行趋势的把握更好地开展室内装饰设计工作。

2.2.3 色彩的生理效果

色彩的生理效果是指长时间地接受某种色彩的刺激，能引起视觉变化，进而产生生理的不同反应。如长时间注视红色，会对红色产生疲劳，这时眼帘中就会出现它的补色绿色。这种促使视觉平衡的色彩适应过程对室内色彩设计很重要。如设计中不要盲目地大面积地使用某种单一的、刺激的色彩，否则会引起人的视觉不平衡。在实际设计中，设计者经常能接触到一些特殊行业，如炼钢工人休息室，由于工人长时间接触红色的火焰，在休息室用浅绿色饰墙面，就能使视觉器官得到休息，达到视觉平衡。

另外，色彩的生理效果还表现在对人的心率、脉搏、血压等有明显的影响。近年的研究成果表明正确地运用色彩将有助于健康，并对病人起到辅助治疗的作用。下面是几种色彩对人体的影响。

红色　刺激神经系统，导致血液循环加快，长时间接触红色，可能出现疲倦、焦躁的感觉。

橙色　使人产生活力，增加食欲，过多采用容易引起兴奋。

黄色　有助于增加人的逻辑思维能力和消化能力，但大量使用容易出现不稳定感。

绿色　能使人安静，促进人体的新陈代谢，可起到解除疲劳、改善情绪的作用。

蓝色　可调解体内生理平衡，缓解神经紧张，改善失眠、头痛等症状。

紫色　对运动神经、淋巴系统和心脏系统有抑制作用。可以维持体内钾平衡，具有安全感。

2.3　室内色彩设计的基本法则

室内色彩设计是与室内空间形体、选材等建筑设计同步进行的。一般情况下，室内色彩没有使用功能，主要起美化室内的目的，但它也受功能的制约，为完善室内使用功能、精神功能服务。做好室内的色彩设计，就要从掌握室内色彩设计的六个基本法则开始。

2.3.1 节奏法则

节奏法则是将色彩有序地排列而形成一致性的色彩组合。就好比音乐中的音符，是有节奏地从低音到高音，有序地排列而形成的和谐韵律一样。在室内色彩设计里，节奏分为两类：分别是邻近色节奏和单色节奏。

2.3.1.1 邻近色节奏

邻近色节奏是根据12色（或48色）色环上的颜色任意选择一组邻近色彩进行组合，一组颜色在3～5个左右。邻近色彩特点是颜色相似，可以从各组合颜色细微的变化中观察到色彩的节奏。

在室内色彩设计中很少采用48色色环，这是因为48色色环上各邻近颜色间变化差别细微，若用于室内，再加上光线影响，将会产生运用单个色彩的错觉，从而影响室内色彩设计效果。采用12色色环则因为12色色环的各个颜色色差比较明显，容易观察到邻近相似色节奏的变化。

在实际设计中，选择色环上的颜色，最适当的数量是在3～5个之间，少于3个颜色，其色彩节奏将不是很明显；多于5个，则会因颜色过于丰富而造成视觉疲劳（图1-134）。

图1-134 根据邻近色节奏法则，采用色环5个邻近颜色设计的室内空间

2.3.1.2 单色节奏

单色节奏是从色环中选取某一个纯色调和不同比率的黑、白、灰，所产生的色彩变化而形成的有序的节奏。

采用单色节奏法则，挑选的色彩数量应以5个为一组（图1-135），因为单色节奏各颜色间没有明显变化，所以，如果颜色组合过少，室内色彩将会出现单调、贫乏的视觉效果。

2.3.2 平衡法则

在色彩学科里，色彩平衡理论比较多，如色彩的冷暖、深浅、轻重等平衡理论，在室内色彩设计中，主要是受镜像平衡、非镜像平衡两种理论影响。

图 1—135　根据单色
　　　节奏法则，采用 5
　　　个色彩设计的室内
　　　空间

2.3.2.1　镜像平衡

　　镜像平衡是指图案及色彩都显示左右平衡的特征——对称，充分展现了和谐的视觉平衡。在镜像平衡图片中，总可以找到一条无形的中心线将图片中的景物平均地一分为二。中心线犹如双面镜子，镜子内外的景物无论是造型还是色彩，都能准确无误地将其平衡对称展示在观众面前（图 1—136）。同时我们不难发现，镜像平衡中的有序的色彩组合中还包含了色彩节奏法则。

　　镜像平衡一直是室内色彩设计借鉴的理论之一，因为无论在色彩还是在造型方面均能体现室内空间的稳定性。

图 1—136　具有左右平
　　　衡特征的室内空间借
　　　鉴了镜像平衡法则

2.3.2.2 非镜像平衡

非镜像平衡是在观察图案及色彩时，视觉瞬间产生眩目感而导致平衡错觉，与此同时引导出另一个视觉感受。这种感受效果更为生动、有趣，但也产生视觉冲突。

利用色彩的对比达到视觉平衡，同样可以利用非镜像平衡法则来完成。如选用 12 色色环上最远的橙色和蓝色来完成室内空间色彩的设计任务（图1-137），同样可以取得非常好的视觉效果。

图 1-137 利用非镜像平衡法则，设计色彩的对比达到视觉平衡

2.3.3 百分率法则

百分率法则是指在一个平面或物体上，两个或以上的颜色各自所占的面积及展示的各颜色之间百分率的关系。但是，我们要研究在两种或两种以上的色彩之间应该有什么样的色量比例才算是平衡的，也就是不让一种色彩使用的更为突出。两种因素决定一种纯度色彩的力量，即它的明度和面积。

德国哲学家歌德为这些明暗色调变化拟定了一个简单的数字比例，其光亮度的数字比例如下，黄：橙：红：紫：蓝：绿，对应数值是 9：8：6：3：4：6。在将这些光亮度转变成为和谐色域面积时，必须将光亮度的比例倒转。即，黄色比它的补色强三倍，因此它只应该占据相当于其补色紫色色域的三分之一。因而原色和间色的和谐色域面积如下，黄：橙：红：紫：蓝：绿，对应数值是 3：4：6：9：8：6。当采用了和谐比例之后，面积对比就会被中和。

在室内色彩设计中很少大面积采用百分率色彩设计法则，但常常在室内陈设设计中采用。比如窗帘、床上棉织品、家具等（图 1-138）。

2.3.4 比例法则

比例法则是指色彩组合中各个颜色所占的面积大小、尺寸之间的关系，这与色彩百分率法则有相互作用。该法则认为色彩面积的大小影响其颜色的明

图 1—138　利用百分率色彩设计法进行陈设设计

暗，当颜色占用面积越大，其颜色明度越弱，从而变得比较暗淡，相反面积占用越小，明度越强，视觉效果越突出。

根据色彩比例法则的特点，在实际应用上应该注意颜色比例（或图案）在物体上所占的比例越小，物体外观越精致。如选用室内沙发时就要根据此法则选择一些小图案纹理的沙发面料（图 1—139），当然，这种比例法则也是在一定范围内适用的，如果超出了人们日常的审美习惯，也是不可用的。

图 1—139　利用比例法则选择小图案纹理的沙发面料

2.3.5　强调法则

色彩是室内空间里最先吸引人们视觉焦点的设计元素，在强调法则中，色彩扮演着重要的角色，在一般情况下，所选用的色彩以纯色为主。

纯色因其明亮度的缘故，一直在其他颜色里处于主导位置，纯色相比其他颜色更有视觉冲击力。对比色同样适用于色彩强调法则，在色环上任何两个颜色相对距离越远，色彩被强调而产生的视觉冲击将更为明显。

在室内空间里，当需要一个视觉焦点时，例如背景墙、隔断墙等，色彩强调法则是经常被采用的室内色彩设计法则。如在单色节奏的房间里，在深色的墙面前放置一组蓝色的柜子，虽然它的颜色和墙面颜色属于不同冷暖色系，但都调和了灰色，将两个冷暖色协调在一起，缓和了冷暖色的视觉冲击，并能表现色彩强调法则（图1-140）。

图1-140　将两个冷暖色协调在一起，表现色彩强调法则

2.3.6　和谐法则

和谐法则就是任何色彩组合，应具备一致性、统一性及协调性的视觉效果。通过色彩专家对大自然色彩和谐的理解和分析，利用12色基础色环，建立了9个室内色彩设计配色方案，从而进一步完善了和谐色彩法则的基本原理。这9个室内色彩设计配色方案分别是单色、邻近色、互补色、邻近互补色、双互补色、分裂互补色、三色色环、正三色色环、四色色环等方案。这些色彩设计配色方案在以上单色节奏、强调法则等章节中已经有讲解，这里主要讲解三色色环配色方案、四色色环配色方案两种色彩设计案例。

2.3.6.1　三色色环配色方案

三色色环配色方案是在12色色环中挑选任何三个颜色都要呈等腰三角形分布在色环上。在一般的室内设计中，都会将颜色限制在三种之内（图1-141）。当然，这不是绝对的。由于专业的室内设计师熟悉更深层次的色彩关系，加之室内陈设设计需要完成家具、布艺、花艺设计，所以用色可能会超出三种。

2.3.6.2　四色色环配色方案

四色色环配色方案在12色色环中挑选的任何四个颜色是呈正方形分布在色环上，简单地说就是两组互补色呈十字形分布在色环上，但要注意到正四色和互补色的区别，正四色的四个颜色位置是固定在正方形的四个角上（图1-142）。

图 1-141 根据三色色
环配色方案设计的
客厅

图 1-142 根据四色色
环配色方案设计的
卧室

2.4 室内色彩设计案例分析

　　室内色彩的设计方法就是以室内色彩设计法则为基础，运用色彩知识和综合实践能力完成具体的室内色彩设计方案。室内色彩设计应包含室内界面、家具、陈设、绿化等室内设计所涵盖的所有色彩内容。

　　室内色彩设计作为室内装饰设计的一个组成部分，其设计贯穿着室内设计的构思及方案设计全过程。室内设计方案是通过室内效果图表达完成的，在完成正式图之前可在草图小样中进行色彩初步设计，选择比较理想的色彩小样在做效果图时予以采用。

　　本次选择的室内色彩设计案例是一个带有地下室的三层别墅（图 1-143）。

　　在客厅、餐厅、视听室、主人房的色彩设计中，选用了邻近互补色配色方案。该方案挑选色环上任何 3 个邻近颜色，加上色环上的互补色。邻近互补色方案可以有效地解决互补色给予的视觉震撼。本次四个空间的色彩设计就是采用了

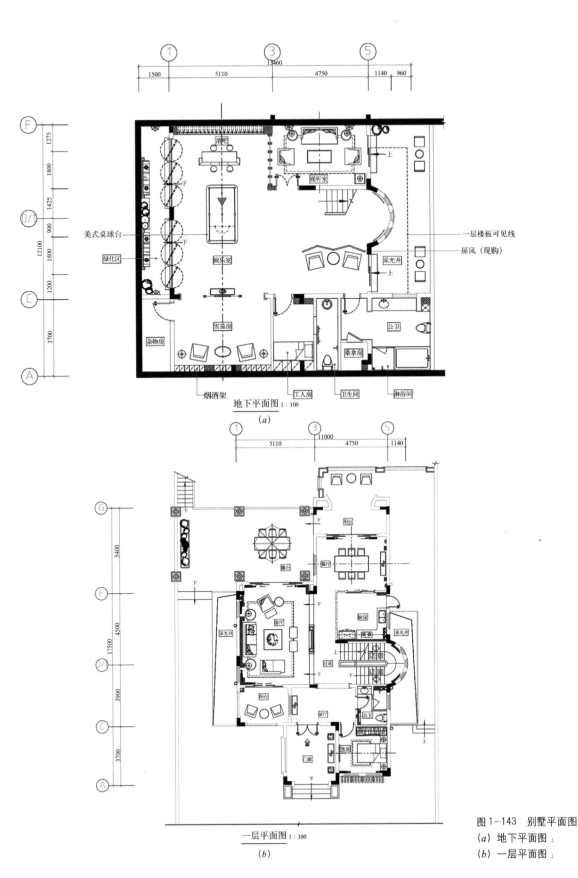

地下平面图 1:100

(a)

一层平面图 1:100

(b)

图1-143 别墅平面图

(a) 地下平面图；

(b) 一层平面图；

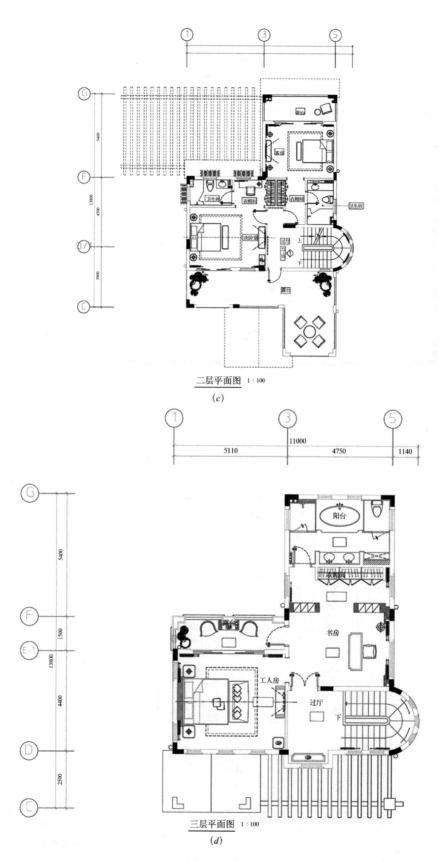

二层平面图 1:100

(c)

三层平面图 1:100

(d)

图 1-143 别墅平面图
（续）
(c) 二层平面图；
(d) 三层平面图

色彩和谐法则中的邻近互补色配色方案。在这四个空间中墙面、地面、窗帘、沙发、陈设品等均选用黄色至蓝色的邻近色，配上作为互补色的深褐色，这个深褐色就是位于空间显眼位置的木制家具,桌几（图1—144）、餐桌（图1—145）、茶几（图1—146）、床头柜（图1—147）等。

在雪茄室色彩设计中，选用了比例法则配色方案。

根据该法则面积占用越小，明度越强，视觉效果越突出的特点，在选用室内沙发时选择一些小图案的条纹沙发面料（图1—148），强调了沙发的精致

图1—144 选用邻近互补色配色方案完成客厅色彩设计

图1—145 选用邻近互补色配色方案完成餐厅色彩设计

图 1-146 选用邻近互补色配色方案完成视听室色彩设计

图 1-147 选用邻近互补色配色方案完成主人房色彩设计

和艺术性。根据同样的法则，在壁柜上设计了小面积的雪茄箱，突出了雪茄在此空间的重要性。

在客房色彩设计中，选用了邻近色配色方案。设计者选择了 12 色色环中黄色至蓝色的 5 个邻近色，作为室内和谐色彩的配色方案（图 1-149）。在选择中，注意可根据室内整体设计方案，从灰度色环中挑选带有灰调的邻近色，降低纯色带来的视觉冲击。

以上就是这个别墅室内空间的色彩设计案例分析，随着时代的发展，设计师个性的发挥，室内环境需求的不同，人们对室内环境色彩的认识也会有所改变。这就要求设计者在掌握基本设计法则的基础上，灵活运用色彩知识，创造出更多的室内色彩艺术空间环境。

图1-148 选用比例法则配色方案完成雪茄室色彩设计

图1-149 选用邻近色配色方案完成客房色彩设计

3 项目单元

3.1 室内色彩设计练习一

通过学习掌握室内色彩设计的基本法则，并能够利用该基本法则开展室内色彩的设计练习。这里需要学生在A3白纸上，简单勾画室内设计表现图底稿。然后利用色彩设计基本法则中的节奏法则——单色节奏，从色环中选取某一个纯色调，挑选的色彩数量应以5个为一组，形成有序的色彩节奏。

3.2 室内色彩设计练习二

通过学习掌握室内色彩设计的基本法则，并能够利用该基本法则开展室内色彩的设计练习。这里需要学生在 A3 白纸上，简单勾画室内沙发或背景墙草图底稿。然后利用色彩设计基本法则中的比例法则，开展沙发或背景墙的色彩设计，以达到视觉效果突出的目的。

【思考题】

1. 如何看待室内色彩设计的基本法则？如何体会灵活运用和遵守法则的辩证关系？

2. 补色的具体概念是什么？如何在室内设计采用补色设计加强色彩的对比性，以此达到突出重点的目的？

【习题】

1. 色彩的三要素是什么？具体解释说明每个要素的内容是什么？

2. 色彩的混合是什么？具体解释说明红、黄、青三种颜色调配的色彩？

3. 室内色彩设计的基本法则是什么？

1 学习目标

了解照明基本知识，熟悉常用建筑空间照明标准中的重要指标和电光源的分类。可以开展室内照明艺术设计，并能够运用室内照明的布局形式在实际设计案例中应用；能够运用室内照明设计，完成室内照明灯具的选择。

2 相关知识

室内照明设计是室内装饰设计的重要组成部分之一，在室内，光不仅是为满足人们视觉功能的要求，而且还是一个重要的美学元素。设计者可以通过安装和调整照明器来补充自然光的时间和空间缺陷，通过照明设计改变空间形象，从而影响人对物体大小、形状、质地和色彩的感知，达到室内整体设计的目的。本次学习知识点主要是与室内照明设计密切相关，主要有：光通量、发光强度、照度、照度标准、光源的显色性、建筑灯具的眩光、电光源、常用电光源、室内照明的布局形式、室内照明方式的选择、室内照明设计的基本原则、室内照明灯具的选择、照明设计的步骤等。

2.1 照明知识

照明是以人们的生活、活动为目的对光的利用，从广义上讲，应包括对生命体、生物有作用的视觉与光信息、紫外线、可见光及红外线等各部分。作为室内设计工作者，室内照明及其相关知识则是要学习的重点。

2.1.1 照明基本知识

通过学习应了解有关光学的概念以及它们的单位，掌握照明的分类和使用电光源的要求，了解照明质量的相关内容。

2.1.1.1 光的知识

对于室内设计要掌握的有关光的知识主要有：自然光的组成、采光标准、采光口等几个相关内容。

1. 自然光的组成

创造良好的光照环境是室内设计的重要指标之一。人类早期只能利用自然光照明，如日光、月光，随着人类社会的不断进步，人们开始利用照明工具，如火炬、松明、篝火、蜡烛、煤油灯到白炽灯、日光灯，照明经历了从火、油到电的发展历程。

太阳是天然光的来源，太阳光发出的光和热被地球吸收，由于太阳离地球很远，故地球可以看作是一个平面，太阳发出的光可以看作是平行射入地球的。当日光穿过大气层其光线分为两部分射入：一部分直接射入地面，称为直射光（或直接光）并有一定的方向，且照度很高，并在物体背后产生阴影；另一部分，当遇到空气中的分子灰尘水蒸气微粒，产生多次的反射、扩散，使天空形成高度感，所以两种光线的比例随大气层云量的多少而改变，云量少则扩散少，直射光多使室内光感明亮，反之光感阴暗。

天然光是人们长期生活中习惯的光源。从物理学中看，光是属于一定波长范围内以电磁波的形式传播的一种电磁辐射，人们所能观察到的电磁辐射波长为 380nm ~ 780nm 之间，称之为光波。在这一段波长当中，光的颜色将从紫色开始，按蓝色、绿色、黄色、橙色、红色的顺序变化，不同波长的可见光在人眼中引起的光感是不同的，人眼最敏感的光波波长为555nm。

各种颜色的波长不是截然分开的，而是一种颜色逐渐减弱，另一种颜色逐渐增强。可见光的波长范围见表 1—5。

可见光波长范围表　　　　　　　　　　　　　　表1—5

颜色视觉	中心波长 (nm)	波长范围 (nm)	颜色视觉	中心波长 (nm)	波长范围 (nm)
红色	700	640～750	绿色	510	480～550
橙色	620	600～640	蓝色	470	450～480
黄色	580	550～600	紫色	420	400～450

2. 采光标准

利用天然光使室内环境明亮称为天然采光。在某一表面上由全天然光而得的照度称为全天然光照度。

为了在建筑采光设计中贯彻国家的技术经济政策，充分利用天然光，创造良好光环境和节约能源，2013 年我国发布了"中华人民共和国国家标准——建筑采光设计标准"，各类建筑采光系数见表 1—6。为建筑采光提供设计依据，为采光设计计算、采光装置质量和采光节能提供技术保证，从而最终保证采光工程质量，创造良好光环境和节约能源。

在当前国家大力推行节能减排、改善环境的大趋势下，《建筑采光设计标准》为保障和提高我国建筑室内光环境、改善人民生活质量、建设资源节约型、环境友好型社会发挥重要作用。

3. 采光口

在房间的墙上开各种形式的洞口，在洞口上安装窗扇，窗扇上安装透明材料（玻璃等），将这些装有窗的透明洞口称之为"采光口"。

各类建筑采光系数的标准值

表1-6

建筑名称	采光等级	场所名称	侧面采光		顶部采光	
			采光系数标准值（%）	室内天然光照度标准值（lx）	采光系数标准值（%）	室内天然光照度标准值（lx）
居住建筑	IV	起居室（厅）、卧室、书房、厨房	2	300	—	—
	V	卫生间、过厅、楼梯间、餐厅	1	150	—	—
办公建筑	II	设计室、绘图室	4	600	—	—
	III	办公室、会议室	3	450	—	—
	IV	复印室、档案室	2	300	—	—
	V	走道、楼梯间、卫生间	1	150	—	—
学校建筑	III	普通教室、专用教室、实验室、阶梯教室、报告厅	3	450	—	—
	V	走道、楼梯间、卫生间	1	150	—	—
图书馆建筑	III	阅览室、开架书库	3	450	2	300
	IV	目录室	2	300	1	150
	V	书库、走道、楼梯间、卫生间	1	150	0.5	75
旅馆建筑	III	会议室	3	450	2	300
	IV	大堂、客房、餐厅、健身房	2	300	1	150
	V	走道、楼梯间、卫生间	1	150	0.5	75
医院建筑	III	诊室、药房、治疗室、化验室	3	450	2	300
	IV	候诊室、挂号处、综合大厅、一般病房、医生办公室（护士室）	2	300	1	150
	V	走道、楼梯间、卫生间	1	150	0.5	75
博物馆建筑	III	文物修复室*、标本制作室*、书画装裱室	3	450	2	300
	IV	陈列室、展厅、门厅	2	300	1	150
	V	库房、走道、楼梯间、卫生间	1	150	0.5	75
展览建筑	III	展厅（单层及顶层）	3	450	2	300
	IV	登录厅、连接通道	2	300	1	150
	V	库房、楼梯间、卫生间	1	150	0.5	75
交通建筑	III	进站大厅、候机（车）大厅	3	450	2	300
	IV	出站大厅、连接通道、扶梯	2	300	1	150
	V	站台、楼梯间、卫生间	1	150	0.5	75
体育建筑	IV	体育馆场地、观众入口大厅、休息厅、运动员休息室、治疗室、贵宾室、裁判用房	2	300	1	150
	V	浴室、楼梯间、卫生间	1	150	0.5	75
工业建筑	I	特精密机电产品加工、装配、检验、工艺品雕刻、刺绣、绘画	5	750	5	750

建筑名称	采光等级	场所名称	侧面采光		顶部采光	
			采光系数标准值（%）	室内天然光照度标准值（lx）	采光系数标准值（%）	室内天然光照度标准值（lx）
工业建筑	Ⅱ	精密机电产品加工、装配、检验、通信、网络、视听设备、电子元器件、电子零部件加工、抛光、复材加工、纺织品精纺、织造、印染、服装剪裁、缝纫及检验、精密理化实验室、计量室、测量室、主控制室、印刷品的排版、印刷、药品制剂	4	600	3	450
	Ⅲ	机电产品加工、装配、检修、机库、一般控制室、木工、电镀、油漆、铸工、理化实验室、造纸、石化产品后处理、冶金产品冷轧、热轧、拉丝、粗炼	3	450	2	300
	Ⅳ	焊接、钣金、冲压剪切、锻工、热处理、食品、烟酒加工和包装、饮料、日用化工产品、炼铁、炼钢、金属冶炼、水泥加工与包装、配电所、变电所、橡胶加工、皮革加工、精细库房（及库房作业区）	2	300	1	150
	Ⅴ	发电厂主厂房、压缩机房、风机房、锅炉房、泵房、动力站房、（电石库、乙炔库、氧气瓶库、汽车库、大中件贮存库）一般库房、煤的加工、运输、选煤配料间、原料间、玻璃退火、熔制	1	150	0.5	75

注：1. *表示采光不足部分应补充人工照明，照度标准值为750lx。

　　2. 表中的陈列室、展厅是指对光不敏感的陈列室、展厅，如无特殊要求应根据展品的特征和使用要求优先采用天然采光。

　　3. 书画装裱室设置在建筑北侧，工作时一般仅用天然光照明。

　　4. 体育馆建筑采光主要用于训练或娱乐活动。

　　窗的功能除采光、通风、隔声外，还可以使室内产生获得天然光的独特感觉，体现出光线的动态性质，产生富有变化的韵律及立体感，透视性和开敞感，使室内外空间具有连续性。常见的采光口有侧窗和天窗。

　　常见的侧窗形状通常为竖长方形和横长方形，从采光量的角度看，实验证明，细长房间的侧窗最好采用竖长方形侧窗，浅宽房间最好采用横长方形侧窗。

2.1.1.2　光量参数

　　在照明技术中良好的照明效果来源于良好的照明质量，而许多情况"质"是以量为前提的，因而照明技术中光的照度问题便显得十分重要，对光学物理量的处理一般有两种形式，其一是把光视为一种能量，认为它是以电磁波的形式向空间辐射的，叫"辐射度量"；其二是以人的视觉效果来评价的，叫"光度量"。另外，从整个电力系统的角度来看光源是电力系统的末端，它是向电源吸收能量而将电能转化为光能；它的能量可与电力系统的能量标准一致为瓦特（即W）。而从照明系统的角度看光源又是照明系统的首端，它是把自身得到的能量向周围空间发射，将电能转化成光能而为人们提供良好的视觉条件，所以光源本身具有双重性质，由此引出一个新的度量光源的标准"基本光度单位"。

1. 光通量

光通量是一种表示光的功率的单位。可将光通量定义如下：在单位时间内，光源向周围空间辐射出去的并使人眼产生光感的能量称为光通量。符号：Φ，单位：流明（lm），方向：由光源指向被照面。

由于人眼对黄绿光最敏感，在光学中以它为基准有如下规定：若发射的波长为 555nm 的黄绿光的单色光源，其辐射功率为 1W 时，则它所发出的光通量为 680lm，由此可得出某一波长的光源光通量。计算公式如下：

$$\Phi_{(\lambda)} = 680 V_{(\lambda)} P_{(\lambda)}$$

式中　　$\Phi_{(\lambda)}$——波长为 λ 的光源光通量（lm）；

　　　　$V_{(\lambda)}$——波长为 λ 的光源相对光谱效率；

　　　　$P_{(\lambda)}$——波长为 λ 的光源的辐射功率（W）。

2. 发光强度

发光强度简称光强，描述点光源发光强弱的一个基本度量。可以将发光强度定义如下：光源在某一特定方向上单位立体角内每一球面度内的光通量称为光源在该方向上的发光强度。符号：I，单位：cd（坎德拉）。

表达式　　　　　　　　$I = \Phi / \Omega$

式中　　I——光源在立体角方向上的发光强度（cd）；

　　　　Φ——球面度所接受的光通量（lm）；

　　　　Ω——球面度所对应的立体角（sr）。

举例说明桌上有一盏台灯，当有灯罩时，桌面上的亮度要比没有灯罩时亮得很多；表面上看好像有灯罩时的光通量要比没有灯罩时的光通量大，但实际上光源所发出的光通量并没有增加，只是因为光源在灯罩的作用下光通量的空间分布情况有了改变，由灯罩反射到桌面下的光通量的密度增加了。所以在照明技术中只知道光源发出的光通量的总量是不够的，还必须了解光源在各个方向的分布情况。

3. 照度

照度是用来表示被照面上光的强弱，即单位面积上所接收的光通量称为该被照面的照度。符号用"E"表示，单位为勒克斯（lx）。

表达式　　　　　　　　$E = \Phi / A$

式中　　E——被照面 A 上的照度（lx）；

　　　　Φ——被照面上所接受的光通量（lm）；

　　　　A——被照面积（m^2）。

照度的单位 1lx 表示在 $1m^2$ 的面积上均匀分布 1lm 光通量的照度值，或一个光强为 1cd 的均匀发光点的光源以它为中心在半径为 1m 的球面上各点所形成的照度值。

1lx 的照度是很小的，在此照度下我们仅能大致辨认周围物体而要区别细小零件的工作是很困难的，在实际设计工作中可参考前表 1-6，各类建筑采光系数的标准值中各个室内空间的标准照度值。

4.发光强度与光照度的关系

发光体在空间发射光通量并不均匀，大小也不相等，所以在研究发光体的发光强度时把光源假定为点光源，作为点光源它具有能够均匀向周围空间发射光通量的特点。当光源的直径小于它到被照面距离的1/5时，则可把该光源视为点光源。发光强度与照度的关系也就是光源与被照面的关系，如图1-150中光源 S 可

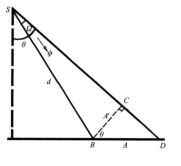

图1-150　光通量与被照面关系图

视为点光源，光源到被照面的距离为 d，被照面的面积 A 上接收的光通量为 Φ，面积 A 所形成的立体角为 Ω，根据 $\Omega=A/r^2$，可推出 $\Omega=A/d^2$，经过推演最后得到发光强度与光照度的关系公式 $E=I_\theta\cos\theta/d^2$。

它表明某一被照面上的照度 E 与光源在这个方向上的发光强度 I_θ 和入射角的余弦 $\cos\theta$ 成正比而与光源到被照面距离 d 的平方成反比。如日常生活中人们将灯放低一些或将光源移到工作面的上方来减少 d 的入射角来增加工作面的照度。

5.统一眩光值（UGR）

它是度量处于视觉环境中的照明装置发出的光对人眼引起的不舒适感主观反应的心理参量，其值可按 CIE 统一眩光值公式计算。

6.一般显色指数

八个一组色试样的 CIE1974 特殊显色指数的平均值，通称显色指数。符号为 R_a。

2.1.2　照度标准

照度标准是指作业面或参考平面上的维持平均照度，规定表面上的平均照度不得低于此数值。它是在照明装置必须进行维护的时刻，在规定表面上的平均照度，这是为确保工作时视觉安全和视觉功效所需要的照度。

2.1.2.1　建筑照明设计标准

建筑照明设计照度标准值应按以下系列分级：0.5，1，2，3，5，10，15，20，30，50，75，100，150，200，300，500，750，1000，1500，2000lx，照明标准值是指工作或生活场所参考平面上的平均照度值。

根据各类建筑的不同活动或作业类别将照度标准值规定高、中、低三个值。设计人员应根据建筑等级、功能要求和使用条件，从中选取适当的标准值，一般情况下应取中间值。

照度标准值的规定，主要考虑了五个方面：①视功能特性；②现场的视觉评价与分析；③国内民用建筑照明水平的现状和技术经济水平；④国内民用建筑照度标准值的历史变化和发展趋势；⑤国际民用建筑照度标准。

2.1.2.2　常用建筑空间照明标准

设计者要了解常用建筑空间照明标准，这是今后开展室内照明设计要参

考的标准之一。根据我国《建筑照明设计标准》GB 50034—2013 规定，新建、改建和扩建的居住、公共和工业建筑的一般照度标准值，为照明设计必须依据的标准文件之一。

1. **住宅建筑照明照度标准值**

住宅建筑照明标准值应符合表 1—7 的规定。

住宅建筑照明标准值 表1—7

房间或场所		参考平面及高度	照度标准值（lx）	R_a
起居室	一般活动	0.75m水平面	100	80
	书写、阅读		300*	
卧室	一般活动	0.75m水平面	75	80
	床头、阅读		150*	
餐厅		0.75m餐桌面	150	80
厨房	一般活动	0.75m水平面	100	80
	操作台	台面	150*	
卫生间		0.75m水平面	100	80
电梯前厅		地面	75	60
走道、楼梯间		地面	50	60
车库		地面	30	60

注：*指混合照明照度。

2. **商店建筑照明的照度标准值**

商业建筑照明标准值应符合表 1—8 的规定。

商业建筑照明标准值 表1—8

房间或场所	参考平面及其高度	照度标准值（lx）	UGR	U_0	R_a
一般商店营业厅	0.75m水平面	300	22	0.60	80
一般室内商业街	地面	200	22	0.60	80
高档商店营业厅	0.75m水平面	500	22	0.60	80
高档室内商业街	地面	300	22	0.60	80
一般超市营业厅	0.75m水平面	300	22	0.60	80
高档超市营业厅	0.75m水平面	500	22	0.60	80
仓储式超市	0.75m水平面	300	22	0.60	80
专卖店营业厅	0.75m水平面	300	22	0.60	80
农贸市场	0.75m水平面	200	25	0.40	80
收款台	台面	500*	—	0.60	80

注：*指混合照明照度。

3. 办公楼建筑照明标准值

办公楼建筑照明标准值应符合表1—9的规定。

办公楼建筑照明标准值 表1—9

房间或场所	参考平面及其高度	照度标准值 (lx)	UGR	U_0	R_a
普通办公室	0.75m水平面	300	19	0.60	80
高档办公室	0.75m水平面	500	19	0.60	80
会议室	0.75m水平面	300	19	0.60	80
视频会议室	0.75m水平面	750	19	0.60	80
接待室、前台	0.75m水平面	300	—	0.40	80
服务大厅、营业厅	0.75m水平面	300	22	0.40	80
设计室	实际工作面	500	19	0.60	80
文件整理、复印、发行室	0.75m水平面	300	—	0.40	80
资料、档案存放室	0.75m水平面	200	—	0.40	80

4. 旅馆建筑照明标准值

旅馆建筑照明标准值应符合表1—10的规定。

旅馆建筑照明标准值 表1—10

房间或场所		参考平面及其高度	照度标准值 (lx)	UGR	U_0	R_a
客房	一般活动区	0.75m水平面	75	—	—	80
	床头	0.75m水平面	150	—	—	80
	写字台	台面	300*	—	—	80
	卫生间	0.75m水平面	150	—	—	80
中餐厅		0.75m水平面	200	22	0.60	80
西餐厅		0.75m水平面	150	—	0.60	80
酒吧间、咖啡厅		0.75m水平面	75	—	0.40	80
多功能厅、宴会厅		0.75m水平面	300	22	0.60	80
会议室		0.75m水平面	300	19	0.60	80
大堂		地面	200	—	0.40	80
总服务台		台面	300*	—	—	80
休息厅		地面	200	22	0.40	80
客房层走廊		地面	50	—	0.40	80
厨房		台面	500*	—	0.70	80
游泳池		水面	200	22	0.60	80
健身房		0.75m水平面	200	22	0.60	80
洗衣房		0.75m水平面	200	—	0.40	80

注：*指混合照明照度。

5. 公用场所照明标准值

公用场所照明标准值应符合表1-11的规定。

公用场所照明标准值   表1-11

房间或场所		参考平面及其高度	照度标准值（lx）	UGR	U_0	R_a	备注
门厅	普通	地面	100	—	0.40	60	—
	高档	地面	200	—	0.60	80	—
走廊、流动区域、楼梯间	普通	地面	50	25	0.40	60	—
	高档	地面	100	25	0.60	80	—
自动扶梯		地面	150	—	0.60	60	—
厕所、盥洗室、浴室	普通	地面	75	—	0.40	60	—
	高档	地面	150	—	0.60	80	—
电梯前厅	普通	地面	100	—	0.40	60	—
	高档	地面	150	—	0.60	80	—
休息室		地面	100	22	0.40	80	—
更衣室		地面	150	22	0.40	80	—
储藏室		地面	100	—	0.40	60	—
餐厅		地面	200	22	0.60	80	—
公共车库		地面	50	—	0.60	60	—
公共车库检修间		地面	200	25	0.60	80	可另加局部照明

2.1.3 建筑灯具光色、眩光及配光曲线

2.1.3.1 建筑灯具的光色

建筑灯具的光色有两方面的含义：一是人眼直接观察光源时所看到的颜色，即光源的色表；二是指光源的光照射在物体上所产生的客观效果，即显色性。

1. 光源的色表与色温

由于人们是用与光源的色度相等或相近的完全辐射的温度来描述光源的色表，因此光源的色表又称为色温。

为使读者对色温有感性认识，现将自然光与人工光源的色温列于表1-12中。

2. 照度与色温

色调不同的照明在舒适感方面也有所不同。例如在暖色调的灯光（如白炽灯）下，较低的照度有舒适的感觉；而在冷色调的灯光（如荧光灯）下，要较高照度才有舒适感。

不同照度所产生的冷暖感觉，见表1-13所列。

自然光和人工光源的色温   表1—12

天空光日光	自然光	色温 (K)	人工光源
天空光日光	西北方蓝天空	—28000—	
		—26000—	
		—24000—	
		—22000—	
		—20000—	
		—18000—	
		—16000—	
		—14000—	
		—12000—	
	薄云蓝天空	—10000—	
	蓝天空	—8000—	
	阴天天空	—6000—	←标准光源C（6774K）
		—5500—	⎫日光色荧光灯、高压汞灯、氙灯
	平均中午阳光	—3000—	←标准光源B（4874K）
	下午3：30		
	4：30	—4500—	金属卤化物灯
日出后时间	2h	—4000—	
	1.5h		
	1h	—3500—	溴钨灯
	45min	—3000—	←标准光源A（2856K）⎫白炽灯
	30min		碘钨灯
		—2500—	
	20min		高压钠灯
	日出	—2000—	蜡烛光

人对照度和色温的一般感觉   表1—13

照度/lx	光源的感觉		
	暖的	中间的	冷的
≤500	愉快的	中间的	冷的
500~1000	↑	↑	↑
1000~2000	刺激的	愉快的	中间
2000~3000	↓	↓	↓
≥3000	不自然的	刺激的	愉快的

3. 光源的显色性

现代人工光源的种类相当多，光源的光谱特性各不相同，就是同一个颜色样品在不同光源下也将显现不同的颜色。光源除了要求发光效率之外，还要求它具有良好的颜色。光源照到物体上所显现出来的颜色，称为光源的显色性。

比如，现在的路灯许多都采用荧光高压汞灯，由于它的显色性较差，它的光照在人脸上时，使人脸色显得发青。普通的白炽灯虽色表较差，却因显色性较好，当它照射有色物体时，物体的颜色与白天受日光照射时差不多。如果在低压钠灯下观察物体的颜色，则许多颜色的物品都会变成棕色或偏黑色。

人们长期在太阳光下生活，习惯了以日光的光谱成分和能量分布为基准来分辨颜色。所以在显色性的比较中，用日光或与日光相近的人工光源作标准，其显色性最好，以显色指数为 100 来表示。其他光源的显色指数详见表 1-14 所列。

<table>
<tr><td colspan="2">光源的一般显色指数</td><td>表1-14</td></tr>
<tr><td>光源名称</td><td>一般显色指数</td><td>相关色温（K）</td></tr>
<tr><td>白炽灯（500W）</td><td>95以上</td><td>2900</td></tr>
<tr><td>碘钨灯（500W）</td><td>95以上</td><td>2700</td></tr>
<tr><td>溴钨灯（500W）</td><td>95以上</td><td>3400</td></tr>
<tr><td>荧光灯（日光灯40W）</td><td>70～80</td><td>6600</td></tr>
<tr><td>外镇高压泵灯（400W）</td><td>30～40</td><td>5500</td></tr>
<tr><td>内镇高压泵灯（450W）</td><td>30～40</td><td>4400</td></tr>
<tr><td>镝灯（1000W）</td><td>85～95</td><td>4300</td></tr>
<tr><td>高压钠灯（400W）</td><td>20～25</td><td>1900</td></tr>
</table>

2.1.3.2 建筑灯具的眩光

在人的视野内有亮度的物体或强烈的亮度对比，则可引起不舒适或造成视觉降低的现象称为眩光。眩光可分成失能眩光与不舒适眩光，凡是降低人眼视力的眩光称为失能眩光，凡使人产生不快之感的眩光称为不舒适眩光。眩光是影响照明质量最重要的因素之一。

1. 眩光的产生

引起眩光的生理原因主要有以下几点：①由于高亮度的刺激，使瞳孔缩小；②由于角膜或晶状体等眼内组织产生光散射，在眼内形成光幕；③由于视网膜受高亮度的刺激，使适应状态破坏。

灯具产生眩光的主要因素为：①光源的亮度。亮度越高，眩光越显著；②光源的位置。越接近视线，眩光越显著；③光源外观大小与数量。表现面积越大，光源数目越多，眩光越显著；④周围的环境。环境亮度越暗，眼睛的适应亮度越低，眩光也就越显著。

光源的亮度是产生眩光的主要原因之一，周围暗，眼睛适应越暗，眩光越显著；光源亮度越高，眩光越显著；光源越接近视线，眩光越显著；光源面积越大，距离眼睛越近，眩光越显著。

2. 眩光的控制

控制眩光主要是控制光源在 r 角为 45°～90° 范围内的亮度。图 1-151 为限制灯具亮度所应包括的范围。

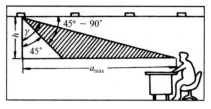

a_{max}—从观察者到灯具最大水平距离；
h—从人眼水平位置到灯具的高度

图 1-151　限制照明器
亮度所应包括的范围

眩光的控制方法：

1）用透光材料减少眩光

用这种方法的目的是使灯具的亮度控制在一定值以下。

对室内均匀布置的各种灯具的亮度限制值，见表 1-15 所列。

各类灯具（裸灯泡）亮度的限制（cd/m²）　　表1-15

C平面	γ角	有特殊要求的高质量照明房间，如手术室、精密装配车间		要求照明质量一般的房间，如办公室、商店等	要求照明质量不高的地方
		使用照度值（lx）			
		≥750	≤500	≤500	≤500
		各种灯具			
C90	85°	1600	2200	3300	9400
	75°	1600	2200	3300	9400
	65°	2300	3800	7200	38000
	55°	3400	6800	16000	—

C平面	γ角	使用灯具为							
		亮侧边	暗侧边	亮侧边	暗侧边	亮侧边	暗侧边	亮侧边	暗侧边
C0	85°	1100	1600	1200	2200	1500	3300	2400	9400
	75°	1100	1600	1200	2200	1500	3300	2400	9400
	65°	1500	2300	1900	3800	2800	7200	7100	38000
	55°	2000	3400	3100	6800	5200	16000	20000	—

注：表中关于"亮侧边"和"暗侧边"的划分标准是：从水平方向看去，发光面投影高度小于3cm或者亮度小于750lx均属"暗侧边"灯具，如嵌入式。

采用这种方法的灯具亮度一般应在 20000cd/m² 以下，或者是亮度虽在 20000cd/m² 以上，但功率比较小。

2）照明器安装处理

在照明器安装处理时，注意使照明器有一定的保护角，并选用适当的安装位置和悬挂高度。

（1）用灯具保护角控制光源　此方法适用于一切亮度的电光源，特别是亮度在 20000cd/m² 以上的大功率光源必须采用灯具遮光保护角控制。见表 1-16 为推荐的最小保护角。保护角 s 的测定应从灯发光部分的最低点测量，多光源灯具则应按最远的灯测量，格片灯具则由遮光格栅尺寸确定，如图 1-152 所示。

灯具保护角推荐值　　　　　　　　　　　　　表1−16

照明空间＼灯具亮度	灯具的亮度／（cd/m²）			
	≤20000	20000～500000		＞500000
视觉工作要求质量较高的房间，如教室、绘图室、打字室等	30°（在C0与C90平面内）	每盏灯的光输出＞3000lm时不宜采用开场时灯具。其他类型灯具要用格栅严密遮光		

		灯的流明数	灯具距离地面安装高度/m			
工厂一般房间照明	15°（仅在C0平面）		＞10	5～10	＜5	任意
		＜30000	20°	30°	30°	40°
		≥30000	20°	30°	40°	

| 短时停留的场所如贮藏室、走道等 | 0° | 20° | | |

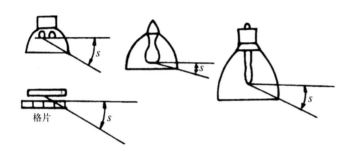

格片

图1−152　灯具保护角的测定

（2）灯具符合限制眩光要求的最低悬挂高度　室内一般照明灯具最低悬挂高度（距地面）见表1−17所列。

室内一般照明器最低悬挂高度（距地面）　　　　表1−17

序号	光源种类	照明器型式	保护角	灯泡功率（W）	最低悬挂高度（m）
1	白炽灯	带搪瓷反射罩或镜面反射罩	10°～30°	100及以下	2.5
				150～200	3.0
				300～500	3.5
				500以上	4.0
		带金属反射罩（保护角30°以上），带封闭式浸透射（乳白玻璃）灯罩	—	100及以下	2.5
				150～200	3.0
				300～500	3.5
				500以上	4.0
		带有敞口或下部透明，在60°～90°区域内为乳白玻璃的灯罩	—	100及以下	2.5
				150～200	3.0
				300～500	3.5
				500以上	4.0
2	荧光高压汞灯	带金属反射罩	10°～30°	250及以下	5.0
				400及以上	6.0
3	卤钨灯	带反射罩	30°以上	500	6.0
				1000～2000	7.0
4	荧光灯	无罩	—	40及以下	2.0

2.1.3.3 建筑灯具配光曲线

灯具的光强度的极坐标分布曲线称为配光曲线。

按照国际照明学会（CIE）配光分类法，灯具的配光可分成五类（是以灯具上半球与下半球发出光通量的百分比来区分）。这五类配光的特征与用途，见表1-18所列。

照明灯具配光分类 表1-18

分类		配光	特征	适用范围
直接照明型（向上0%～10%，向下100%～90%）	狭照灯		（1）光通集中在下半球，可制成窄、中宽各种配光，适于多种场所 （2）光利用率高 （3）易获得局部地区高照度 （4）顶棚较暗	适用于高大房间的一般照明，例如厂房、大厅、体育馆等常用的深照型灯、中照型灯、广照形灯、控照型荧光灯、嵌入式荧光灯以及发光顶棚、格栅顶棚、组合顶棚照明等均属此类
	中照灯			
	广照灯			
半直接照明型（向上10%～40%，向下90%～60%）			（1）向下光仍占优势，也具有直接照明的特点 （2）具有少量向上的光，使上部阴影获得改善	适用于需要创造环境气氛和要求经济性较好的场所，如办公大厅、学校、饭店等处常用的各式玻璃灯、开启式吸顶荧光灯、枝形花吊灯
全漫射式照明（一般扩散照明型向上40%～60%，向下60%～40%）			（1）向上与向下的光大致相等，具有直接照明与间接照明二者的特点 （2）房间反射率高能发挥出好的效果，整个房间明亮	
半间接照明型（向上60%～90%，向下40%～10%）			向下光占小部分，光的利用率较低，顶棚较亮	一般说这些灯应用较少，只能用于创造环境气氛为主，或不注重经济性能的场所，如金属反射型吊灯、暗槽反射式灯等
间接照明型（向上90%～100%，向下10%～0%）	中照		绝大部分或全部光向上射，整个顶棚变成二次发光体	
	广照			

2.2 室内人工照明

室内人工照明可以弥补自然光的不足，光照可以构成空间，并能起到改变空间、美化空间的作用。它直接影响物体的视觉大小、形状、质感和色彩，以致直接影响到环境的艺术效果。

2.2.1 电光源

人类对电光源的研究始于 18 世纪末，在其问世后一百多年中，很快得到了普及。它不仅成为人类日常生活的必需品，而且在工业、农业、交通运输以及国防和科学研究中，都发挥着重要作用。

利用电能做功，产生可见光的光源叫电光源。电光源一般可分为照明光源和辐射光源两大类。照明光源是以照明为目的，辐射出主要为人眼视觉的可见光谱（波长 380～780nm）的电光源，其规格品种繁多。辐射光源是不以照明为目的，能辐射大量紫外光谱和红外光谱的电光源。本文所指的电光源主要是照明光源。

2.2.1.1 电光源的分类

照明光源品种很多，按发光形式分为热辐射光源、气体放电光源和电致发光光源三类。①热辐射光源。电流流经导电物体，使之在高温下辐射光能的光源。包括白炽灯和卤钨灯两种。②气体放电光源。电流流经气体或金属蒸汽，使之产生气体放电而发光的光源。气体放电有弧光放电和辉光放电两种，放电电压有低气压、高气压和超高气压三种。弧光放电光源包括：荧光灯、低压钠灯等低气压气体放电灯，高压汞灯、高压钠灯、金属卤化物灯等高强度气体放电灯，超高压汞灯等超高压气体放电灯，以及碳弧灯、氙灯、某些光谱光源等放电气压跨度较大的气体放电灯。辉光放电光源包括利用负辉区辉光放电的辉光指示光源和利用正柱区辉光放电的霓虹灯，二者均为低气压放电灯，此外还包括某些光谱光源。③电致发光光源。在电场作用下，使固体物质发光的光源。它将电能直接转变为光能。包括场致发光光源和发光二极管两种。按照维持物体发光时外界输入能量的形式来分，光有两种发光形式，第一种形式是物体在发光过程中内部能量不变，只通过加热来维持它的温度，物体发光便可以不断地进行下去，物体的温度越高发出的光就越亮。把这种光源称作热辐射光源。

2.2.1.2 电光源的技术指标

1. 额定电压

指电光源的规定工作电压，目前我国的电光源产品上都标注其型号及常规数据，我国的民用电压国家根据国情定为 220V。

2. 额定电流

在额定电压下流过电光源的电流。

3. 额定功率

电光源在额定工作电压的条件下所消耗的有功功率。

4. 额定光通量

指电光源在额定工作电压条件下发出的光通量。

5. 额定发光效率

指电光源每消耗 1W 功率所发出的光通量。

6. 寿命

光源的寿命指标有三种：全寿命、有效寿命、平均寿命。全寿命是指从光源开始使用到光源完全不能使用的全部时间；有效寿命是指从光源开始使用到光源的发光效率下降到初始值的 70% 为止的使用时间；平均寿命是指每批抽样产品的有效寿命的平均值（一组试验样灯从点燃到有 50% 的灯失效所经历的时间）。

2.2.2 常用电光源

自电能开始用于照明后，逐渐过渡到白炽灯，随着新光源的相继制成，20 世纪 60 年代用高压汞灯代替白炽灯，70 年代开始逐步用高压钠灯替代了高压汞灯和白炽灯，现今又出现了高频无极灯、发光二极管等新的照明光源。

2.2.2.1 热辐射光源

白炽灯发明于 19 世纪 60 年代，至今已经历了几次重大改革，使白炽灯的发光效率从 3lm/W 增加到（20 ~ 30lm/W），它是一种热辐射光源，在现代化照明时代仍被广泛应用。白炽灯的白炽体是钨丝，从真空到充入惰性气体和卤化物经历了多次的改革，使光效，寿命等都有很大提高。

1. 白炽灯

1）白炽灯的构造

白炽灯的构造是由玻壳、灯丝、芯柱、灯头等组成（图 1-153）。

（1）灯丝　是灯的发光体，由熔点高蒸发率低的钨制成，一般大功率灯泡内抽成真空。

（2）支架　支承和固定灯丝。

（3）灯头　安装灯泡，引入电流，是灯泡与外电路连接的部件，它是用黄铜和镀锌的铁皮压制成不同标准的灯头，按它与灯座的结合方式分有螺口式和插口式.灯头与玻壳间用焊泥粘接，灯丝通过引线到灯头外电源形成回路。

（4）玻壳　用白色透明玻璃或不同颜色的玻璃制成各种形状的壳体（有些采用磨砂玻璃）。

2）特点

（1）优点　工艺简单、造价低、安装方便、便于调光、没有附件。显色性好，应急性强，适用范围广，可以和各种灯具组合照明。

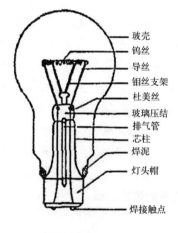

玻壳
钨丝
导丝
钼丝支架
杜美丝
玻璃压结
排气管
芯柱
焊泥
灯头帽

焊接触点　图 1-153　白炽灯结构图

（2）缺点　光效低、平均寿命短。

2. 卤钨灯

卤钨灯是一种新型的热辐射电光源，是卤钨循环白炽灯的简称，它是在白炽灯的基础上改进而成的。

1）卤钨灯的构造

卤钨灯的构造如图1-154所示。

（1）石英玻璃管（泡）壳　是灯的外壳，用石英玻璃或含硅很高的硬玻璃制成，管（泡）内充入微量的卤素和氩气；

（2）支架　支撑和固定灯丝；

（3）灯丝　同白炽灯的原理基本相同，是灯的发光体；

（4）散热罩　由于卤钨灯工作时灯的温度很高，故必须即时散热；

（5）引出线　引入、引出电流。

2）特点

（1）优点　光通量稳定、光色好、寿命长；

（2）缺点　稳定工作时间长，对电压波动很敏感。

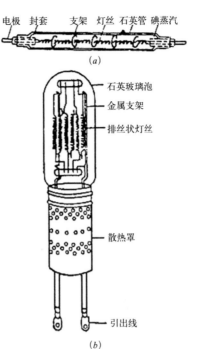

图1-154　卤钨灯外形构造
（a）二端引出；
（b）单端引出

2.2.2.2　气体放电光源

气体放电光源是让电流流经气体（如氩气、氮气、氙气、氖气）或金属蒸汽（如汞蒸汽），使之放电而发光。根据发光时产生辉光或弧光，气体放电又分为辉光放电和弧光放电。根据管内气体或金属蒸汽压力高低，气体放电又分为低气压（30kPa以下，1Pa=1/133.3mmHg）放电、高气压（30kPa～300kPa）放电和超高气压（300kPa以上）放电。普通荧光灯、节能荧光灯、低压钠灯等即属低气压弧光放电；高压钠灯、高压汞灯和金属卤化物灯等即属高气压弧光放电；超高压汞氙灯、超高压氙灯等即属超高气压弧光放电；霓虹灯、冷阴极管、氖气灯等则属于辉光放电。

荧光灯

荧光灯是第二代电光源的代表作。是一种预热式低压气体放电光源，在最佳的辐射条件下将输入率的20%转变为可见光，60%以上转变为254nm的紫外线，紫外线的辐射再激发灯管内壁的荧光粉而发出可见光。

1）荧光灯的构造

荧光灯的构造如（图1-155a、b、c）所示：由荧光灯管、镇流器、启动器配套组成。

（1）灯头　由热阴极和内壁涂有荧光粉的玻璃管组成，热阴极有发射电子物质的钨丝，玻璃管在抽真空后充入气压很低的汞蒸汽和惰性气体氩。在管内壁涂上不同配比的荧光粉，则可制成日光色、冷白光和暖白光等荧光灯管。

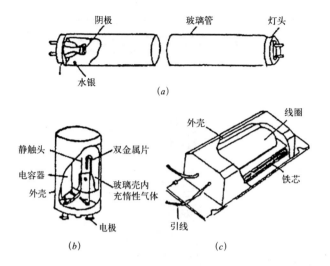

图 1-155 荧光灯
(a) 灯管;
(b) 启动器;
(c) 镇流器

(2) 启动器 主要由膨胀系数不同的∪形双金属动触点和静触点组成,它们装在一个充满惰性气体的玻璃泡内,当电极冷态时是断开时,它在电路中起自动开关的作用。

(3) 镇流器 是一个带铁芯的线圈,为了防止磁饱和,铁芯做成具有一定的空隙,它在电路中可以起到限流作用,而在启动时产生一个高压脉冲,使灯管顺利启动,当线路接通以后,镇流器相当于一个电感元件。

2) 特点

(1) 优点 光色好、光效高、温度低、寿命长。

(2) 缺点 电压波动时对参数有影响,不易在潮湿的条件下工作,不易频繁启动,不适合做应急照明。

3) 紧凑型荧光灯

又称电子节能灯,20 世纪 70 年代诞生于荷兰的飞利浦公司。节能灯灯管外形不同,主要为∪形管、螺旋管、直管型,还有莲花形、梅花形、佛手形等异形 (图 1-156)。理论上,越细的灯管效率越高,也就是说相同瓦数发光越多。但是,越细的灯管启动越困难,所以发展到了 T5 灯管的时候,必须采用电子镇流器来启动。

近年来国内外又研制出许多新兴节能型光源,如采用了红绿蓝三基色荧光粉、发光效果很好,光线自然、柔和、稳定,且比一般照明灯节能 80%,寿命比一般照明灯增加 6～7 倍,另外采用了高效电子镇流器,启动速度快,灯管更换简单方便。

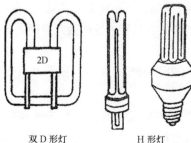

图 1-156 几种紧凑型
荧光灯

双 D 形灯　　　　H 形灯

2.2.2.3 电致发光光源

电致发光光源包括场致发光光源和发光二极管两种。场致发光光源是一种低照度的面光源，最大发光效率达 10 ~ 14lm/W，寿命在 1 万小时以上。它主要用作特殊环境的指示和照明，如影剧场、医院病房夜间照明，以及飞机、车辆等的仪表照明；还可以作为数字、图像、符号、文字的显示以及大屏幕电视，或者用于图像增强、存贮或转换等。

发光二极管是两电极之间的固体发光材料在电场激发下发光的电光源。LED（Lighting Emitting Diode）照明即属于发光二极管场致放电。LED 是一种半导体固体发光器件，它是利用固体半导体芯片作为发光材料，在半导体中通过载流子发生复合放出过剩的能量而引起光子发射，直接发出红、黄、蓝、绿、青、橙、紫、白色的光。LED 照明产品就是利用 LED 作为光源制造出来的照明器具。

1. LED 的构造

最简单的 LED 具有如图 1-157a 所示的 5mm LED 结构；如图 1-157b 所示则是采用改良的散热方法的构造形式，可以用大电流得到 1 ~ 5W 的操作。

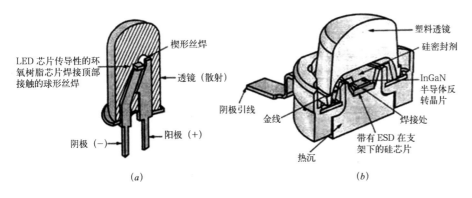

图 1-157 LED 结构构
造示意
(a) 5mm LED 的结构；
(b) Luxcon 高功率 LED
的结构

2. LED 特点

LED 被称为第四代照明光源或绿色光源，具有节能、环保、寿命长、体积小等特点（表 1-19），可以广泛应用于各种指示、显示、装饰、背光源、普通照明和城市夜景等领域。但是由于投入在技术和推广上的成本居高不下，使得 LED 照明产品一直迟迟未能在大众消费市场这个层面上普及。

白炽灯、日光灯、LED 照明三种照明光源比较　　　　　表1-19

指标	白炽灯	荧光灯	LED
能量转换效率	5%	25%	60%
极限的发光效率（lm/W）	15~20	100	200
寿命（小时）	1000	10000	80000~100000
特点	显色性最好、发光效率低、寿命短、电压高不安全、易碎不牢固	发光效率高、显色性差、易碎不牢固、频闪对人体有害、含汞污染环境	高效节能、寿命长、低电压安全性高、牢固、耐震动冲击、体积小、重量轻、响应时间短、色彩丰富可调、环保无污染

3. 技术数据

自 20 世纪 60 年代世界第一个半导体发光二极管诞生以来，LED 照明因具有寿命长、节能、色彩丰富、安全、环保等特性，被誉为人类照明的第三次革命（表 1—20）。

美国LED照明技术发展目标 表1—20

LED	2002	2007	2012	2020	白炽灯	荧光灯
发光效率（lm/W）	25	75	150	200	16	85
寿命（小时）	20000	20000	100000	100000	1000	10000
光通量（lm/只）	25	200	1000	1500	1200	3400
输入功率（W/只）	1	2.7	637	7.5	75	40
流明成本（美元/klm）	200	20	5	2	0.4	1.5
购买成本（美元/只）	5	4	5	3	0.5	5
显色指数（CRI）	70	80	80	80	95	75
渗透的照明市场	低照度	白炽灯	荧光灯	所有	—	—

2.3 室内照明艺术设计

高质量的照明效果是获得良好、舒适光环境的根本，而照明环境中的照度、亮度、眩光、阴影、显色性等因素则是左右高质量照明效果的关键。因此，只有正确处理好以上各要素，才能获得理想的光环境。

2.3.1 室内照明的布局形式

照明布局形式分为三种，即基础照明（环境照明）、重点照明和装饰照明。在办公场所一般采用基础照明，而家居和一些服饰店等场所则会采用一些三者相结合的照明方式。具体照明方式视场景而定。

2.3.1.1 基础照明

是指大空间内全面的、基本的照明，重点在于能与重点照明的亮度有适当的比例，给室内形成一种格调，基础照明是最基本的照明方式。除注意水平面的照度外，更多应用的是垂直面的亮度。一般选用比较均匀的、全面性的照明灯具。

2.3.1.2 重点照明

是指对主要场所和对象进行的重点投光。如商店商品陈设架或橱窗的照明，目在在于增强顾客对商品的吸引和注意力，其亮度是根据商品种类、形状、大小以及展览方式等确定的。一般使用强光来加强商品表面的光泽，强调商品形象。其亮度是基本照明的 3 ~ 5 倍。为了加强商品的立体感和质感，常使用方向性强的灯和利用色光以强调特定的部分。

2.3.1.3 装饰照明

为了对室内进行装饰，增加空间层次，营造环境气氛，常用装饰照明，一般使用装饰吊灯、壁灯、挂灯等图案形式统一的系列灯具。装饰照明只能是以装饰为目的独立照明，不兼作基本照明或重点照明，否则会削弱精心制作的灯具形象。

2.3.2 室内照明方式的选择

现代建筑装饰，不仅注重室内空间的构成要素，更加重视照明对室内外环境所产生的美学效果以及由此而产生的心理效应。因此，灯光照明不仅仅是延续自然光，而是在建筑装饰中充分利用明与暗的搭配，光与影的组合创造一种舒适、优美的光照环境。所以，人们对室内装修的灯饰的选择与设计越来越重视。

目前，室内常用的照明方式，根据灯具光通量的空间分布状况及灯具的安装方式，可分为五种：

2.3.2.1 直接照明

光线通过灯具射出，其中90%～100%的光通量到达假定的工作面上，这种照明方式为直接照明（图1—158）。这种照明方式具有强烈的明暗对比，并能造成有趣生动的光影效果，可突出工作面在整个环境中的主导地位，但是由于亮度较高，应防止眩光的产生。如工厂、普通办公室等。

2.3.2.2 半直接照明

半直接照明方式是半透明材料制成的灯罩罩住光源上部，60%～90%以上的光线使之集中射向工作面，10%～40%被罩光线又经半透明灯罩扩散而向上漫射，其光线比较柔和。这种灯具常用于较低的房间的一般照明（图1—159）。由于漫射光线能照亮平顶，使房间顶部高度增加，因而能产生较高的空间感。

2.3.2.3 间接照明

间接照明方式是将光源遮蔽而产生的间接光的照明方式，其中90%～100%的光通量通过顶棚或墙面反射作用于工作面，10%以下的光线则直接照射工作面（图1—160）。

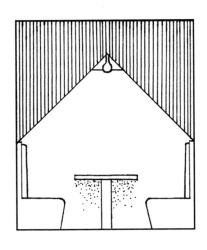

图1—158　直接照明
（左）
图1—159　半直接照明
（右）

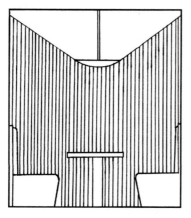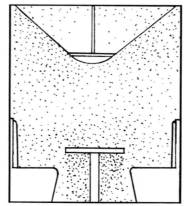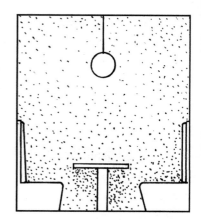

通常有两种处理方法，一是将不透明的灯罩装在灯泡的下部，光线射向平顶或其他物体上反射成间接光线；一种是把灯泡设在灯槽内，光线从平顶反射到室内成间接光线。这种照明方式单独使用时，需注意不透明灯罩下部的浓重阴影。通常和其他照明方式配合使用，才能取得特殊的艺术效果。

2.3.2.4 半间接照明

半间接照明方式恰和半直接照明相反，把半透明的灯罩装在光源下部，60%以上的光线射向平顶，形成间接光源，10%～40%部分光线经灯罩向下扩散（图1-161）。这种方式能产生比较特殊的照明效果，使较低矮的房间有增高的感觉。

适用于住宅中的小空间部分，如门厅、过道、服饰店等，通常在学习的环境中采用这种照明方式，最为适宜。

2.3.2.5 漫射照明

漫射照明方式是利用灯具的折射功能来控制眩光，将光线向四周扩散漫散（图1-162）。这种照明大体上有两种形式：

一种是光线从灯罩上口射出经平顶反射，两侧从半透明灯罩扩散，下部从格栅扩散。另一种是用半透明灯罩把光线全部封闭而产生漫射。这类照明光线性能柔和、视觉舒适，适于卧室。

2.3.3 室内照明设计

无论是白天还是夜晚，光的作用始终影响到每一个人，去创造所需要的光的环境，通过照明充分发挥其艺术作用，所以说室内照明设计就是要用人工照明的艺术魅力来点亮环境、温馨空间、丰富生活。

2.3.3.1 室内照明设计的基本原则

1. 安全性

灯具安装应以安全防护为第一原则。灯光照明设计应该是绝对的安全、可靠，必须采取严格的防触电、防短路等安全措施，绝对要符合用电安全标准，并严格按照规范进行施工。

图1-160 间接照明（左）

图1-161 半间接照明（中）

图1-162 漫射照明（右）

2. 功能性

室内照明应保证规定的照度水平，根据不同的空间、不同的对象选择不同的照明方式和灯具，并保证适当的照度和亮度，使得室内的活动能够正常开展。

3. 经济性

灯光照明设计要尽量采用先进技术，充分发挥照明设施的实际效果，尽可能以较少的投入获得较大的照明效果，使室内空间最大限度地体现实用价值和艺术价值，并达到使用功能和审美功能的统一。

4. 艺术性

灯光照明设计不但要体现功能性，还要体现灯具、灯具组合以及灯光效果的艺术性原则。灯具不仅起到保证照明的作用，而且通过其造型、材料、色彩等元素，成为点缀室内空间中不可缺少的装饰品；通过对灯光的明暗、隐现、强弱等进行有节奏的控制，同时采用透射、反射、折射等多种照明设计手段，可以取得改善空间感，增强室内空间的艺术效果。

2.3.3.2 室内照明灯具的选择

在建筑室内空间中，照明设计主要结合灯具开展设计工作，灯具不仅仅局限于照明，还为使用者提供舒适的陈设艺术；另外，照明设计也可以利用不同的界面组合，设计出不同的隐蔽光源及灯光效果，起到美化环境的作用。下面根据安装方式的不同，介绍一下常用的成品灯具，以及有设计效果的灯具组合效果。

1. 嵌入式灯具

嵌入式灯具主要是指嵌入在吊棚中以及隐蔽空间中的灯具，嵌入式灯具主要分开启型和封闭型两大类。其种类主要有圆格栅灯、方格栅灯、平方灯、螺丝罩灯、嵌入式格栅荧光灯、嵌入式保护荧光灯、嵌入式环形荧光灯、方形玻璃片嵌顶灯、浅圆嵌式平顶灯。

常使用的灯具有筒灯、牛眼灯、斗胆灯等（图 1-163a、b、c），具有较好的局部照明作用，适合多个灯具配合使用，灯具照明有聚光型和散光型两种。牛眼灯、斗胆灯属于聚光型，筒灯多数属于散光型。

因其具有良好的消除眩光的作用，与吊顶结合具有美观的装饰效果，在装修有吊顶的房间内运用比较广泛。

图 1-163 嵌入式灯具
(a) 筒灯；
(b) 牛眼灯；
(c) 斗胆灯

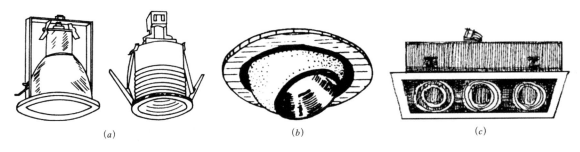

(a)　　　　　　　(b)　　　　　　　(c)

2. 壁式灯具

安装在墙壁、壁柱上，主要用于局部的照明、装饰照明和不适于在顶棚上安装灯具。壁式灯具主要有筒式壁灯、夜间壁灯、镜前壁灯、亭式壁灯、组合式壁灯、投光壁灯、门厅壁灯、安全指示式壁灯等。

壁式灯具一般用作补充室内基础照明，具有很强的装饰性，使平淡的墙面具有立体感（图 1-164a、b）。壁灯的光线比较柔和，在房间面积较大的客厅，可以在壁柱上装壁灯；在洗脸间、衣帽间或浴室内可以在整容镜上装壁灯，灯具可以横装或竖装；在楼梯间墙壁上可以装单火或双火的装饰性壁灯；在大门厅或门柱上可以装亭式壁灯、门壁灯，用以指路照明。

(a)   (b)

图 1-164 壁式灯具
(a) 宫式壁灯；
(b) 玉花壁灯

3. 吸顶式灯具

直接安装在天花板上的一种固定式灯具，通常作为室内基础照明（图 1-165a、b、c）。吸顶式灯具运用比较广泛，它的眩光抑制不如嵌入式灯具好，但整个房间和顶棚表面比较明亮。

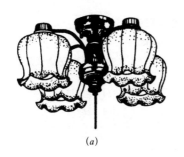 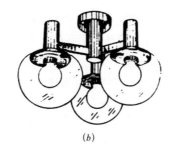 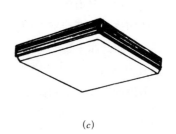

(a)   (b)   (c)

图 1-165 吸顶式灯具
(a) 四火吸顶灯；
(b) 三火吸顶灯；
(c) 方形吸顶灯

吸顶灯种类繁多，封闭式灯罩常用乳白色玻璃、喷砂玻璃、彩色玻璃、亚克力、金属等不同材料制成。灯罩的形状通常为长方形、球形、圆柱体等几何形状，吸顶灯高度通常在 80 ～ 150cm。

封闭式带罩吸顶灯适用于照度要求不很高的场所，它光线不刺眼，外形美观，但发光效率低；吸顶裸灯泡，它适用于普通的场所，如厕所、洗脸间、仓库等。吸顶灯主要在用做一般空间中独立使用，配合使用较少。

4. 悬吊式灯具

吊灯是悬挂在室内屋顶上的照明灯具，在一般空间中常独立悬挂在室内空间的中央位置上，形成空间的中心，作为重点照明使用（图1-166*a*、*b*、*c*）。而且吊灯灯具较大，所以设计师常和灯井结合完成吊顶的设计工作。

悬吊式灯具主要有圆球直杆灯、明月罩吊链灯、碗形罩吊灯、束腰罩吊灯、纱罩吊灯、伞形吊灯、灯笼吊灯、组合水晶吊灯、三环吊灯、玉兰罩吊灯、花篮罩花吊灯、梭晶吊灯等。

带有反光罩的吊灯，配光曲线比较好，照度集中，适应于顶棚高的场所，反光罩常用金属、玻璃和亚克力材料制成。

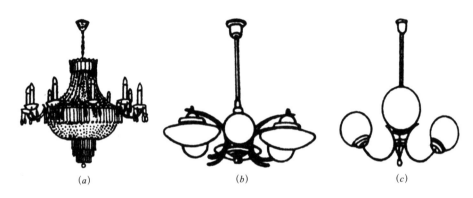

(*a*)　　　　　　(*b*)　　　　　　(*c*)

图1-166　悬吊式灯具
(*a*) 蜡烛球形吊灯；
(*b*) 六火尖扁圆球吊灯；
(*c*) 三火圆球吊灯

5. 移动式灯具

室内移动式灯具是指可以活动摆放的各种局部重点照明灯具。在室内空间里，不但要有基础照明、装饰照明，而且根据不同使用功能的需要，还要有局部重点照明。比如：在室内某处看书，某一处雕塑需要特写照明等。常见的室内移动式灯具主要有：台灯、落地灯、轨道射灯等照明灯具（图1-167*a*、*b*）。

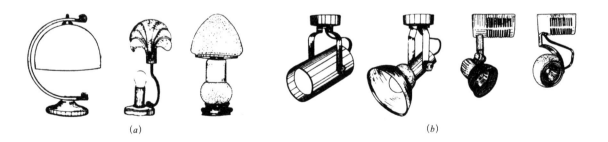

(*a*)　　　　　　　　　　　(*b*)

2.3.3.3　照明设计的步骤

在开展室内装饰设计的同时，还要完成室内照明的设计工作，对于较大型的工程项目，室内照明设计要求标准很高，所以依据照明设计的步骤开展工作就显得非常重要。

图1-167　移动式灯具
(*a*) 各式台灯；
(*b*) 各式轨道射灯

1. 确定设计照度

针对各种功能照明场所的视觉工作要求以及室内环境情况确定设计照度，使得在该室内进行的各项工作和活动能够舒适自如地进行，并且能够持久而无不舒适感。

现代环境设计中，照明对环境气氛的营造是设计师重要考虑的方面之一。在现在照明软件技术的支持下，设计师能够较理性的对照明进行分析以达到其环境设计的效果，给我们对环境照明设计提供了重要的参考依据。

1）照明软件的应用

照明设计是要进行量化计算，不仅仅是利用 3DSMAX、Lightscape、Photoshop 等效果图制作软件进行一些概念性的模拟。照明软件的应用不是在图面上美化效果，而是真正依靠灯具、光源的特性在不同材质场所中所模拟出来。

目前，国外已经有很多成熟的专业照明计算软件，例如 AGI32、DIALux、LightStar、Lumenmicro、Autolux、Inspire 等。这些专业软件具有明显的优点：计算结果准确、可以引入各个厂家的数据。但是，有些软件也存在一些缺点：界面不大友善，有的灯具数据引入比较复杂、输出结果不够直观等。

2）专业照明计算软件的特点

（1）专业性强　专业照明计算软件通常提供整体照明系统数据，减少设计师及工程师分析照明数据的问题。可精确计算出所需的照度，并提供完整的书面报表及 3D 模拟图。善用软件的分析数据与模拟功能，可大幅提升照明设计者的工作效率与准确度。

（2）应用广泛　专业照明计算软件应用范围广，主要为建筑师、灯光设计师、室内设计师、照明经销商、景观工程师等提供照明计算。

（3）输出直观　专业照明计算软件不仅仅提供枯燥的数据结果，还能够提供照明模拟图片。全部效果都是由灯具的光度数据计算得出。这样的光环境的模拟才能真正使设计师对设计作品的直接认识更为清晰，更好把握最终效果。

2. 选择电光源和灯具

根据室内装饰的色彩对配光和光色的要求选择电光源和灯具。如果室内装饰色调以红、黄等暖色调为主，则应选择色温较低的光源（如白炽灯），配合一定形式的花灯，产生迷离的散射光线，增加温暖华丽的气氛。在确定光色和照射强度时，还应能够正确显示织物材料表面、壁画、挂画、室内色彩和地毯图案等，这里除了要注意电光源的显色性，必要时设置一些射灯，对一些点景物件进行提醒照明。

3. 选择照明方式和布置灯具的方案

选择照明方式和布置灯具的方案可使室内照明场所形成理想的光照环境。光的照射要利于表现室内结构的轮廓、空间、层次以及室内家具的主体形象。首先确定一种作为普通照明的方案，取得一定的照度，能够满足一定的活动要求；然后针对局部不同的功能要求，选择各种照度和光色以及灯具形式的局部照明。

4. 总体布灯方案

按照最后确定的总体布灯方案，验算室内的照度值，必要时也可在安装完毕后，进行实地测量。这一步容易被忽视。要想达到良好的照明设计效果，这样的步骤是不可以省略的。

5. 确定照明控制方案和配电系统

在照明控制方案和配电系统的设计中考虑设置各种电气插座，并留有一定的富裕度。对于插座的设置，近年来随着各种家用电器层出不穷，对电的需求已经深入到人们生活的每一个环节。有关规定指出在室内的任何地方距墙壁插座的距离不超过 1.5m，这是根据家用电器的附带电源线一般为 1.5m 左右长而定的。

6. 计算各支线和支干线的计算电流

选定导线型号和截面，穿线保护管的材质和管径。必要时进行电压损失校核。千万不能有照明电路的电流不大，对其配线也不够重视的思想。同时完成选择开关、保护电器和计量装置的规格和型号的工作。

7. 绘制照明施工图

完成照明施工图的绘制工作，如果在施工中有所变更，应及时通过现场内业员落实在图上，以便最后装修完毕绘制电气竣工图，便于以后使用功能再次改变时参考。

2.3.3.4 空间照明设计方案举例

1. 星级酒店客房

1）星级酒店照明设计考虑因素

（1）时间性，耐用性　一般星级酒店，大约五年做一次小型的翻新维修，约十年作一次大型的翻新维修。所以灯具的寿命最少要有十年或以上才可满足星级酒店的要求。

因为一般的小型维修是不会更换灯具的，所牵涉人力资源的范围太大了。这意味着在灯具选型上，灯具的最受热及受压的地方，包括反光杯罩，散热组件，固定（定位）组件的质量是非常重要的。

（2）灵活性　一般星级酒店采用的光源，寿命大约在 2000 ~ 4000 小时。因此这 10 年间灯具将要求更换不少次数的光源。星级酒店灯具数量均过万计，故更换光源是牵涉很庞大的人力资源，故灯具的灵活性是另一个考虑重点。而最理想的灯具选型是在不需要牵动灯具的固定（定位）组件，就能将光源装卸。这除了能节省更换时间外，亦对室内装饰作出很正面的保护。

（3）细节造型　细节设计如天花筒灯，它的托杯（trim）的喷涂质素，反光杯的光滑程度，筒灯与顶棚面是否漏光等的细节。

（4）投光指数　星级酒店要给予顾客一个舒适，高档、独具风格的环境，故照明灯光设计应尽量在灯具选型中考虑投光指数，包括：灯具的保护角、眩光影响、光源如何收藏、配件的可扩充程度等。

2）客房功能与照明需求

宾馆房间内在设计中要考虑多样的活动，包括阅读、写作、会客、看电视、睡觉、淋浴或洗澡，甚至吃饭。因其多种不同的使用功能，要求照明设计必须灵活，并与装修完美结合。这里应该有适于所有情况的灯具配合，并有可能根据不同活动的需要，设计与选用不同亮度、强度的照明灯具完成照明要求。

3）照明方案

宾馆卧室的基础照明可采用吸顶灯和壁灯，或带有纱罩的床头灯来照明。对于双人间以上的客房可不考虑吸顶灯，这样可以减少不同旅客休息时间不一致可能带来的灯光干扰问题（图1-168）。

图1-168 双人间客房
可不考虑吸顶灯设计

提供写字台的房间内，应该提供合适的桌面照明。对一般的阅读照明可用可移动的台灯。很多客房将写字台与化妆台功能设置到一起，这样选择光源时要注意灯光的显色性。

对于会客或喜欢在休闲椅上看报的客人要考虑设置落地灯。床头照明要考虑基础照明和重点照明两种方案。基础照明是个人床位区域的照明，满足在小区域活动的要求，可考虑设置床头（摇臂）灯；重点照明主要满足床上阅读的需要，可设置单独的阅读。当然也可以将二者结合一起设置一组灯具。

要在30cm以下的位置上考虑设置夜行灯，用来为经常起夜的客人服务。浴室内的基础照明通常与镜前照明相结合。但也要单独设置吸顶灯，为不同需求的客人服务。在选择电光源时要注意提供具有良好显色性的光源，尤其是在浴室内，以及化妆台前更是如此。

2. 餐饮空间

1）餐饮空间照明设计考虑因素

餐饮空间的照明设计中需要突出一个词：气氛。餐饮照明对于气氛情境的营造非常关键。无论是雅致大气的中餐馆还是浪漫高端的西餐厅，或者是种种风格迥异的酒吧，大多数餐厅都有自己的主题，而照明设计就需要配合这些主题，为整个空间营造出良好的氛围。

餐饮空间通常有三种：私密的餐饮空间、休闲餐饮空间和快速消费空间。私密的餐饮空间包括西餐馆、酒吧、高档会所等，人们聚集此地更多的是体验和娱乐，这些空间柔和低调，整体的照度水平低，偶有特色的装饰作为视觉中心照亮，需要非常精细的照度水平和照度分布的控制。

休闲餐饮空间包含了大部分的酒店与饭店，在这里品尝食物是最重要的。在这类空间中灯光的分布较为均匀，不唐突。照度一般会控制在100～200lx。

2）餐饮空间功能与照明需求

在餐饮环境中的照明设计，要创造出一种良好的气氛，光源和灯具的选择性很广，但要与室内环境风格协调统一。

餐饮空间在满足基本照明的同时，更要注意进餐的情调，烘托暖和、浪漫的就餐氛围。因此，应当尽量选择暖色调，能够调理亮度的灯光，尽量避免选择如日光灯一样的冷光源。为使饭菜和饮料的颜色真实，所以选用光源的显色性要好。厨房实际上是一种食品工作室，因此它需要没有阴影的照明。

3）照明方案

在餐厅中，基础照明可以保持较低的水平，考虑100～200lx范围，在餐桌周围可以用筒灯灯具来增加桌面上的局部亮度。

餐桌桌面是照明的重点，适合重点照明（图1-169）。首先是美味佳肴需要有适合的灯光照明，可选用吊灯类的灯具直接投射在餐桌桌面上，距离餐桌100～130cm（根据层高不同），或者用支架灯制造浪漫的烛光效果。餐桌上照明要在300～750lx之间，注意要选用暖色温（2700K）的荧光灯，保证菜品的色泽，有条件的可以采用电子镇流器和调光控制系统。

其他重点照明通常设置在有特色或公共的区域，如收银台、前台和公共服务等区域。再如有特色的绘画作品，也需要获得良好的照明效果。

厨房照明应保证所有的表面明亮，还应提高垂直面的亮度以方便在碗碟橱中找东西。还需要额外的局部照明来消除由碗碟橱或站在厨房工作面旁的人所造成的阴影，厨房照明可选用荧光灯。

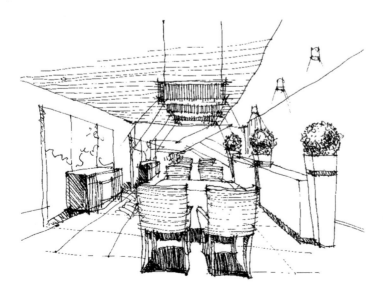

图1-169 餐桌桌面是
照明的重点

3 项目单元

3.1 室内照明设计方案练习一

根据室内照明方式，在灯具市场上寻找一个单头半直接照明灯具、多头半间接照明灯具，并说明该灯具的品牌、照片以及技术指标。

3.2 室内照明设计方案练习二

试做家居餐厅照明方案设计，并用简单草图完成设计意图，选择好灯具品牌及电光源种类。餐厅照明的重点是使餐桌上的饭菜看起来颜色饱满真实，让就餐者的面部柔和自然。注意灯光要满足光源显色性 85 以上、暖色光、控制眩光、灯具高度等技术指标。灯具不能遮挡住对方视线，光线打在人脸的效果较好。

【思考题】

1. LED 光源特点是什么？目前技术数据是多少？近期发展指标是什么？
2. 简述间接照明方式，思考如何在顶棚设计中利用装饰材料完成一种间接照明方式设计。

【习题】

1. 室内照明的布局形式有哪三种方式？
2. 室内照明方式的选择有哪五种方式？
3. 室内照明设计的基本原则是什么？

1　学习目标

了解绿化植物的布置方式，小型景观植物的配置，建筑与环境艺术小品，熟悉室内常用植物的选择。可以通过室内陈设艺术布置方法开展简单的室内软装设计。

2　相关知识

现在室内装饰有硬装修和软装饰说法，硬装修部分为室内装潢中固定的、不能移动的装饰物。软装饰是指可以移动的室内装饰物，如窗帘、壁挂、花艺以及家具等多种摆设、陈设品之类都可以称之为软装饰。人们把硬装修和软装修设计硬性分开，很大程度上是因为两者在施工上有前后之分，但在应用上，两者都是为了丰富概念化的空间，使空间异化，以满足家居的需求，展示人的个性。目前软装饰在家装中的比例并不高，平均只占到5%，但未来的10年之中它将占到20%甚至更多。

在国外，软装设计师又称配饰师，其设计地位与室内设计师是等同的，目前在国内配饰师还是新兴的行业，在上海、北京、深圳开始注重这方面的设计，国内的配饰师主要辅助室内设计师完成室内装饰设计工作。本次学习知识点主要与建筑室内环境艺术密切相关，主要有：绿化植物的布置方式、室内常用植物的分类、植物的配置、亭、榭、桥、雕塑、山石、水体景观、织物、工艺品、书法与绘画艺术、盆景与插花、日用品、古玩等。

2.1　室内构景要素设计

建筑装饰设计不但是空间和界面的设计，没有室内其他构景要素的配合，也是一个不完整的室内作品。室内构景要素包括了植物、建筑与环境艺术小品、水体景观等内容，这些室外园林构景的设计元素，也是室内装饰设计需要掌握、运用的设计内容。

2.1.1　植物造景

植物造景主要是指设计者借鉴自然界的植被特点、植物群落、植物个体所表现的形象特点，在室内装饰设计中开展的植物景观设计。

2.1.1.1 绿化植物的布置方式

绿化植物的布置方式是将植物自然美的规律，用人工设计的方法再现出来，通过对自然的观察和理解结合现代设计手法，将植物的布置方式划分成了点式布置、线形布置、面式布置、立体式布置四种。

1. 点式布置

植物的点式布置是指单体或组成单元集中布置植物的方式。点在绿化中起画龙点睛的作用。点的合理运用可以使空间变化更加丰富，其运用手法有：自由、陈列、旋转、放射、节奏、特异等，不同点的排列会产生不同的视觉效果。在室内空间里不同的植物的点式布置可以调节空间的中心，界限不同空间的性质，点缀室内平面形态构成等作用。在植物的选择上，要注意其形态、色彩、质地、植株大小，使其与空间构图、周围环境相协调，使点式绿化布置清晰而突出（图1-170）。

2. 线形布置

线形布置是指用植物栽种的形态呈线状布置方式。线有很强的方向性，直线可将空间的方向性更加明确，而曲线则有自由流动、柔美之感。线是绿化图案化、工艺化的基础，绿化中的线不仅具有装饰美，而且还充溢着一股生命活力的流动美。线可以是直线，亦可以是曲线。在景观设计中绿篱是典型的线形绿化，为室内空间的分隔与限定起到了实用和装饰作用。在室内设计中，线式布置的主要作用为组织室内空间，并且对空间有提示和指向作用（图1-171）。

图1-170 植物点式布置（左）

图1-171 植物线形布置（右）

3. 面式布置

面式布置指植物在室内空间成片，形成面的布置方式。在景观设计中主要指成片的绿化用地，如绿地草坪和各种形式的绿墙，面式布置作为绿化中最主要的表现手法，可以成为人们的视觉中心。面可以组成各种各样的形，如：多边形状、不同几何形状；构成图案可以平铺、层叠或相交，有着非常丰富的表现力，在室内设计中常用在内厅以及大面积空间的设计中（图1-172）。

4. 立体式布置

立体式布置指将绿化植物在空间的三个方向上进行布置，成为具有立体形状的绿色形体。它可以成为室内景园，这种布置形式配合山石、水景等，可创造出一种大自然的形态，多用于宾馆和大型公共建筑的共享空间（图1-173）。

图1-172 植物面式布置（左）

图1-173 植物立体式布置（右）

2.1.1.2 植物的选择

随着人们生活水平的提高，人们对家庭室内的布置、品味、格调的要求也越来越高。如在家里摆上几盆绿色观叶植物，会使居室充满生机。

1. 植物的分类

植物的审美主要取决于植物的形式美、形状、色彩、姿态等。可以从观赏独特性的角度将植物分为以下几种：

1）自然性美的室内观叶植物

这类植物具有自然野趣的风韵，在非常讲究而豪华的环境中反而能映现出自然的美。如春羽、海芋、花叶艳山姜、棕竹、蕨类、巴西铁、荷兰铁、龙血树（图1-174）等。

2）色彩美的室内观叶植物

这类植物可创造直接的感官认识。因为色彩是人最敏感的因素之一，它可以影射人的情绪的变化，使人宁静，或使人振奋。大量的彩斑观叶植物和观花植物色彩丰富，均属于此类型。如金边虎尾兰、花叶万年青、金边瑞香、天竺葵、斑纹竹芋（图1-175）等。

3）图案性美的室内观叶植物

此类植物的叶片能呈某种整齐规则的排列形式，从而显出图案性的美。如伞树、美丽针葵、鸭脚木、观棠凤梨、龟背竹、马拉巴粟、棕竹（图1-176）等。

4）形状美的室内观叶植物

该类植物具有某种优美的形态或奇特的形状，表现为一种美的属性而得到人们的青睐。如琴叶喜林芋、散尾葵、麒麟尾、变叶木、丛生钱尾葵、龟背竹（图1-177）等。

图1-174 具有自然性
美的龙血树（左）
图1-175 具有色彩美
的斑纹竹芋（中）
图1-176 具有图案性
美的棕竹（右）

图1-177 具有形状美
的龟背竹（左）
图1-178 具有垂性美
的吊兰（中）
图1-179 具有攀附性
美的大叶蔓绿绒（右）

5）垂性美的室内观叶植物

这类植物以其茎叶垂悬，自然潇洒，而显出优美姿态和线条变化的美。如吊竹梅、白粉藤、文竹、常春藤、吊兰（图1-178）等。

6）攀附性美的室内观叶植物

此类植物能依靠其气生根或卷须和吸盘等，缠绕吸附装饰物上，与被吸附物巧妙地结合，形成形态各异的整体。如心叶喜林芋、鹿角蕨、黄金葛、大叶蔓绿绒（图1-179）等。

上述具有各种形式美的室内观叶植物只有与室内装饰和整个建筑环境在形式上协调，才能发挥良好的装饰效果。

2. 家居植物的选择

家居是人们最为重要的休息空间，居室的绿化装饰越来越引起人们的重视。由于室内环境的功能不同，绿化装饰时要选用的植物以及装饰方法和方式也不同。

1）门厅

门厅是家居的第一空间。门厅的装饰要给人以先入为主感觉，植物选择要根据空间小的特点及主人的喜好选定。一般选择体态规整或攀附为柱状的植物，如巴西铁、一叶兰、黄金葛等；也常选用吊兰、蕨类植物等，采用吊挂的形式，这样既可节省空间，又能活泼空间气氛。

2）客厅

客厅是家居中最大的一个空间，是家庭活动、休息、会客的地方。所以它具有多种功能，是整个居室绿化装饰的重点。在选择观叶植物时，要体量高大、扩张型生长的，比如散尾葵、巴西铁、发财树、棕竹等。它们宜放在沙发边、墙角、窗口、门旁、电视柜前等处。酒柜上宜摆蔓性生长的植物如常青藤、垂盆草等，必要时还可在几案上配上鲜花或应时花卉。这样组合既突出客厅布局主题，又可使室内四季常青，充满生机。

3）书房

书房是读书、学习的地方。植物装饰应该营造安宁、优雅的环境，使人入室后就感到宁静、安谧。所以书房的植物布置不宜过于醒目，要选择色彩不眩目、姿态较适中的植物，例如文竹、兰花、小型盆栽观赏竹等，这些植物形态优美、叶姿态飘逸舒展，而且都有一定的寓意。

4）卧室

卧室空间一般家具较多，植物不宜多摆，要选择直立型生长的，且体量相对较小的植物，在电视柜或墙角边宜放绿宝石、青苹果、黄金葛、荷兰铁等。配套的盆景也不宜色彩鲜艳、造型奇特。可在案头、几架上摆放文竹、龟背竹、蕨类等。此外，也可根据居住者的年龄、性格等选配植物，但植物不宜过多过杂。

5）餐厅

餐厅是家人或宾客用餐的地方，植物选择可以考虑色彩明快的室内观叶植物。同时充分考虑节约面积这个因素。可在花架上摆放龟背竹、孔雀竹芋、文竹、凤梨等，也可在墙角摆设观叶植物如黄金葛、马拉巴粟、荷兰铁等。起到振奋精神，增加食欲的目的。

2.1.1.3　植物的配置

建筑装饰设计还要掌握小型景观设计及其植物配置方法，完成小型庭院、广场、中庭等室内外空间的设计工作。植物的配置方式可以根据植物的生长规律和空间分布分为水平和垂直两种方式。一般在地面布置的植物花卉为水平配置方式；而沿墙面等垂直界面生长的植物花卉称之为垂直配置方式。另外，按照植物移动的程度不同又可分为固定和不固定两种配置方式，植物固定配置可以不用经常更换位置，对植物生长有好处，如花坛等；植物不固定配置可以任意移动，有较强的灵活性，如花盆等。

植物的配置是展现植物自身艺术魅力和群体组合魅力的基础。植物的配置要根据功能、艺术和生物学特性三者的共同结合来考虑，以达到造景的目的。

1. 孤植

孤植就是单独一株种植的方式。孤植主要表现植物个体的形态美，要有较好的姿态、形体、树冠轮廓清晰、枝叶秀美等特点。如银杏、雪松、广玉兰、槐树、栾树等。

不论在室内或室外，孤植植物常放置在视线良好、路线转折、平坦开阔的地方。孤植植物本身就是一个构图中心，可以作为设计中的一个景点（图1-180）。

2. 对植

对植就是将两株相同的树种对应地种植在构图轴线的两侧。根据构图的需要对植植物可以是对称设置，也可以非对称设置。

对称栽植是在建筑装饰设计构图需要植物配合时常采用的一种手法（图1-181）。一般多出现在大门、入口、楼梯的两侧，使空间层次比较分明。树种选择要在体量、高度、品种等方面一致，达到均衡整齐的装饰效果。

图1-180 孤植（左）
图1-181 对植（右）

非对称栽植是设计有时需要采用形体大小、树姿形态有所差别的树种，在特定的地点相对种植，彼此呼应，与建筑内外空间构建成一幅完美的图画。

3. 群植

群植是指两株以上植物组合在一起的种植方式。一般群植植物要控制在十株以内，这样才能较好地体现群体种植的特色和优势。

在群植种植中，三株一丛是较好搭配选择（图1-182a）。搭配的原则是三株树要形成一个不等边或等腰三角形，其中最大和最小的靠近为一组，中等的在远一些呼应，形成一个完整地构图；四株一丛组合的原则可参考3：1的平面组合（图1-182b）；五株一丛组合的原则可参考3：2的平面组合（图1-182c）；六株以上可参考以上的平面进行组合变化，总的原则是搭配丰富、高低错落、整体性好，即有变化又均衡的设计原则。

2.1.2 建筑与环境艺术小品

建筑与环境艺术小品也是室内环境艺术中不可缺少的部分。比如亭、榭、廊、雕塑、小桥、座椅等均可在室内外的装饰设计中采用，不但有其艺术性，还有功能性，为建筑环境的使用和美化起到了一定的作用。

2.1.2.1 亭、榭、桥

楼台亭榭都是出自于中国的古代建筑。亭就是亭子，多为四角、六角、八角设置，以柱子为支撑。多为单层，中起斗栱，勾心斗角。榭，多建筑于水岸，有的建于水上，为窗围墙。多为观赏用途。

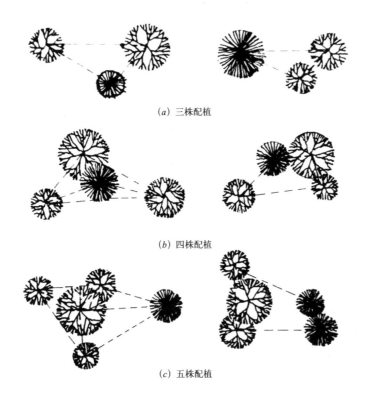

(a) 三株配植

(b) 四株配植

(c) 五株配植

图 1-182 群植
(a) 三株一丛搭配；
(b) 四株一丛搭配；
(c) 五株一丛搭配

1. 亭

亭是一种空间比较通透的小品建筑。它的造型多为四面开敞、空间互通、形体轻巧。亭子的使用功能主要有休闲、纳凉、避风雨的空间。在我国传统园林建筑中，亭子常作为室外园林中游览、观光、休闲的好地方，有时和廊结合起来形成一个完整的空间系列。

亭的造型有很多种形式，可分为中式、欧式和现代三种形式。平面形状有三角形、方形、长方形、六角形、八角形、圆形、扇形等多种形式。中式亭造型轻巧（图 1-183a、b），可作为建筑室内外空间中比较重要的点缀。

欧式厅造型比较敦实、体积也比较大，古典的亭子样式有皇冠顶样式、哥特顶样式等（图 1-184），设计时可结合建筑装饰的整体风格一起考虑。

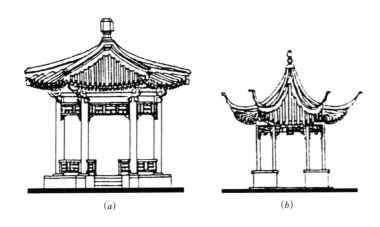

(a)   (b)

图 1-183 中式亭
(a) 北式；
(b) 南式

现代亭造型新颖、适应范围广（图1—185），在室内外的建筑装饰设计中有很多的地方都可以采用，并可以取得很好的效果。

图1—184 欧式亭（左）
图1—185 现代亭（右）

2. 水榭

水榭是将平台挑入水中的建筑形式。在一些游览建筑空间中常能见到这种临水的建筑，它的使用功能是使更多的游客在悬挑的平台上饱览水面的风光，而且水榭本身的建筑造型也是环境中的一景，与水面连成一体，和水景相映生辉。

建筑的面水一侧是主要观景方向，常用落地门窗，开敞通透。既可在室内观景，也可到平台上游憩眺望。建筑立面多为水平线条，以与水平面景色相协调，例如苏州拙政园的芙蓉榭（图1—186）。

图1—186 拙政园的芙蓉榭

3. 桥

无论是在自然山水园林，还是室内有水面的大空间中，桥的布置同园林的总体布局、道路系统、水面的分隔或聚合等密切相关。桥的位置和体型要和景观相协调。

园林桥按外观形式分有梁桥、索桥和拱桥这三种类型。梁桥又称平桥、跨空梁桥，是以桥墩做水平距离承托，然后架梁并平铺桥面的桥；索桥也称吊桥、绳桥、悬索桥等，是用竹索或藤索、铁索等为骨干相拼悬吊起的大桥；拱桥有石拱、砖拱和木拱之分，有单拱、双拱、多拱之分，一般正中的拱要特别高大，两边的拱要略小。桥面一般铺石板，桥边做石栏杆。

建筑装饰设计有时也会涉及小水面园林桥设计，在设计手法上要注意水面狭窄或水流平缓者，桥宜低并可不设栏杆。水陆高差相近处，平桥贴水，过桥有凌波信步亲切之感；沟壑断崖上危桥高架，能显示山势的险峻。水体清澈明净，桥的轮廓需考虑倒影；地形平坦，桥的轮廓宜有起伏，以增加景观的变化。此外，还要考虑人、车和水上交通的要求。

此外，其他特种造型尚有飞阁和栈道、渠道桥和纤道桥，以及曲桥、鱼沼飞梁和风水桥（图1—187a、b）。

2.1.2.2 雕塑

雕塑艺术作品作为建筑室内空间整体艺术表现不可缺少的一种艺术形式，并起到一个画龙点睛的作用。常见的现代雕塑形式有：人物雕塑、动物雕塑、抽象性雕塑等。

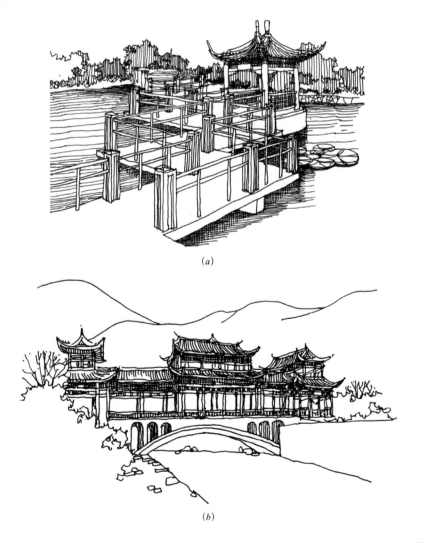

(a)

(b)

图1—187 园林桥
(a) 九曲桥；
(b) 风水桥

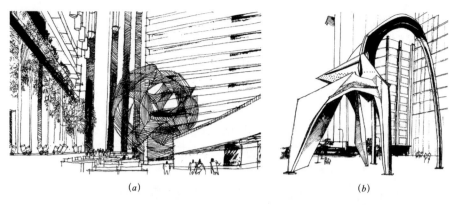

图1-188 现代雕塑作品
(a) 室内雕塑；
(b) 室外大型雕塑

现代雕塑作为景观空间中文化与艺术的重要载体，在环境的视觉中心起到锁定人们视线及形成视觉焦点的目的（图1-188a、b）。

现代雕塑是整体环境中的一部分，还要和整体环境共同组成艺术作品。设计者在考虑雕塑内容的时候，还要考虑周围环境的因素，与环境中各个元素一起表达特定的空间气氛和意境。现代雕塑还要有人性化的设计内涵。在与人接触十分密切的空间中，雕塑设计要充分考虑人性化和亲切感。在形式上可采用丰富多样的雕塑语言，形成各种情趣，满足不同层次的人们精神要求和不同环境空间的特质要求。

2.1.3 山石、水体景观

山与水是园林景观中的主要构景要素。在室内外建筑装饰设计中，为美化环境的需要，改善室内外小气候，在设计中可适当增加一些山石、水体景观，使环境充满活力，给人以极强的感染力。

2.1.3.1 假山

自古以来我国园林中就有堆山的艺术。堆山是以土、石为材料，模拟自然界山水，并加以艺术的提炼和夸张人工堆砌的山景。凡人工堆筑的山一律称为假山。常见的假山包括假山和叠石两部分。

1. 山石品种与形态

假山的构成材料主要三种形式。一是土山，以土为主，土包石；二是石山，以石为主；三是土石相兼的山。在中国造园手法中，利用山石堆叠构成山体的形态有峰、峦、顶、岭、崮、岗、岩、崖、坞、谷、丘、壑、洞台、栈道、磴道等。

叠山置石的材料有很多，常用的石类有湖石类、黄石类、青石类、卵石类、剑石类、砂片石类和吸水石类。中国传统的选石标准是透、漏、瘦、皱、丑，现代设计可以参考传统的选石标准，但也要按照现代装饰设计的审美观点，选择最适合艺术表现的石类品种。

1）湖石类

泛指外形与太湖石相似的假山石。太湖石专指产于太湖一带的石头，表面呈灰白色，为经过溶融的石灰岩。这种山石质坚而脆，纹理纵横，脉络显隐，石形玲珑，透、漏特征明显，穴窝、空眼错杂其间，观赏价值比较高。常见的湖石类有太湖石、房山石、英石、灵璧石、宣石等。

2）黄石类

黄石是表面带一种橙黄或茶黄色的细砂石。形体顽夯，见棱见角，具有雄浑、坚挺的视觉效果。黄石的石面均棱角锋芒毕露，棱面有明暗对比，立体感较强。在现代园林设计中常以叠置与散置相结合，以少胜多，用对比的手法突出它在园林中的意境。

2. 山石设计

山石的设计首先要符合建筑装饰设计的总体思路。不论山石是在室内或室外都应该与整体建筑空间与环境相协调，还要注意不要多种石头混用，给人一种整体不够统一的感觉。

山石的堆叠造型有多种手法。我国传统园林有十种手法分别是：安、接、跨、悬、斗、卡、连、垂、剑、拼（图1—189）。当然在借鉴传统手法的同时，还要注意的是崇尚自然，尊重自然，追求符合现代人的审美情调，在整体造型上，既要符合自然规律，又要高度地艺术概括，满足人们工作、学习、生活、休闲的需要。

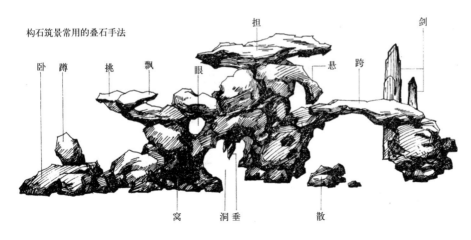

构石筑景常用的叠石手法

担 剑 卧 蹲 挑 飘 眼 悬 跨 窝 洞垂 散

图1—189 构石筑景的常用手法

2.1.3.2 水体

水体是与人们接触最为密切的自然物质，在自然界里有江、河、湖、泊等多种形式，还有瀑布、涌泉等水体自然景观。设计者不但要学习自然，还要不断创新，创造出多种丰富多彩的水体景观。

1. 水体景观

自然界的水有四种基本形式，分别为平静、流动、跌落和喷涌，并由此产生丰富多彩的景观形式。在设计中可以以一种形式为主，其他形式为辅，也可以几种形式相结合。

1）池水

是水的平静形态。水面自然，不受重力及压力的影响（图1—190）。

2）流水

是水的流动形态。水体因重力而流动，形成各种溪流、漩涡等。流动形态的水可以依坡设计，在室内可以利用高差或电动的方式做池内流水，可以起到分隔空间、丰富室内景色的作用，并给人留下了深刻的印象（图1-191）。

3）跌水

是水的跌落形态。水体因重力而下跌，高程发生变化，形成各种的瀑布、水帘等。在室内可以利用楼梯或扶梯两侧做一些跌水，形成与环境交融的小品景观（图1-192）。

4）喷水

是水的喷涌形态。水体因压力而向上喷，形成各种喷泉、涌泉、喷雾等（图1-193）。

2. 瀑布

自然瀑布是指较大流量的水从山上阶梯而下形成的景观。瀑布按形状可分为线瀑、布瀑、柱瀑三种形式；以跌落形式则可划分为层瀑、段瀑、悬瀑三种形式。

由于人们对瀑布的不同喜好，水体景观中可以设计出丰富多彩的人工瀑布，例如跌水就是园林水景中常见的呈阶梯式跌落的瀑布。这种跌水瀑布造型多样，动感十足，具有很强的感染力。

现代西方的水景设计更强调艺术的魅力，重视人工水体与石材的结合，多运用较规则的自然石块强化瀑布的直落之势，无论从气势还是尺度上都有很强的亲和力。

在室内由于空间的限制，设计者常利用墙面或假山作为瀑布下泻的依托，并取得很好的效果（图1-194）。

图1-190 池水

图1-191 流水

图1-192 跌水

图1-193 喷水（左）
图1-194 瀑布（右）

3. 喷泉

喷泉也是源于自然界的一种水景观。它是将水向上喷射进行水造型的水景，其水姿丰富多彩，如蜡烛形、蘑菇形、冠形、喇叭花形及喷雾形。喷泉对环境具有多种益处，湿润空气、清除尘埃，并能产生大量对人体有益的负氧离子，起到了振奋精神、美化环境的目的。

从不同位置来划分人工喷泉的类型，共有七种景观类型：

1）水池喷水

常见的喷泉形式，需要水池、管道、喷头、水泵、灯光等。

2）旱池喷水

喷头等设备藏于地下，设有排水口，停喷时只能看到各个水点，可在其上做各种其他活动。

3）浅池喷水

可以将喷水的全范围做成一个浅水盆，也可以仅在射流落水点处设浅水池。

4）舞台喷水

在各种娱乐场所中，作为舞台的背景或前景，增添舞台的表演气氛。

5）盆景喷水

是整套一体的小型喷水设施，可放在家居空间、公共空间。

6）自然喷水

喷头置于自然水体之中，如在自然的湖泊、水塘中放置。

7）水幕电影

是由喷水组成的大型扇形水幕，在晚上可以借助水幕放电影，但受风的影响较大。

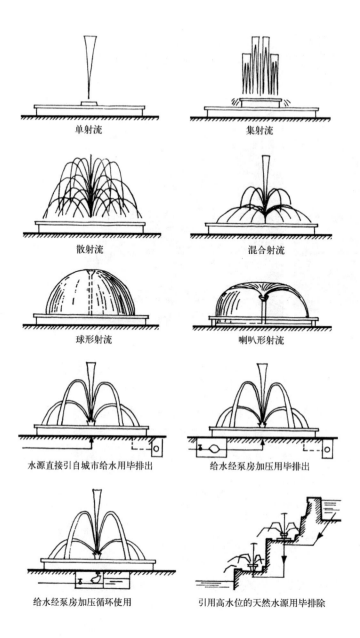

单射流　　　　　　　　　集射流

散射流　　　　　　　　　混合射流

球形射流　　　　　　　　喇叭形射流

水源直接引自城市给水用毕排出　　　　给水经泵房加压用毕排出

给水经泵房加压循环使用　　　　引用高水位的天然水源用毕排除

图 1-195　喷泉造型

　　人工喷泉近些年发展很快，喷泉技术不断的进步。随着喷头设计的改进
与创新，新的水姿不断丰富（图 1-195），各种喷水型不但可以单独使用，而
且可将几种喷水型组合到一起形成各式各样美丽的立体水景图案。

2.2　室内陈设艺术布置方法

　　室内陈设对建筑空间中的整体风格以及细部品位都有很大的影响。室内
陈设是包括家具、织物、工艺品、书法与绘画艺术、盆景与插花、日用品等多
种内容。室内陈设品绝大部分都有使用功能，而且还有与室内环境相一致的艺
术性，使室内整体环境相协调。

2.2.1 织物

室内织物包括了室内各种实用性和装饰性的织物，如窗帘、床罩、地毯、挂毯、靠垫及各种蒙面的台布。织物在室内空间里无处不在，对室内的气氛、格调都有很大的影响，可以对室内空间装饰效果起到一个推波助澜的作用。

2.2.1.1 窗帘

窗帘有着遮蔽、隔声的实用作用，还有着调节室内整体气氛的装饰作用。窗帘的设计与选择主要要考虑窗帘的材料、款式、色彩三个主要因素。

1. 窗帘的用料

窗帘的材料主要有粗布料、绒料、薄料和网扣四种主要织物材料。粗布料的特点是编织物粗、厚、重，具有保温、遮蔽性强、随风摆动小等优点；绒料的特点是厚、重，具有保温、手感好、遮蔽性强、自然下垂的优点；薄料的特点是薄、轻，具有花色品种多、透风，可以把太阳的直射光变为漫射弱光，使室内光线柔和、气氛飘逸的特点，常与厚帘配合使用，形成双层窗帘；网扣的特点是装饰性强，保温、遮光性差，可与其他织物窗帘共同使用，使空间有不同的层次。

2. 窗帘的式样

窗帘不但具有吸声、防尘、调温、调节光线等功用，还具很强的装饰性。一幅图案美观、色彩协调的窗帘，影响空间的格调与气氛，会使居室更添情趣。作为室内设计者要懂得窗帘的式样，来配合室内空间整体设计的需要。

1）平拉式

这种式样比较单调，无任何装饰，大小随意，悬挂和拉掀都很简单，适用于面积小窗户，一般多用于厨房、卫生间的窗户。它分为单侧平拉式和双侧平拉式（图1-196）。

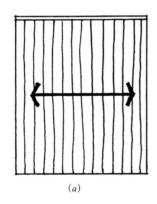
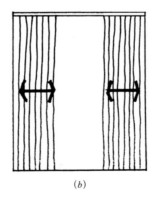

(a)　　　　　　　(b)

图1-196　平拉式
(a) 单侧平拉式；
(b) 双侧平拉式

2）掀帘式

这种形式可以在窗帘中间系一个蝴蝶结起装饰作用，窗帘可以掀向一侧，也可以掀向两侧，形成柔美的弧线，达到装饰的目的，这种窗帘式样使用者较多。掀帘式分为侧掀帘式和交叉掀帘式。其中侧掀帘式又分为单侧和双侧，交叉掀帘式则包括合并式、交叉式和重叠式（图1-197）。

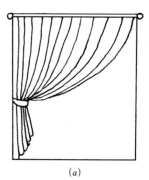   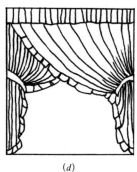

(a)　　　　　　　(b)　　　　　　　(c)　　　　　　　(d)

3）帘楣式

又称护罩式，通过帘楣处的幔头，使窗帘装饰效果好，遮去比较粗糙的窗帘杆及窗帘顶部和房顶的距离，显得室内更整齐漂亮。

（1）自然下垂的多重褶皱幔头　这种幔头设计适合多扇窗户组合在一起的情况，多重褶皱的帘头自然垂下，感觉优雅，适合选用有垂坠感的面料（图1-198）。

（2）平行褶皱幔头　幔头采用了长方形的简洁造型，多条褶皱以平行线的方式出现，平衡了窗子的细长造型。拼花效果完整，使帘头更具欣赏性（图1-199）。

图1-197　掀帘式
（a）单侧掀帘式；
（b）双侧掀帘式；
（c）交叉掀帘式；
（d）全重叠式

 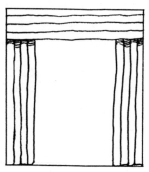

图1-198　自然下垂的
　　　　多重褶皱（左）
图1-199　平行褶皱幔
　　　　头（右）

（3）错落式褶皱幔头　三个大大的垂褶以错落的方式排列，两侧配有绶带状装饰（图1-200）。

（4）自然随意的幔头　幔头仿佛只是不经意地将整块布料缠绕在窗帘杆上，造型随意，其实每个褶皱都经过了精心处理（图1-201）。

图1-200　错落式褶皱
　　　　幔头（左）
图1-201　自然随意的
　　　　幔头（右）

（5）质朴的竖褶幔头　幔头采用规则的竖褶设计，与帘体上的蓝白色碎花图案共同强调了窗帘整体的质朴感。这种幔头的褶皱方式特别适合棉麻质地的窗帘布料（图1-202）。

（6）不对称式的褶皱幔头　这种幔头的褶皱方式，使幔头在视觉上有被拉偏的感觉，再配合上方格图案的帘体，互补中带有一种和谐的美感（图1-203）。

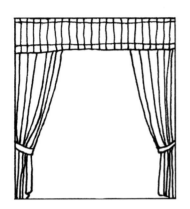
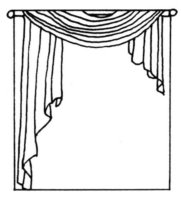

图1-202　质朴的竖褶
幔头（左）
图1-203　不对称式的
褶皱幔头（右）

4）吊起式

又称升降式。这种窗帘可以根据光线的强弱而上下升降，当阳光只照到半个窗户时，吊起式窗帘既不影响采光，又可遮阳，这种式样适用于宽度小于1.5m的窗户（图1-204）。

5）绷窗固定式

又称束腰式。这种窗帘上下分别穿套在两个帘轨上，然后将帘轨固定在窗框上，可以平拉展开，也可用饰带或蝴蝶结在中间系住，这种式样适用于浴室或卫生间（图1-205）。

6）束带式

这种窗帘形式是在成组的布艺窗帘中采用，由于窗户比较长，所以窗帘设计成三个以上的布帘，并在需要采光时用束带系上（图1-206）。

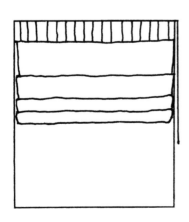
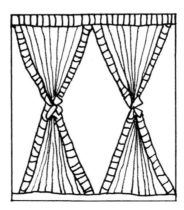

图1-204　吊起式（左）
图1-205　绷窗固定
式（右）

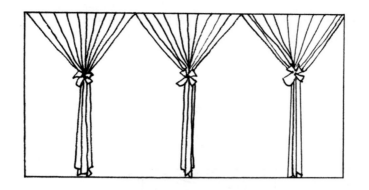

图1-206　束带式

3. 窗帘的用料测算

量出窗帘的长度，窗帘的长度可分长、中、短三种，一般都应多加20cm做底折边和帘顶折边（有时可多可少）。量出窗帘的宽度，在每边多加4cm。以下是几种式样窗帘所需布料的宽度：①自然展开式：窗帘轨的一个半宽；②二褶式和筒形褶：窗帘轨的两倍宽；③三褶式和束褶式：窗帘轨的三倍宽。

用幅数＝帘轨长 × 遮幅 ÷ 幅宽；帘全长＝帘长＋帘襦＋卷摺边＋缩水；全帘用料数＝帘全长 × 用幅数。特殊复杂的式样，或需对花纹图案的，要适当增加数量。

4. 色彩

窗帘的色彩可以影响室内的整体色彩气氛，在具体进行色彩搭配时，要与室内的其他织物一起考虑。如客厅窗帘的颜色可以从沙发花纹的颜色中选取。比如说白色的意式沙发上经常会缀有粉红色和绿色的花纹，窗帘就不妨选用粉红色或绿色的布料。

2.2.1.2　地毯

地毯是铺设类的织物。它具有防潮、保温、吸声、弹性好等特点，而且地毯的图案和色彩还能起到美化空间，烘托室内气氛的目的。地毯有满铺和局部铺两种形式，两种形式对室内产生的影响各不相同。

1. 地毯的种类

1）纯毛地毯

分手织与机织两种，前者价格昂贵，后者便宜。绒毛的质与量是决定地毯耐磨性的主要因素，其用量常以绒毛密度和高度表示。纯毛地毯现在主要用于星级以上宾馆、高档公寓和豪华住宅。

2）混纺地毯

以毛纤维和各种合成纤维混纺而成。如在纯毛纤维中加20％的尼龙纤维，耐磨性可提高五倍。也可和腈纶纤维等合成纤维混纺。混纺地毯可以克服纯毛地毯不耐虫蛀及易腐蚀等缺点。

3）合成纤维地毯

是以尼龙、腈纶、丙纶纤维加工制成。品质与触感似羊毛，耐磨而富弹性，经过特殊处理，可具有防火、防污、防静电、防虫蛀等特点，具纯毛地毯的优点，是现代地毯业的主要产品。优质腈纶地毯是目前最常用的民用地毯。其特点是价格实惠、耐磨性、吸水性好、无毒、防虫、易清洁。

4）塑料地毯

是采用聚氯乙烯树脂、增塑剂等多种辅助材料，经均匀混炼、塑制而成的一种地毯。色彩鲜艳、耐水防污，但易老化、弹性差，常用于室外用的人造草坪等。

5）草编地毯

是以草、麻或植物纤维加工制成的具有乡土风格的地面铺装材料。

2. 地毯的选择与铺设

在选择地毯的时候，第一要注意手织与机织的差别。羊毛地毯以手工编织，光泽好、立体感强，精致耐用，防油防燃，当经受脚步或家私等物品的重压后，可及时回弹，且不会携带静电，但吸附灰尘的能力较弱，遇潮后易发霉而散发异味。机织的尼龙地毯或腈纶地毯造就多种图案与色彩的变化，质地坚韧耐磨，但缺点是人造纤维易燃，易产生静电和吸附灰尘。

第二要注意地毯表面分为圈绒和割绒两种。其中圈绒地毯毯面紧密，在走动频繁的区域较适宜；割绒地毯毯面较滑，弹性好。在设计选择地毯时，除需要比较材质、图案和颜色外，还需清楚了解地毯铺设的位置及行走的频率大小。在走动频密的区域，需要选择密度较高、抗磨的圈绒地毯；在行走频率较低的区域，可选择毛绒较高、较软的割绒地毯。

第三要注意地毯的色彩最好能与家具的色彩协调，使整个环境呈现一种和谐的美。红色给人喜庆、华贵之感，可配以浅色家具；黄色、驼色给人浑厚沉稳之感，配以深浅家具均适合；蓝色给人纯朴、淡雅之感，可在一些公共场合铺设。

地毯的铺设有局部铺设和满地铺设两种形式。局部铺设地毯是选择室内空间中最主要的地方，该地方不要太大，铺设后的地毯可以和其他设计元素共同组成虚拟空间。另外小块地毯常在室内空间过渡、起始、转换等地方局部铺设。满地铺设的地毯，要求坚固性、耐磨性和回弹性要好，因为不宜更换和移动。满铺地毯常设计在一些需要整洁、安静的室内空间中，如宾馆客房区、会议室、工作室等地方。

2.2.1.3 床罩、沙发罩、台布

现代床罩、沙发罩可分为两类，一类是追求高档豪华型。面料以高档面料为主，可以电脑勾边绣，富有立体感，花色趋向多样化（图1-207）；另一类是追求清新自然型，面料大多采用全棉素花，花色多为淡雅的小花型，不用任何电脑绣花，给人以简洁、大方、明快的视觉效果，颇为自然。床罩讲究系列化，从三件套乃至八件套，从床罩到枕罩、靠垫、薄被等应有尽有，配套的床罩点缀得居室统一、整齐，整个卧室温馨可爱。

床罩的色彩选择最好与房间、家具的色彩相协调。如奶黄色墙面应该配浅棕色有花纹图案的床罩，棕色的家具可配淡红色等暖色调的床罩，这样会使

人产生美观活泼的感觉。空间较大的卧室选用浅咖啡色大花型图案的床罩，可以减轻空旷之感。

台布是摆放在各种案面上的装饰布。常用台布有花边、网扣、刺绣、抽纱之分，台布的选择应参考其他织物和周围环境的特点（图1—208），还要考虑台布上面将要摆放的物品，要将台上的物品衬托出来。

在室内织物的整体选用时应注意以下三点：第一要有基调，通常是由地毯、墙布和天花板构成，使室内形成一个统一整体，陪衬居室家具等陈设，因此，

图1—207 富有立体感的沙发罩

图1—208 案面上的台布装饰陈设

以高明度、低彩度或中性色为原则。但地毯在明度上应深一些，色彩与主体配合。第二要有主调，主调多为家具装饰织物，如沙发套、床单、床纬帐等。可采用彩度较高、中明度、较有分量且活跃的颜色。第三要强调体积较小的织物，如坐垫、靠垫、挂毯等，以对比色或更突出的同色调来加以表现。

2.2.2 工艺品

工艺品含盖的范围很广，而且各国民间的工艺品都能反映该国的文化传统和习俗，在这里我们只是简介一下工艺品的笼统概念。

2.2.2.1 工艺品的分类

按陈设工艺品的使用价值分类，工艺品有实用工艺品和装饰工艺品两类。实用工艺品包括陶器、瓷器、搪瓷制品、竹编和草编等，它们可以放置物品还可以为人欣赏；装饰工艺品的种类很多，插花、盆景、挂盘、木雕、石雕、贝雕等，装饰工艺品专供人们欣赏，没有实用性。

2.2.2.2 工艺品的作用与配置

工艺品选择得当可以吸引人们的视线，使室内增添不少的景观（图1-209）。工艺品的作用之一主要是构成室内景点，选择体量较大的工艺品，放置在室内空间重要位置，突出主题，可以成为室内的标志；工艺品的作用之二是填补空间内的缺憾，使室内画面达到均衡，尤其是对一些细节处需要小工艺品的填补，并能起到活跃气氛的作用。

在工艺品的配置中要注意这样几个原则。第一是少而精，选择工艺品时要大小搭配合理，风格趋向一致，决不能将风格相互矛盾、排斥的工艺品摆放在一个空间中；第二要符合构图的基本原则，重点突出，均衡设置，不能在室内处处都有工艺品，设计就是要解决好在恰当的地方放置合适的工艺品；第三要注意工艺品与室内空间的色彩搭配，小型工艺品往往作为点缀，色彩可以选择鲜艳一些，较大的工艺品对室内的影响较重，要慎重选择并加以配置。

2.2.3 书法与绘画艺术

在室内布置中，很多人对中国书法和国画感兴趣，还有一些人对西式画情有独钟。这些艺术作品与室内装饰风格有着密切的联系，只有将室内装饰设计与书

图1-209　室内工艺品陈设

法、绘画艺术统筹考虑，才能把握好室内空间的整体艺术风格。

2.2.3.1 书法和国画

中国书法和国画是我国特有的文化遗产，深得广大群众的喜爱。在中式风格房间的设计中，如中式餐厅、中式客房、中式家居等室内环境，常用中国书法和国画做饰面装饰（图1-210）。使中国民族形式的室内更增添了几分古朴典雅的情调。

中国书法作为一门古老艺术，从大篆、小篆、隶书、草书、

图1-210 室内中国书法和国画陈设

楷书、行书，书法走过了两千多年的历史。在书写应用汉字的过程中，逐渐产生了世界各民族文字中独一无二的、可以独立门类的书法艺术。

在书法走向多元化的今天，书法艺术并不是简单地取决于书法的形式、结构、线条等外在面貌，而是取决于内在精神的体现。这也为设计者在挑选书法艺术作品作为室内装饰时提供了更丰富的选择空间。

中国画简称"国画"，在世界美术领域中自成体系。基本种类可分为：人物、山水、花鸟；技法形式有工笔、写意、勾勒、设色、水墨等，中国画要求意存笔先，画尽意在，强调融化物我，创制意境，达到以形写神，气韵生动的境界。由于书画同源，以及两者在达意抒情上用笔、线条运行有着紧密的联系，因此绘画同书法、篆刻相互影响，形成了显著的艺术特征。作画工具材料为我国特制的笔、墨、纸、砚和绢素。

书法和国画在经过装裱后，才能作为完整的艺术品展现在室内的空间里。作为中国传统艺术品，一般张挂在中式建筑室内空间中堂、客厅等处，而且与其他陈设一起共同构成一个完整的室内景观。也有一些大型的国画作品常设计在重要的会议室、多功能厅等空间中，体现我国民族文化的博大精深。

2.2.3.2 挂画

除去中国画以外，绘画按工具材料和技法的不同，分为油画、版画、壁画、水彩画、水粉画、素描等主要画种。油画是以油为调合剂调合颜料，在经过制作的不吸油的质地上描绘而成的绘画；版画是在不同材料的版面上，先雕刻出形象，再印制而成的绘画；壁画是绘制在土木砖石等各种质地壁面上的绘画，所用绘制的颜料比较多样；水彩、水粉画都是用水质的颜料在纸上描绘而成的绘画；素描一般指"单色画"，用钢笔、铅笔、木炭等单色材料在纸上描绘而成。

现在市场上出售有多品种、多技法的装饰画，由于现代数码技术发展很快，很多名画、艺术品位很高的绘画作品都能变成装饰画产品，并经过装裱装框，装饰效果非常好，能够提升室内整体设计的品位。

在用不同绘画作品装饰室内空间时，要注意以下问题：第一注意绘画的装裱。西式画的装裱主要是在画框上，画框的宽窄、木质的选择对绘画及室内整体风格有一定的影响；第二注意绘画内容的选择。在家居环境中应选择喜庆浓厚的色彩，如没有特殊的要求不要选择带有残枝败叶、枯萎发黄的内容与色彩。在办公等空间里可以选择一些带有个性的绘画作品。第三注意挂画的高度要根据居室的具体场合进行调整。悬挂得太低，不利于画面的保护和观赏；悬挂过高，又使欣赏者仰视造成不便，同时因画面产生透视变形，影响欣赏效果（图1-211）。

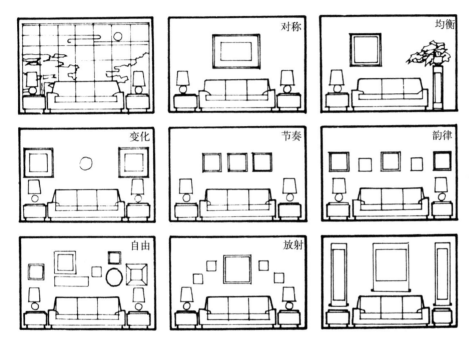

图1-211　挂画摆放

2.2.4　盆景与插花

盆景是我国传统的园林艺术，是美化环境、陶冶情操的艺术珍品；插花是来源于自然、高于自然的花卉装饰艺术。它们在室内空间里为人们创造了视觉享受和洁净环境的作用。

2.2.4.1　盆景

盆景分树桩盆景和山石盆景两大类，树桩盆景（图1-212）以观赏植物的根、叶、花、果以及色泽、形态和造型为主。按长势可分为直干式、蟠曲式、横枝式、垂枝式等多种形式；山石盆景（图1-213）则体现其气韵、骨法和形态美。其形式有孤峰式、对称式和疏密式等。

用盆景美化居室，首先在整体和色彩上互相协调，数量多少和房间大小要均衡相称。通常树桩盆景宜选茎杆粗矮、枝叶细小、根干虬曲、花果鲜艳的木本植物；山水盆景可选用砂积石、斧劈石、英石等石种，经精心构思雕琢再配上亭、桥、人、畜等景物点缀而成。一般客厅摆放数量不宜超过三盆，同时背景忌杂乱和过于艳丽，可挂些字画衬托，形成的整体观赏效果最好。

图 1-212　树桩盆景
陈设

图 1-213　山石盆景陈
设（左）
图 1-214　鲜花插花陈
设（右）

　　与家庭居室选小巧精制的盆景不同，宾馆饭店的厅堂宜陈设大型山水盆景和树木盆景，树木盆景呈对称式摆放以显整齐端庄，山水盆景靠正面或侧面墙，并有一定的视觉高度。大会场厅陈设室放常绿树木盆景，以规则式或相对统一的造型单列式摆放。

2.2.4.2　插花

　　插花的种类按所用花材性质不同分，有鲜花插花、干花插花，以及人造插花（绢花、涤纶花、棉纸花等）。

　　鲜花插花最具有插花艺术的典型特点，即最具有自然花材之美，花香四溢，给人以清新、鲜艳美丽、真实的生命力美感，最易表现出强烈的艺术魅力（图1-214）。

　　干花插花　所选用的花材是经过脱水、加工后的自然植物材料。他们既不失原有植物的自然形态美，又可随意染色。插作后经久耐用、管理方便，同时不受采光限制，暗光下也可使用。一般多用于宾馆饭店的走廊、底楼、无采光的大厅、灯光暗的餐厅以及楼梯平台角落，咖啡店、酒吧间等光线较暗处也常用其装饰。

　　人造花插花　所用花材是人工仿制的各种植物材料，有绢花、涤纶花、水晶花、塑料花等。有仿真性的，也有随意设计和着色的，种类繁多。虽然其价格较贵，但一次购买可多年受用，管理简便，只要及时清除灰尘即可。最宜大型舞台、橱窗的装饰，婚礼上、家庭居室中也多有应用。

　　艺术插花的欣赏，概括地说有形态、色彩、意境、技法和创新等五个方面。形态指插花作品的造型。要欣赏高低错落、疏密有致、结构平衡的自然感觉；色彩主要包括果叶、容器、背景的色彩，欣赏三者的色彩统一和谐，充分体现主题思想，意境指插花的内涵。一个好的作品必须轮廓分明、线条清晰、意境独到、形神兼备；技法指从选枝、修枝到固定的技法体现；创新指插花的创新特色。插花作品要有个性化、创新性和时代的表现力。

2.2.5 日用品

日常生活用品也是很好的陈设品，只要在选择上和摆放上遵循一定的艺术规律，都可以取得一定的艺术效果。

2.2.5.1 陶瓷器皿

陶瓷制品所表达的风格多种多样，很能体现现代人们的审美情调。我国自古就有生产陶瓷的技术，如景德镇、宜兴、石湾都是我国的陶瓷生产地。现代陶瓷大多生产实用陶瓷，其中陶瓷器皿只是陶瓷产品中适合室内陈设的部分。

陶瓷器皿按功能一般分成两种，实用性陶瓷和观赏性陶瓷。也有一些陶瓷有其共同的属性，既有实用性又有观赏性。实用性陶瓷指日用陶瓷，包括有细炻餐具、陶质砂锅。产品安全性好、造型美观，具有多种款式及规格，主要作餐饮、烹饪用具（图1-215）。观赏性陶瓷指美术陶瓷，包括有陶塑人物、陶塑动物、微塑、器皿等。产品造型生动、传神，具有较高的艺术价值，款式及规格繁多。主要用作室内艺术陈设及装饰（图1-216）。

2.2.5.2 玻璃器皿

玻璃器皿具有晶莹剔透、炫眼夺目、美观实用的特点。玻璃器皿的种类分三类：第一是普通钠钙玻璃器皿；第二是高档水晶玻璃器皿，透光率高、晶莹剔透；第三是稀土着色玻璃器皿，色彩效果好。

家居等室内环境里常摆放酒瓶、各种高脚杯、茶具酒具、花瓶等实用性玻璃器皿，在陈设时要注意，第一摆放种类适中，对于光亮炫眼的产品要少而精的选用；第二是玻璃器皿花瓶实用性很大，在选择时要注意造型、大小、色彩、瓶口和花种的搭配（图1-217）。

图1-215 实用性陶瓷陈设

图1-216 观赏性陶瓷陈设

图 1-217　玻璃器皿
　　　陈设

2.2.5.3　家用电器

随着人们生活水平的提高，各种家用电器已经普及普通家庭，而且已经成为室内陈设不可缺少的组成部分。现代家用电器造型新颖、工艺精美、色彩鲜艳、时代感强，对室内的影响越来越大。

家用电器的种类有：第一是影音产品，包括电视机、音响、影碟机等；第二是厨房电器，包括冰箱、微波炉、抽油烟机、消毒碗柜电子灶具、洗碗机；第三是家居电器，包括洗衣机、空调器、吸尘器、热水器；第四是家用通信产品，包括电话机、无绳电话机；第五是小家电产品 。从家用电器色彩可分黑白家电。黑家电为专业音响器材系列、电视机系列及配件、影碟机系列、摄录机、家庭影院系列；白家电为空调、冰箱、洗衣机等（图 1-218）。

图 1-218　家用电器
　　　陈设

在家居室内装饰与家用电器的选择时，要注意问题有：第一是家用电器的造型。注意电器产品与装饰风格的协调一致；第二是家用电器的色彩。家电分有黑白，注意黑白家电的搭配，另外有些家电色彩设计趋向有彩化，如有多种色彩的冰箱等，这些都为调节室内色彩变化提供了可能；第三是家用电器的尺度。家电的尺度要与室内空间相一致，如电视、家庭影院等选择时要注意尺度的大小，太大会造成空间的局促，太小可能影响使用的方便。

2.2.6　古玩

古玩，又称文物、骨董等，被视做人类文明和历史的缩影，融合了历史学、方志学、金石学、博物学、鉴定学及科技史学等知识内涵。经历无数朝代起伏变迁，这些文物不但可以使收藏者保值增值，而且摆放到室内也是绝好的装饰物。当然真品固然很贵，如果只是起到装饰作用，可以选择一些仿制品作为室内装饰。

2.2.6.1　文房四宝

在我国传统的文具中，通常由笔、墨、纸、砚构成，人们把它们称为"文房四宝"。今天很多人都在用现代文具，而文房四宝在绝大多数家居中已经变成了室内的陈设品。除这四宝外，传统文具辅助工具也是精心设计可以成为书房里书案上的陈设品，如笔筒、笔架、笔洗、笔舐、臂搁、水丞、镇尺、墨床、印盒、印泥、印章等（图1-219）。

笔筒：除使用外，有许多精良作品，已经成为世人喜好收藏的工艺美术品。笔筒制作有许多材料，有陶瓷、木质、竹类，还有用玉石、普通石、树根、象牙制成插笔的器具。在圆筒形多以书画作为装饰，为文房必备器具之一，并广泛在书房的书案上做为陈设品。

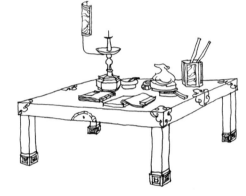

图1-219　文具陈设

笔架：架置毛笔的一种器具，质地多以玉石、陶瓷、象牙等作成，有圆形、方形、长方形、山峰形、龙形。为文房常用器具之一。

笔洗：洗刷毛笔的一种器具。有瓷、铜、玉、陶等制作的笔洗，较为丰富多彩。形多为扁圆形、青花瓷为多，上饰各种花纹图案，极富朴素、文雅和庄重感。

2.2.6.2　青铜器

青铜器是由青铜（红铜和锡的合金）制成的各种器具，诞生于人类文明的青铜时代。由于青铜器在世界各地均有出现，所以也是一种世界性文明的象征。中国青铜器制作精美，在世界各地青铜器中堪称艺术价值最高。中国青铜器代表着中国在先秦时期高超的技术与文化。作为室内装饰选择一些高仿的青铜器作品，也可以使室内空间内增添高雅气氛（图1-220）。

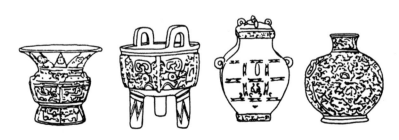

图1-220　青铜器陈设

3 项目单元

3.1 软装组合练习一

挂画摆放组合练习。家居客厅沙发背景墙高 3m、宽 5m，沙发高 0.9m、宽 3.7m，居背景墙中。选择三幅竖幅挂画（要求尺寸一致），在背景墙上摆放练习。同样再选择 12 幅小型装饰画（尺寸可不同）在墙面上组合摆放练习。

3.2 软装组合练习二

客厅电视背景墙处低柜软装摆放练习。现在客厅低柜没有了摆放电视的功能，其主要功能变成了软装材料的艺术展示。请各位学生选择工艺品、古玩陈设品等，摆放件数在 2～5 件之间，进行组合展示练习。

【思考题】
1. 现在各位学生都已经清晰室内硬装修和软装饰的概念，那么请你谈谈软装饰对整个装饰工程的重要性。
2. 现在市场上有很多复古、仿旧的中式、美式乡村、法式乡村家具和陈设品，请各位学生谈谈你对这些家具和陈设品的印象，以及与室内设计风格的搭配。

【习题】
1. 简单绘制各种植物的配置的平面图。
2. 简单绘制三种窗帘的式样设计图。
3. 挂画的种类，以及摆放特点。

建 筑 装 饰 设 计

第**2**篇
专 业 技 术 篇

　　建筑装饰设计的服务流程主要包括：设计咨询与沟通，确定设计意向（签定委托设计协议），实地勘测，初步方案设计与规划，方案沟通与修正（结合估算），确定设计方案，签定设计合同，扩初设计，全套施工图纸设计，客户确认施工图纸，设计跟踪服务等工作内容。这部分内容与今后的工作有直接的联系，通过学习可以获得工作过程经验和设计经验，以及面向业主开展建筑装饰设计的能力。

1

模块一　工程项目设计前期

1 学习目标

通过本模块的学习，需要学生了解设计任务的委托模式和采购方式，熟悉工程设计项目场地空间的勘测工作，以及与客户的沟通。

2 相关知识

在实际工作中，作为设计公司就是要以获得设计任务来维持公司发展，所以设计前期的主要任务就是必须了解我国现有的建筑工程的设计任务委托的模式和采购方式，以及招投标程序，然后通过设计投标获得设计任务。本次学习知识点主要与工程项目设计前期密切相关，主要有：我国与国际现有设计区别、设计任务的委托模式知识、设计任务的采购方式知识、勘测准备工作知识、勘测工作及重点常识、勘测工作成果提交知识、设计委托知识、资料信息交换知识等。

2.1 设计任务委托的模式与采购方式

依据《中华人民共和国政府采购法》、《中华人民共和国招投标法》、《建设工程项目管理规范》GB/T 50326—2017 等有关法律法规。合理、有效开展工程项目设计活动。

2.1.1 我国与国际现有设计区别

发达国家设计单位的组织体制与中国有区别。国际上多数设计单位是专业设计事务所，而不是综合设计院，如建筑师事务所、结构工程师事务所和各种建筑设备专业工程师事务所等，设计事务所的规模多数也较小，因此其设计任务委托的模式与我国不相同。对工业与民用建筑工程而言，在国际上，建筑师事务所往往起着主导作用，其他专业设计事务所则配合建筑师事务所从事相应的设计工作。

我国业主方主要通过设计招标的方式选择设计方案和设计单位。而在国际上不少国家有设计竞赛条例，设计竞赛与设计任务的委托并没有直接的联系。设计竞赛的范围可宽，也可细，如设计理念、设计方案、某一个设计问题的设计竞赛。设计竞赛的结果只限于对设计成果的评奖，业主方综合分析和研究设计竞赛的成果后再决定设计任务的委托。即设计竞赛的中奖单位不一定是设计任务的受托单位。

2.1.2 设计任务的委托模式

从目前看较大型工程项目的设计采购都是通过工程项目总承包模式和设计－施工分离模式来完成的。

2.1.2.1 工程项目总承包模式

工程项目总承包是采用设计任务和施工任务综合委托的模式来开展建设项目，同建设工程项目一样，建设装饰工程项目总承包也有多种方式，其中有设计参与的模式主要有：设计－施工（DB）总承包（Design—Build）和设计、采购、施工（EPC）总承包（Engineering，Procurement，Construction）。

DB模式也就是设计－施工总承包模式，是业主与一家公司签订合同，由该公司完成项目的设计和施工。

EPC模式也就是设计、采购、施工总承包模式由承包商承担项目的设计、采购、施工和试运行，然后交给业主。以上两种模式都需要承包商以招投标的形式获得工程项目。

2.1.2.2 设计－施工分离模式

设计－施工分离的模式也称设计任务的委托模式，主要有两种方式：

一是业主方委托一个设计单位或由多个设计单位组成的设计联合体或设计合作体作为设计总负责单位，设计总负责单位视需要再委托其他设计单位配合设计；二是当业主有足够的管理能力，可不委托设计总负责单位，而平行委托多个设计单位进行设计。

2.1.3 设计任务的采购方式

科学合理地运用采购方式，对采购效率与效益的实现将有很大的作用，对政府采购相关各方也会起到不可估量的影响。采购方式的选取直接关系到政府采购的合法、合规。政府采购采用以下六种方式：①公开招标；②邀请招标；③竞争性谈判；④单一来源采购；⑤询价；⑥国务院政府采购监督管理部门认定的其他采购方式。其中公开招标应作为政府采购的主要采购方式。

设计工作主要是通过公开招标、邀请招标和竞争性谈判三种采购方式来获得设计任务。

公开招标也称无限竞争性招标，其形式是通过公开发布招标信息，凡是符合招标文件要求的装饰设计公司或装饰工程公司参与投标设计，通过专家的评选从中选出实施方案。通常政府主导投资的工程项目需要采用此种方式完成设计委托工作。其优点是体现公平、公正、公开原则，能够在合理选择设计单位的同时避免腐败的出现。缺点是周期长，没有中标设计单位有一定的经济损失。目前是国际上政府采购通常采用这种方式。

邀请招标也称有限竞争性招标或选择性招标，即由招标单位按照邀请招标流程选择一定数目的企业，向其发出投标邀请书，邀请他们参加招标竞争。一般都选择3～10个之间参加者较为适宜，当然要视具体的招标项目的规模大小而定。邀请招标能够弥补采购周期长，费用较高等缺陷，而且又能相对充分发挥招标优势，因此，邀请招标也是一种使用较普遍的政府采购方式。

竞争性谈判，是指采购人或者采购代理机构直接邀请三家以上供应商就采购事宜进行谈判的方式。竞争性谈判采购方式的特点是：一是可以缩短准备期，能使采购项目更快地发挥作用。二是减少工作量，省去了大量的开标、投标工作，有利于提高工作效率，减少采购成本。三是供求双方能够进行更为灵活的谈判。目前政府不走公开招标的小项目，以及资金来源为个人的工程项目都可以采用的采购方式。

2.2　工程设计项目场地空间的勘测

获得设计任务后，不见得就能得到最终的设计任务，这需要设计人员脚踏实地的工作，那么第一步就是进行设计项目现场的勘测工作，为后面的设计工作收集第一手的资料。

2.2.1　勘测准备工作

勘测准备工作主要有三部分内容，一是与甲方沟通，收集各种设计信息；二是阅读甲方提供的设计资料，了解现有建筑空间的平面形式，分析空间结构形式，熟悉建筑空间的建筑构件分布，如门窗、楼梯、电梯等位置；三是测量前的人员、物品、工具等的准备工作。

2.2.1.1　勘测工作前与甲方沟通

勘测工作前应及时与业主方（也称甲方）沟通初步的设计意向，一是了解业主方对方案的初步想法，包括项目的定位、风格的意向、空间功能的划分、投资的概况，当然如有可能也要了解一些甲方决策者个人的阅历、教育背景、理念、品位等方面内容。

二是尽量能够取得更多的基础设计资料，如全套建筑施工图纸，最常用的参考图纸应该有建筑平面施工图、结构施工图、水暖及空调施工图、强电和弱电施工图等。

2.2.1.2　勘测前熟悉现场工作

熟悉现场工作主要是阅读甲方提供的设计图纸资料来完成，主要包括一是了解现有建筑空间的平面形式，这样在到达现场时可以快速进入工作现场，尤其在复杂的空间环境下更是如此。另外在现场时可以带着问题向甲方提问，避免现场交流时遗留问题；二是分析空间结构形式，将一些可拆卸墙体做一些标记，到现场进行核实工作；三是熟读建筑空间的建筑构件分布情况，如门窗、楼梯、电梯等位置，便于现场勘察测量时查找对位。

2.2.1.3　勘测前其他准备工作

其他准备工作主要是指人员和工具的准备工作。主要包括：

1. 测量成员准备

测量小组最好有项目负责人和设计师带队，辅以其他成员。

2. 测量工具准备

如有现状建筑平面图，则带上两张1：100(或1：50)图纸，一张记录地面，一张记录天花情况，空间简单的一张即可。

另外准备带上卷尺或皮尺（如果有红外线测距仪则更好）、电子笔、铅笔、红笔、中性笔、橡皮、数码相机，如果重要的话也可以带上录像设备和录音笔。

3. 测量成员着装

个人着装要注意遵守施工现场安全规定，如安全帽、厚底鞋等。

2.2.2 勘测工作及重点

工程项目现场勘测工作主要包括现场考察、测量工作、拍照工作等具体工作。

2.2.2.1 考察及测量工作

考察工作主要是与业主交流、访谈以及观察设计现场可能对设计有重大影响的现场状况；测量工作可以安排三人一个小组完成。两人量尺，一人记录。下面主要针对测量工作以及现场观测注意事项加以说明。

1. 注意事项

1）注意尺寸测量参考点

量尺放线以柱中、墙中、管中为准。

2）注意准确标注竖向尺寸

在测量梁柱、梯台结构落差时，通常以测量室内空间净空尺寸为主。对于室内空间中需要测量的构件不要忘记竖向尺寸的测量和记录。

3）测量现场的各个空间总长、总宽

记录现场间墙工程误差，测量累计误差、墙体不垂直，墙角不成 90° 等，都会影响测量的准确性，需要总尺寸进行综合。

4）注意构件测量

注意标注门窗的实际尺寸、高度、开启方式、边框结构及固定处理结构；注意标注记录上水管、排水管、消防栓、雨水管等具体位置及大小，尺寸以管中为准，要包覆的则以检修口外最大尺寸为准。

5）注意设备记录

记录可能有的防火卷帘、控制室、设备间、机房的位置及实际情况。

6）注意标注技巧

利用不同色彩的笔标注。如红色笔标出管道、管井具体位置，绿色笔标注尺寸、符号，黑色笔、铅笔进行文字记录、标高等。

2. 家装测量案例

首先准备一把 5 米钢卷尺，如果太短的尺可能要多次测量并可能有累计误差。再准备一些 A3（或 A4）白纸、几支不同颜色的笔，例如 HB 铅笔，蓝、红、黑色纤维笔（原子笔也可以）等，还有橡皮。

其次在进入室内测绘时，先在白纸上把要量度的空间用铅笔或钢笔画出一张平面草图，可以是手绘草图，不用使用尺。绘制草图时可先观察好室内各个空间，然后画出房间的各个轴线，一个一个房间连续画过去。把全屋的平面画在同一张纸上，不要一个房间画一张。草图不必太准确，样子差不多即可，但不能太离谱，长形不要画成方形，方形不要画成扁形。在画细部时，墙身要有厚度，门、窗、柱、洗手盆、浴缸、灶台等一切固定设备要全部画出。画错了擦去后改正。

再次，画完草图才能测量。使用皮尺放在墙边下面测量，在每个房间内顺（或逆）时针方向一段段量度下来，量一次马上用蓝色笔把尺寸写在图上相应的位置。用同样办法量度立面，即门、窗、空调器、天花、灶台、面盆柜等高度，记录下来。

最后，用红色笔在平面图和立面图上写上原有水电设施位置的尺寸，包括开关、顶棚灯、水龙头、煤气管的位置，电话及电视出线位等（图2-1）。

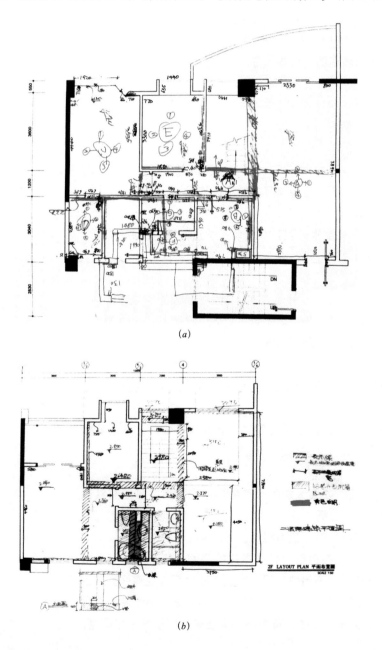

(a)

(b)

图2-1 测量绘制草图
(a) 一层平面图；
(b) 二层平面图

2.2.2.2 拍照工作

现场拍照工作也要有一定之规，正常的工作程序是进入一个空间后，可按照顺时针方向将空间四面进行拍照，然后再进行细部拍照，这样有利于后期设计的选看，避免造成不必要的混乱。

2.2.3 勘测工作成果提交

测量工作完成后，应尽快提交勘测工作成果，具体工作成果如下：①要求完整清晰地标注各部位的情况；②尺寸标注要符合制图标准，标注尽量整齐明晰，图纸要符合规范；③地坪可按 ±0.000 设置，梁底直接标相对标高或在附加立面标注相对标高。天花要有梁、设备的准确尺寸、标高、位置。要有方向坐标指示，外景简约的文字说明；④对于重要工程项目，图纸要由全部到场人员复核后签署，并请甲方随同人员签署，证明测量图与现场无误；⑤现场测量图原稿要保留在该项目文件中，以备查验，不得遗失或损毁。

2.3 设计的理解和沟通

在设计前根据取得设计任务方式的不同，甲（业主方）乙（设计方）双方在此阶段沟通的方式也有所不同。对于公开招标方式，设计方可以按照标书上内容完成设计任务，设计中标则合理收取设计费用，没中标则有所损失。邀请招标设计方式和竞争性谈判设计方式则需要在此阶段完成设计委托合同，以便完成后面的工作任务。

2.3.1 设计委托

在竞争性谈判设计方式中，甲乙双方经过互相对设计的交流商谈，达成了进一步的设计意想，这时甲乙双方应该在相互信任的基础上签署具有法律层面的设计文件。就是说设计就不能停留在凭甲方的意向工作了，而是要按照设计委托书的内容进行设计工作，具体要做的工作就是甲方要出据具有法律效力的设计委托书，乙方获得甲方的正式认可。设计委托书要注意写明以下一些事项：

①关于设计风格的文字描述及说明；②关于空间功能的文字说明；③关于特殊设备或工艺要求的文字说明；④关于造价控制的文字说明；⑤关于设计费收取及设计周期的描述。以及甲乙方权利及义务，设计方案修改及版权等合同文件常见条款。

下面是一个家居装饰工程设计委托书样式。

家居装饰工程设计委托书

委托设计方（以下简称："甲方"）＿＿＿＿＿＿＿＿＿＿

受委托方（以下简称："乙方"）＿＿＿＿＿＿＿＿＿＿

甲方委托乙方承担本合同所列室内装饰工程的整体家居解决方案的设计，经双方友好协商，签订本合同，作为双方共同遵守的依据。

设计明细：

第一条：甲方委托乙方对位于（工程地址）工程项目进行室内装饰整体家居解决方案的设计，该工程项目户型为＿＿＿＿＿＿，使用面积＿＿＿＿＿平方米。

第二条：设计风格描述。

第三条：房间空间功能描述。

第四条：关于特殊设备或工艺要求约定。

设计费收取：

第一条：本委托设计合同设计费＿＿＿＿＿元／平方米计取，设计费总额￥＿＿＿＿＿元，人民币（大写）＿＿＿万＿＿＿仟＿＿＿佰＿＿＿拾＿＿＿元整。

第二条：甲方于签订委托设计合同时支付设计费总额的60%，计￥＿＿＿＿＿元，人民币（大写）＿＿＿万＿＿＿仟＿＿＿佰＿＿＿拾＿＿＿元整。初步设计方案确定后，甲方按实地测量面积交纳设计费余款，乙方进行全套图纸的绘制。

第三条：小型公共工程装修项目的设计费或其他方式（非面积单价）计算的设计费，支付方式、比例必须报请设计部经理批准。

设计周期：

第一条：乙方在现场测量后＿＿＿＿＿天内完成初步设计方案。

第二条：在甲方确定初步设计方案后，乙方于＿＿＿＿＿＿天内完成整套图纸的绘制。

甲方权利及义务：

第一条：本合同签订时，甲方应提供给乙方进行设计所需的原建筑有关图纸资料。

第二条：甲方在接到乙方初步设计方案（平面布局图，顶面图，效果图，预算书）已完成的通知后，有义务在7日内对方案设计文件进行书面确认。如甲方认为该设计方案需要修改，应提出书面修改意见。双方根据修改内容确定修改文件的提交日期。乙方负责在约定日期内对原方案进行修改，如期提交。

乙方权利及义务：

第一条：乙方按甲方签定确认的《设计任务书》要求进行设计，乙方在约定的期限内完成初步设计方案，并与甲方进行沟通，讨论。初步设计方案确定后，乙方有义务按甲方要求（不得少于2个工作日），在约定的设计时间内完成设计方案。

第二条：按双方约定，工程项目由乙方设计并施工的，在设计完成后，甲方与乙方签定家装合同并交纳工程首期款，乙方同时向甲方提交全套相应设计文件。设计师在施工过程中，负责处理有关图纸内容中一切技术性问题，并按公司要求参加现场技术交底及阶段验收工作。

第三条：若甲方未委托乙方进行施工，甲方可在支付全额设计费用后索取相应设计文件。乙方设计师负责对甲方或甲方委派的施工负责人到施工现场进行一次详细的技术交底。但乙方对双方已确认的方案不再有修改的义务，若甲方有修改需求，可与乙方协商，并交纳__元／次的方案变更费用。

第四条：对乙方设计师所提交的方案，甲方认为与自己的期望值偏差较大，乙方应为甲方更换设计师，但仅限更换一次，且设计周期需顺延。

设计方案修改及版权：

第一条：对于一次以上（含一次）的整体方案修改（指甲方在功能与风格上的修改意见与甲方确认的《设计任务书》要求不符），甲方每次均需预先向乙方另外支付本合同设计费总额的30%，并同时约定修改文件的提交日期。

第二条：对于两次以上的局部方案修改（不含两次，每次不限修改处），甲方每次均需向乙方另外支付__元／次的方案变更费用，并同时约定修改文件的提交日期。

第三条：本项目的设计版权为乙方所有，甲方有责任对此进行保护，不得将本项目的设计造型、设计文件、相关技术参数提供给第三方或其他项目使用。如甲方将上述图纸另作其他用途或公开发表，须事先征得乙方书面同意。

第四条：为保证甲方利益，乙方须对甲方身份背景，项目的各项内容进行保密。

违约责任：

第一条：因乙方原因造成本合同约定的设计完成日期延误的，每延一日乙方须支付甲方设计费总额的1%作为违约赔偿金。

第二条：因乙方原因造成中途停止设计的，乙方须书面通知甲方，按照设计费总额20%支付给甲方作为违约金，并将甲方已付的设计费返还甲方。

第三条：如因甲方原因造成本委托终止时，甲方应以已付费用作为违约赔偿，乙方有权不予退还。

纠纷解决方法：

第一条：双方出现不能自行协商解决的问题，双方同意按以下第__种方法解决。

1. 到乙方所在地区行业管理仲裁机构解决。

2. 到乙方所在地区人民法院诉讼解决。

第二条：如因不可抗力因素造成合同终止，双方互不承担违约责任。

其他：

第一条：本委托书可作为《××市家庭居室装饰装修工程施工合同》附件，与之具有同等法律效力。

第二条：本合同双方签字（盖章）之日起生效，本合同一式三份，甲方一份、乙方两份，如有未尽事宜，双方另行协商解决。

甲方：　　　　　　　　　　　　乙方：装饰设计有限公司

代理人签字：　　　　　　　　　代理人签字：

联系电话：　　　　　　　　　　联系电话：

日期：　　　　　　　　　　　　日期：

2.3.2　其他资料信息交换

设计者在与甲方交流后，应及时与甲方在风格、定位、造价等方面达成初步共识。并责成甲方在一些可能对设计或施工产生不利影响的事情上加以确认。首先是在设计或施工时可能受影响的地方取得有关部门（如房产、物业、上级部门等）的允许，并得到书面的确认。

其次是要求甲方提供的各种信息，比如特殊设备应交厂家该产品的资料简介、详细的安装尺寸、质检证书、实物照片等。

最后是甲方如要求使用指定的特殊材料，应向甲方索取材料实样，以及有关的质量检测报告等。

【思考题】
1. 我国与国际现有设计组织区别都在哪里？通过你的学习和思考，谈谈你对两种模式优缺点的认识。
2. 谈谈设计工作与业主沟通的重要性？以及在哪几个方面需要多加交流与沟通。

【习题】
1. 政府设计任务的采购方式主要有哪几种？谈谈每种方式的特点。
2. 室内装饰设计前期勘测准备工作有哪三点？
3. 装饰设计现场测量工作要注意哪几点？

建筑装饰设计

2

模块二　工程项目设计工作

1 学习目标

通过本模块的学习，需要学生熟悉方案构思阶段的工作，理解方案构思的方法，了解方案设计成果，熟悉方案讲述技巧，以及施工图设计工作方法。

2 相关知识

方案阶段是设计者通过设计构思拟定几个设计方案，经过反复推敲，最后确定正式方案的过程。设计方案中的设计构思是整个设计中的核心环节，是关系到设计方案成功与否的关键所在，也是设计者最为紧张的阶段。这时的设计者要在建筑装饰设计基本要点的指导下，确定设计构思的步骤，选用设计构思的方法，将建筑装饰设计方案最后敲定。本次学习知识点主要与工程项目设计工作密切相关，主要有：方案设计知识、方案构思常用知识、施工图扩初设计知识、施工图设计知识等。

2.1 方案设计阶段

该阶段主要包含方案构思、方案设计、方案汇报等几个阶段，这些阶段是设计工作的核心工作，也是衡量一个优秀设计师方案能力的关键阶段。

2.1.1 方案构思阶段

设计者的设计构思方法因人而异，但构思的步骤大同小异，有一定的规律可循。在构思开始时，要确定设计的原则，把握建筑装饰的设计要点，并按形象酝酿阶段、图解思考阶段、方案调整阶段三个阶段内容来完成方案设计内容。

2.1.1.1 形象酝酿阶段

在这个阶段里，设计者首先要查阅大量设计参考资料，并构思风格、功能，确定技术指标等一些问题。下面通过一个餐饮室内装饰设计的案例，来说明形象酝酿阶段的工作内容和设计成果。

1. 确定主题风格

在做建筑装饰设计开始时，首先要确定设计主题风格。确定主题风格就像音乐定调、写文章定中心思想一样。主题风格可选择现代风格、高科技风格、中式风格、欧式风格、地方风格以及个性化风格等。这就是说主题风格的选择可在学习过的历史流派中借鉴，也可以是原创性作品，作为设计者当然要有原创的内容，不能全部照搬他人的设计作品，要提倡个性化的设计。如做酒店设计可选择的风格很多，在这里选择现代风格。

2. 完成功能分析

在确定主题风格以后，就要在空间设计的过程中不断地将主题元素渗透其中。这时要做的设计工作是勾画功能分析图，如果能够做到胸有成竹可省略此步骤，但多数设计还是要完成此项内容的。作为特色酒店要确定所设计的餐厅餐饮方式，比如普通餐厅、自助餐厅、烧烤餐厅、快餐厅等类型之后，然后画出功能分析图供设计方案时参考。

3. 确定技术指标

在确定功能分析后，要明确一些和设计内容有关的技术指标。如人 /m²、容纳总人数，以及不同使用性质的面积分类等内容。在餐厅设计中就要确定，m²/ 座、最多容纳人数、包房、散客区及厨房的面积分配比例等，甚至还要考虑到停车位数量有关技术指标。

2.1.1.2 图解思考阶段

图解思考阶段是每一个设计者都必须认真对待的工作过程，一个成功的设计往往包含着设计者大量的图解思考和工作草图。每个设计者都有自己的图解思考方式，但思考步骤主要有平面功能图解思考和空间造型图解思考两部分内容。

1. 平面功能图解思考

在此阶段设计者要按功能分析图，开始在图纸上构思平面草图。平面构思草图可分为图解草图和正式草图两种，这些都称之为设计草图。这些草图都是设计者的设计思想和理念的自然流露，是无形变有形、构思变现实的雏形。

首先，可在 1/200 ~ 1/50 的平面图上做水平动线组织分析。从不同的角度、不同的思考方式勾画出多种的动线分析图（图 2-2），通过最后比较选择出最后的实施方案。

其次，在选择的动线分析图上进行不同性质区域的划分，为下一步家具和陈设的布置打下基础。有些设计者将此步骤与动线分析一起考虑，在草图中并不体现出来。

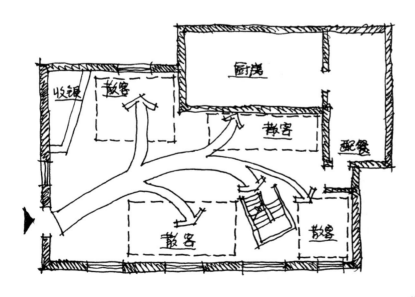

图 2-2　餐厅的平面多
条动线分析图

最后，确定最终的平面布置草图。设计者的草图不尽相同，但主要表现这几方面的内容：家具与陈设的布置、各种设计选材的标注、设计思想说明等文字表达内容（图2-3）。

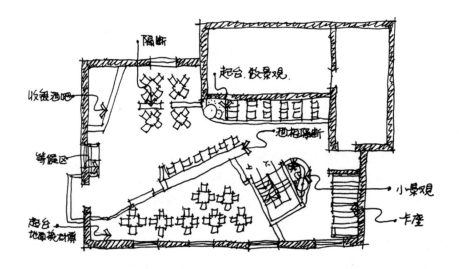

图2-3　餐厅平面草图

2. 空间造型图解思考

经过平面功能图解思考的过程后，平面已初步确定。设计者接下来要着手进行空间分析和剖面设计，对室内的空间组合，造型进行设计。空间造型图解思考草图的表达深度因人而异，绘制草图时，主要能够达到指导今后的深入设计工作的目的。

在空间设计图解思考中，面对的室内空间复杂程度不同，可能图解量也会有所不同。对于复杂的室内装饰设计还要进行垂直动线的分析，合理安排室内空间的活动规律及人流的走向，所以图纸量会大一些。对于小型空间主要的工作是进行空间造型的图解思考，图纸量相对要小一些。但不管设计繁简，都要多做方案，进行多方案比较，并在不断地改进中完成设计草图工作（图2-4）。

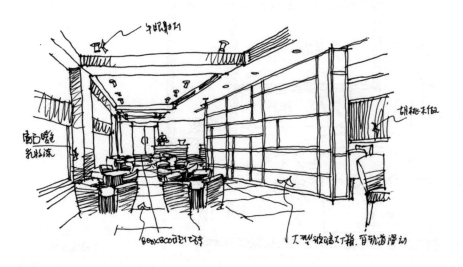

图2-4　餐厅的空间造型图解思考

2.1.1.3　方案调整阶段

在方案调整阶段中主要的工作是将设计草图与有关人员进行交流，并最后敲定设计方案。在交流中可以将多个草图方案与有关人员交流，也可以将自己的最终草图拿出来与有关人员交流，征求各方意见，最后敲定设计草图。

1. 与同行交流

可以将设计草图与设计小组每位成员进行讨论，从中找到一些可能考虑不周全的地方。尤其是那些非常熟悉某种空间的设计人员，他们有对该类型空间的设计心得，可以提供非常有价值的参考资料。

2. 与业主交流

在可能的条件下，一定要虚心请教业主有关人员，因为他们是今后的空间使用者，对室内空间的使用有绝对的发言权。对于某些二次装修的室内空间，使用者熟知室内的各种设备、管道、结构及空间感受，设计者对空间的暂短感受不足以完整了解各个空间，只有认真地与甲方进行沟通，才能了解使用者对理想空间的感受。当然也有一些业主提出过分、不切实际的想法，这就要求设计者运用所学习的专业知识说服他们，使设计不留遗憾。

2.1.2　方案构思的方法

完成一个室内装饰设计作品，是要付出辛苦的构思过程，纵观设计构思的方法，每个设计者都有自己的思维习惯。以下就功能设计法、造型设计法、主题设计法三种构思方法进行分析，三种构思方法各有特点，它们有各自的设计倾向，但并不是排斥其他设计元素。

2.1.2.1　功能设计法

所谓功能设计法就是在设计构思中，始终围绕功能这个中心进行设计的一种设计方法。重视功能是功能设计法的核心思想，但在设计中并不排斥其他设计元素，如造型问题、环境问题、应用新材料等问题。只是在设计中更注意发挥功能的作用，使设计有一定的主导思想。

强调功能设计一贯是现代建筑的设计理念，自从建筑师沙利文的"形式随从功能"的经典名言发表后，用功能设计的现代建筑思想已经走过了近百年的历史。功能设计的核心内容是在设计中，将功能作为第一重点要素，如动线的划分、不同使用区域的划分、不同房间性质的划分，根据不同使用性质设计不同的空间，比如酒店包房门按功能为主设计就是首先要考虑使用的舒适性，以正常的人体高度作为包房门的设计依据，门高与家用门高度应该差不多（图 2-5）等，这些都是功能设计最重要的内容。总之，功能设计是将人的活动作为设计的依据，使人在室内空间里能舒适的学习、工作、生活。但该设计法将考虑人的精神享受方面放到了次要地位，如果设计者处理不好这个问题，设计也很难成功。

2.1.2.2　造型设计法

所谓造型设计法就是在设计构思中，始终围绕造型这个中心进行设计的一种设计方法。在这种设计方法中造型取代功能成为了第一设计要素，一切设计都是围绕着造型要素而展开的。造型设计同样不排斥其他设计元素，如功能问题、空间问题、材料问题、经济问题等，如设计者处理得当，同样可以取得很好的设计效果。

造型设计就是唯美设计，它将室内的功能等要素放到了第二位。这一设计方法的最初思想是17世纪的法国皇家建筑学院开始采用的，虽然几经沉浮，但还有很多设计者追求这种设计风格。造型设计将审美贯穿于设计始终，在设计上追求造型，考虑美观在前，舒适性其次，比如以造型设计风格为主的包房门设计则把门的造型放到第一位，可以设计出超出正常尺度的包房门（图2-6），虽然过多的造型使功能和经济上不太合适，但由于设计上有创新、亮点，也会赢得很多业主的欢迎。

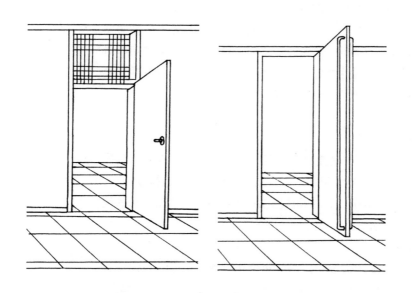

图2-5 以功能设计为
主的包房门（左）
图2-6 以造型设计为
主的包房门（右）

2.1.2.3 主题设计法

所谓主题设计法就是在设计构思中，始终围绕一个主题进行设计的一种方法。作为设计的主题，内容可以是多种多样的。主题设计可以使设计者很快进入设计状态，并围绕主题这个主线展开一系列的设计构思，设计的条理清晰、思想鲜明，能较快地完成不同风格的设计构思。

设计者在使用这种方法进行设计时，首先要选好主题。主题设计法所选择的主题范围很广，可以是一种细化了的风格，也可以是一种图形、图腾、材料、甚至可以是一首诗的含义。例如台湾某餐厅采用了以台湾少数民族文物为主题，设计者在经过对台湾少数民族的历史与文物的研究后，将台湾少数民族的木刻及图腾的形式语汇加以简化，并将之抽象为单纯的设计元素（图2-7a、b）。同时以代表百步蛇的传统三角形图案为基本元素，透过平面及立体的界面，将其符号运用在柱面的木刻质感及餐桌收边的纹饰与地砖的拼花上。另外，在材质表现上，柱面饰以三角形凸凹的凿痕实木横线，墙面的岩石及桌面的蛇纹石，也采用台湾少数民族的传统建材。

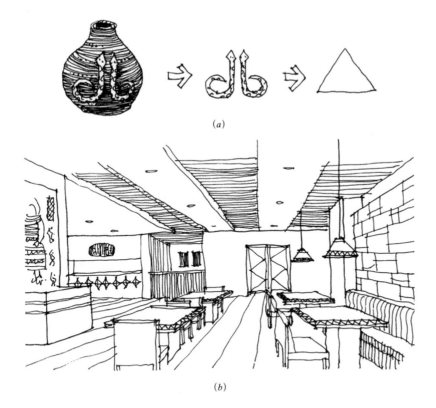

(a)

(b)

图 2-7 主题设计法设
　计的餐厅
(a) 主题素材图腾；
(b) 主题餐厅设计

在完成设计构思后，设计者要配合方案小组完成最后的设计作品。现代
建筑装饰设计不是个人能包揽全部设计任务的时代，而是要靠集体的智慧与力
量。建筑室内装饰设计通常分为家装设计、公装设计两种不同类型空间设计，
公装设计也要根据政府投资、个人投资的不同，分为不同类型的设计委托方式。

2.1.3　方案设计成果

不论是何种设计方式，最后都要为工程项目完成方案设计工作，并要得
到甲方的认可。一般来说，室内装饰工程的方案设计成果用效果图、设计文本、
动画等方式作为设计方案与甲方进行交流。

效果图是甲乙双方及专家进行交流的重要图纸。该图可将设计者的设计
思想、建成后的效果一目了然地表现出来，图纸内容应选择设计的重点空间及
部位；图纸的数量应视设计内容的多少、重点空间的数量而定；图纸的版面可
在 2 号图～0 号图之间选择。

文本是在讲标时供每位专家、建设方参考的设计文本。设计者可以将设
计说明、平面方案、效果图、重要节点等一系列设计内容，用一册文本的形式
反映出来，文本的版面一般选用 3 号图标准。

电子文件是在讲标时利用投影等设备进行方案介绍的重要工具。设计者
可以将所有的设计内容用电子文件的形式在交流时播放，现代化的电子设备总
能起到事半功倍的效果。电子文件的内容通常由 PPT 文件、建筑动画等文件类
型表达。

2.1.4 方案讲述技巧

作为一名室内设计者，方案的讲述能力是必须掌握的一个重要能力。不但需要具有专业的设计知识、丰富的施工经验及创意的思维，还需具有良好的沟通能力和语言表达能力。在介绍方案的时候，一些图纸不能表达的意境和构思，就需要用语言来进行补充描述。

2.1.4.1 讲述方案的流程与要点

在讲述方案前不但要做好设计工作，还要准备好汇报方案时的发言提纲、电子文件、硬件设备以及可能会遇到的其他问题。根据方案的不同规模，组织方案讲解小组可选择 2 ～ 5 人，事先选择好主讲人，主讲人应该是设计方案的主要参与者，并应具备以下素质：

1. 讲述表达清晰、突出设计思想

在讲述设计方案时要注意语言要清晰，发言提纲线路明确，设计理念和风格表述完整，设计亮点不要有遗漏，具体讲述要点。

功能如何满足要求是业主最关心的问题，详尽解读本案所处的环境、设计定位，功能介绍时应紧扣业主的要求。

要让业主理解，设计是多方面替客户着想的。包括对原空间的优劣作分析、新旧方案比较、使用习惯、文化内涵外延、性价比、实施效率等，加深客户对方案的印象，有助于客户更准确地把握建造目标，以便达到设计的最终目的。

但也要注意控制好汇报时间，时间太长反而效果不好，一般人能够认真听讲的时间是 30 分钟以内。

2. 面对不同业主要有不同的表述重点

主讲人要注意你的讲解对象，对不同的业主要有不同的讲解重点。可将业主分成懂专业和不懂专业两种类型，对于比较懂专业的业主，要从专业的角度、审美去讲解方案；对于不懂专业的业主可以从使用、类比的角度去讲解方案，这样讲解效果可能更好。对于女业主可结合生活体验，情景描述各空间。如讲述餐厅时可以描绘一下一家人就餐时的情景，结合灯光讲解菜肴的色彩，这样能调动业主的情绪，促进理解和沟通。

3. 熟练演示设备的操作

尽量使用自带的设备进行讲述，熟悉设备的操作流程，避免在业主面前出现准备不足的尴尬局面，影响业主对方案的信心。

2.1.4.2 讲述方案过程中的注意事项

准备讲述方案不但要做好讲解内容方面的功课，还要注意具体的细节。

1. 把握好与客户的距离

设计者应尽量避免站在客户的正对面进行讲述，最好站在客户身边进行讲述，这样有利于拉近双方的距离，有利于方案阐述的亲切感，在客户耳边娓娓道来，更具有亲和力。

2. 注意讲述时的身体语言

设计者应保持闲庭信步的自如，从容不迫，举手投足间散发动人神采。

优雅的举止，往往自然流露出设计师的气质修养。

3. 注意讲述时的语言技巧

设计者应在描述意境时让听者仿佛身临其境，意犹未尽，兴趣盎然。同时，留意客户的反应，把握语调语速，善用幽默，使业主对设计者的理念在讲解中得到很好的领会。

4. 注意讲述时的心态

设计者讲述时应以平等、互助、积极的姿态与业主沟通，泰然处之，切忌急于求成。

5. 注意讲述时形象包装

设计者衣着是体现个人品位的最直观因素，不能忽视衣着的配搭。外在形象的包装，衣着整洁是基本前提，还应适当展示个性特点。

2.2 施工图设计阶段

施工图设计阶段包括扩初设计阶段和施工图设计阶段，扩初设计是设计流程中初步设计和施工图设计之间的一个技术环节，施工图是最终用来施工的图纸。

2.2.1 扩初设计

扩初设计即是扩充初步设计的简称，是指在初步方案设计基础上的进一步设计，但设计深度还未达到施工图的要求，也可以理解成设计的初步深入阶段。扩初设计通常做到建筑装饰各主要平面、立面，简单表达出尺寸、材料、色彩，但不包括节点做法和详细的大样以及工艺要求等具体内容。

2.2.1.1 扩初设计的准备工作

扩初设计的准备工作主要是围绕法律文件、现场核对工作、各个工种的配合等方面内容进行工作。①双方就设计服务内容、服务方式及合理的设计时间取得一致的意见，并签署商务合同；②委托方签名确认设计方提交的方案文件，同意设计方按此方案进一步深化工作；③设计方在接获委托方委托合同文件后，应尽可能去到设计现场核准方案实施的现实可行性，核对现有建筑的固定不可变结构，如：剪力墙、管道井、烟道等，以及地方法规要求。减少图纸与现场不符所带来的严重后果；④充分了解各个专业对室内设计的特殊要求，如空调、消防设备、弱电等的需求。

2.2.1.2 扩初设计的成果

室内装饰设计的扩初设计成果主要是在做施工图之前，要对室内装饰设计方案进行控制尺寸方面的施工图设计。主要包括图纸目录、设计说明、平面图、顶棚图、立面图等，以及其他需要的图纸。

以家装室内设计扩初设计为例，其成果主要包括：方案设计和说明、图纸目录、平面图1：50、棚灯具平面图1：50、各主要立面展开图1：50、开关、电气设备布置图、洁具设计选型清单建议或参考图片、家具选型设计图及摆设位置清单或参考图片、饰品选型清单建议或参考图片（包括材质表达）。

根据不同业户的需要可能还要包括：控制项目设计书、招牌设计图、消防安全设计书、面积概算书、饰面一览表、饰面样板展示板、透视图、模型、模型照片、分项概算表（包含内装饰工程、家具工程、装饰品工程、设计费用）、工程量表、内装饰工程概算书等方案和技术资料。

扩初设计的成果要通过扩初设计评审会评审，方可进行施工图的设计工作。作为方案工作的最后评审，专家们的意见不会像方案评审会那样分散，而是比较集中，也更有针对性。根据方案评审会上专家们的意见，本次评审会要重点介绍扩初文本中修改过的内容和措施。未能修改的意见，要充分说明理由，争取能得到专家评委们的理解。

在方案评审会和扩初评审会上，如条件允许，设计方应尽可能运用多媒体电脑技术进行讲解，这样，能使整个方案的规划理念和精细的局部设计效果完美结合，使设计方案更具有形象性和表现力。

一般情况下，经过方案设计评审会和扩初设计评审会后，具体设计内容都能顺利通过评审，这就为施工图设计打下了良好的基础。总的来说扩初设计越详细，施工图设计越省力。

2.2.2 施工图设计

利用扩初设计的成果开展施工图的设计，建筑装饰施工图需要遵守的制图标准是《房屋建筑制图统一标准》GB/T 50001—2017，建筑装饰施工图反映的内容多、形体尺度变化大，通常选用一定的比例、采用相应的图例符号和标注尺寸、标高等加以表达，必要时绘制透视图、轴测图等辅助表达，以利识读。

2.2.2.1 装饰施工图设计的特点

室内装饰设计通常是在建筑设计的基础上进行的，由于设计深度的不同、构造做法的细化，以及为满足使用功能和视觉效果而选用材料的多样性等，在制图和识图上装饰工程施工图有其自身的规律，与建筑施工图存在一定差异，其图纸设计的特点主要有：

（1）室内装饰设计工程不仅与建筑有关，还涉及水暖、电器设备，家具、陈设、绿化等室内配套产品，还有金属、木材等材质的结构处理。因此，建筑装饰施工图中常出现建筑制图、家具制图、园林制图和机械制图等多种画法并存的现象。

（2）建筑装饰施工图为了表明有关建筑的结构和装饰的形式、结构与构造，符合施工要求，一般都是将建筑施工图的一部分用较大比例，加以放大进行图示，即建筑局部放大图。

（3）建筑装饰施工图图例，其中部分无统一标准，多在流行中互相沿用，各地多少有点大同小异，有的还不具有普遍意义，不能让人一望而知，需加文字说明。

(4) 标准定型化设计少，可采用的标准图不多，致使图中大部分局部和配件，都需要绘制详图来表明其构造。

(5) 建筑装饰施工图由于所用的比例较大，对室内或装饰的一些细部的描绘，比建筑施工图更加细腻。例如将大理石板画上石材肌理、玻璃或镜面画上反光等，使图像真实生动，具有一定的装饰感，构成了装饰施工图自身形式上的特点。

2.2.2.2 施工图设计的成果

依据国家《建筑工程设计文件编制深度规定 (2016 年版)》、《中华人民共和国工程建设标准强制性条文 房屋建筑部分》等标准文件，以及地方建筑装饰装修工程设计文件编制深度的规定等内容，建筑装饰施工图应按照一定的格式进行编制。

建筑装饰施工图设计文件应根据已获批准的方案设计进行编制，内容以施工图设计图纸为主，文件编制顺序应该依次为：封面、扉页、图纸目录、设计及施工说明书、图纸、建筑装饰（材料）做法表等。

施工图设计文件内容和深度的总体要求：

(1) 应能据以编制工程预、决算和作为进行施工招标的依据；

(2) 应能据以安排设备、材料订货和非标准设备的制作；

(3) 应能据以进行施工和安装；

(4) 应能据以进行施工验收。

2.2.2.3 设计图纸的技术要求

建筑装饰施工图设计质量好坏关系到施工质量，设备、材料选择，工程预、决算、验收等多个环节，而建筑装饰施工图设计质量又是与图纸的技术要求密切相关的，这就要求设计者必须掌握施工图纸的技术要求。

1. 施工图设计文件封面

应写明建筑装饰工程项目名称、设计单位名称、设计阶段（施工图设计）、设计证书号、编制日期等；封面上应盖设计单位设计专用章。

2. 施工图设计图纸目录

应逐一写明序号、图纸名称、图号、档案号、备注等，标注编制日期，并盖设计单位设计专用章。规模较大的建筑装饰装修工程设计，图纸数量一般很大，需要分册装订，通常为了便于施工作业，以楼层或者功能分区为单位进行编制，但每个编制分册都应包括图纸总目录。

3. 设计及施工说明书

1) 工程概况

工程概况应包括以下内容：

(1) 应写明工程名称、工程地点和建设单位；

(2) 应写明工程的原始情况、建筑面积、装饰等级、设计范围和主要目的；

(3) 工程实际情况中存在的问题分析。

2）施工图设计的依据

应包括以下几点内容：

（1）设计所依据的国家和地方现行政策、法规、标准化设计及其他有关规定；

（2）经国家、地区上级有关部门审批获得批准文件的文号及其相关内容；

（3）应着重说明装饰设计在遵循防火、生态环保等规范方面的情况。

3）施工图设计说明

（1）应写明装饰设计在结构和设备等技术方面对原有建筑进行改动的情况；

（2）应包括建筑装饰的类别、防火等级、防火分区、防火设备、防火门等设施的消防设计说明；

（3）对工程所可能涉及的声、光、电、防潮、防尘、防腐蚀、防辐射等特殊工艺的设计进行说明；

（4）对设计中所采用的新技术、新工艺、新设备和新材料的情况进行说明。

4）关于施工图设计图纸的有关说明

应能说明图纸的编制概况、特点以及提示看图施工时必要的注意事项。同时还应对图纸中出现的符号、绘制方法、特殊图例等进行说明。

5）施工说明

可采用文字和图表的形式进行说明。主要包括：

（1）文字说明　应逐一按照所有楼层的主要房间，对墙面、顶棚、地面、固定隔断等的施工用料和做法进行说明，标注所引用的相关图集和重复利用其他工程施工图纸的有关内容和代号，其中的一些部分可直接在图纸上引注或加注索引号；

（2）图表表格　应在图表表格上逐一填写所有楼层主要房间的墙面、顶棚、地面、固定隔断等的施工用料和相应的施工做法，并标注所引用的相关图集和重复利用其他工程施工图纸的有关内容和代号，其中的一些部分可直接在图上引注或加注索引号；

（3）所有施工说明都应标注编制日期，并加盖设计单位设计专用章。

4. 施工图设计图纸

施工图设计图纸应包括平面图、顶棚平面图、立面图、剖面图、局部大样图和节点详图。图纸应能全面和完整的作为施工的依据，一些普通做法或者是重复做法的房间和部位，应在施工说明中交代清楚。所有施工图上都应标注设计出图日期，并加盖设计单位设计专用章。对于一些规模较小或者设计要求较为简单的装饰装修工程，施工图纸的编制可以依据本规定作相应的简化和调整。

5. 建筑装饰（材料）做法表

主要包括如下内容：

（1）家具（订货和制作明细表）详图；

（2）灯具（订货和制作明细表）详图；

（3）卫生洁具与配件（订货）明细表；

（4）门窗（订货和制作明细表）详图；

（5）装饰配置和部品明细表；

（6）特殊设备和设施订货明细表；

（7）所有做法表上都应标注编制日期，并加盖设计单位设计专用章。

6.施工图设计文件的签署

（1）所有施工图设计文件的签字栏中都应完整的签署设计负责人、设计人、制图人、校对人、审核人的姓名；

（2）有其他相关专业配合完成的设计文件，应由各专业设计人员进行会签。

2.3　施工服务

在装饰工程施工的全过程中，设计人员要配合工程施工做好施工设计交底工作。现场处理完善施工图中未交代的构造做法，处理与各专业之间未预见的设计冲突等问题，并将改动设计的地方出变更图，配合施工单位完成好设计效果，使施工单位能够最终完成竣工图工作，并交有关各方加以保存。

【思考题】

1. 谈谈方案构思阶段对于整个设计方案的重要性。

2. 施工图设计是一个设计方案转化为实际工程的设计语言，你是如何理解一个准确、完整、细致的施工图是优质工程建设的前提保证的。

【习题】

1. 常用方案构思的方法有哪三种？试举一种方法加以分析。

2. 讲述方案过程中有哪些注意事项？

3. 施工图设计文件内容和深度的总体要求有哪些？

建 筑 装 饰 设 计

建 筑 装 饰 设 计

第**3**篇

工 作 项 目 篇

本篇将通过对家居空间、餐饮空间、办公空间、商业空间、旅游饭店空间、建筑室外装饰等六种人们日常生活、工作的空间进行技术指标和真实案例的分析，为今后开展同类空间的建筑装饰设计提供借鉴。

建筑装饰设计

1

模块一　家居空间室内设计

【学习目标】通过本模块的学习，需要学生了解住宅建筑特点、熟悉家居建筑形式。理解家居空间功能设计要求，以及相关规范与标准，能够合理地运用这些专业知识完成家居空间室内设计工作。

【知识点】住宅建筑（单元式住宅、点式住宅、联排式住宅、别墅）家居建筑形式（错层、跃层、复式）、平面功能、空间功能、家居空间相关规范与标准。

1　学习目标

了解住宅建筑基本形式，熟悉常用家居建筑形式、家居空间功能结构形式。熟悉家居基本空间功能要点，并能够运用其功能分析和功能要点开展家居空间设计；熟悉常用家居空间主要家具功能、摆放，以及尺度，完成家居空间家具的选择和布置。

2　相关知识

家居空间是人们最熟悉的空间之一，本章通过对家居空间技术指标解读和真实案例的分析，为今后开展家居空间设计打下良好的基础。本次学习知识点主要与家居空间室内设计密切相关，主要有：住宅建筑形式（单元式住宅、点式住宅、联排式住宅、别墅）、家居建筑形式（错层、跃层、复式）、家居空间平面功能分析、家居基本空间功能要点（玄关、客厅、卧室、厨房、餐厅、卫生间）等。

2.1　家居空间室内设计概述

2.1.1　住宅建筑解读

目前，我国家居的住宅建筑形式大致可以分为四种形式：

2.1.1.1　单元式住宅

这类住宅建筑形式每层楼面只有一个楼梯，住户由楼梯平台直接进入分户门，一般每个楼梯可以安排 2 ~ 4 户(大进深住宅每层一梯可安排 5 ~ 8 户)。若住宅的平面是板式设计，则一幢条形住宅可有 2 ~ 5 个单元，不论是一梯 2 户，还是一梯 3 户，每个楼梯的控制面积称为一个居住单元。

2.1.1.2　点式住宅

点式住宅也称为独立单元式住宅。所谓点式住宅，是指独立单元的住宅建筑，若为多层则称墩式住宅，若为高层又称塔式住宅。点式住宅平面一般仅由一个单元组成，它四面临空，故体型比较活泼，朝向广，视野宽。

2.1.1.3　联排式住宅

欧美国家又称 Town House，指由几幢二层至四层的住宅并联而成、有独立门户的住宅形式。联排住宅的特点是每套住宅都可以仰望天空，下接地气，或有独立的院子和车库，一般是一次性成片建造，立面式样一致，平面组合比较自由。

2.1.1.4 别墅

别墅又有双拼别墅、独栋别墅之分，双拼别墅是由两个单元的别墅拼联组成的单栋别墅。双拼别墅基本是三面采光，窗户较多，通风、采光和观景效果好；独栋别墅即独门独院，上有独立空间，下有私家花园，是私密性极强的单体别墅，表现为上下左右前后都属于独立空间，一般房屋周围都有面积不等的绿地、院落。

2.1.2 家居建筑形式

设计者在做家居室内装饰设计时，除了常见的平面形式，还会遇见各式各样有特色的家居建筑形式，比如错层、跃层、复式等，创造了室内空间的多样性，它们的特点如下：

2.1.2.1 错层

指一套住宅内的各种功能用房在不同的平面标高上，在建筑结构上用300～600mm的高度差进行空间隔断，特点是层次分明、立体性强，但未分成两层，错层住宅一般都设计在100m² 以上大户型住宅中（图3-1）。

图 3-1　错层住宅

2.1.2.2 跃层

从外观来说，跃层式住宅是一套住宅占两个楼层，有户内独用小楼梯联系上下层，一般在首层安排起居室、厨房、餐厅、卫生间，二层安排卧室、书房、卫生间等。跃层式住宅的优点是每户都有较大的采光面；通风较好，户内居住面积和辅助面积较大，布局紧凑，功能明确；相互干扰较小（图3-2a、b）。

2.1.2.3 复式

复式住宅最初的创意是在层高较高的一层楼中增建一个夹层，两层合计的层高一般低于跃层式住宅（跃层式为二层），复式住宅为了减低夹层的压抑，以及增设楼梯的需要，在客厅部分一、二层共享空间，在客厅处设楼梯通往夹层回马廊。复式住宅的下层为会客、起居、厨房、进餐、洗浴等空间，上层主要是休息等私密空间（图3-3）。

图 3-2 跃层住宅
(a) 一层效果图；
(b) 二层效果图

(a)   (b)

图 3-3 复式住宅

2.2 家居空间功能设计

家居空间主要是人们生活、休息的私密场所，但也有一些接待客人、朋友的需要，所以在设计家居空间使用功能时，一定要对空间使用功能了解清楚，比如家居对外部分空间、家居对内部分空间，这样才能有的放矢地加以设计。

(1) 家居对外部分空间：客厅、餐厅、公共卫生间、玄关等。

(2) 家居对内部分空间：起居室（家庭室）、卧室、卫生间、餐厅（早餐室）、厨房、洗衣间等。

2.2.1 家居空间功能结构分析

通过对家居空间使用功能的结构分析，可以清楚地看到家居空间各个基本空间的组合与联系，从而在室内装饰设计中关注各个空间的使用要求，完成好设计任务。下面是一个典型家居空间的功能结构分析图（图 3-4）。

设计者可以依据功能分析图，用逻辑思维方式对建筑室内空间功能结构进行分析、综合、判断，明确场地的空间关系的制约，在此基础上构思立意，进行方案设计。

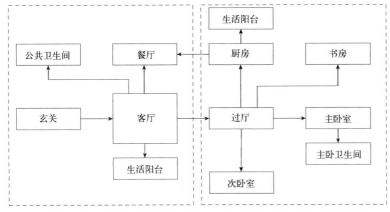

图中左侧虚线框内部分为家居对外部分空间，右侧虚线框内部分为家居对内部分空间

图 3-4　家居空间功能
　　结构分析图

2.2.2　家居空间平面功能分析

室内设计的平面功能分析是在建筑平面图中进行的。根据人的行为特征，室内空间的使用表现为"动"与"静"两种形态。具体到某个特定的空间，动与静的形态又转化为交通面积与实用面积，可以说室内设计的平面功能分析主要就是研究交通与实用之间的关系，它涉及位置、形体、距离、尺度等空间要素。研究分析过程中依据的图形就是平面功能布局的动线分析草图。

动线分析草图所要解决的问题，是室内空间设计中涉及功能的重点。它包括平面的功能分区、交通流向、家具位置、陈设装饰、设备安装等。各种因素作用于同一空间，所产生的矛盾是多方面的。如何协调这些矛盾，使平面功能得到最佳配置，是动线分析草图的主要课题，必须通过勾绘大量的草图，分解比较草图方案的利弊，才能得出理想的平面布局。

2.2.3　家居基本空间功能要点

家居基本空间主要包括玄关、客厅、卧室、厨房、餐厅、卫生间等主要空间形式，其他特殊空间不在基本空间分析之列。

2.2.3.1　玄关的功能与设计

1. 玄关的功能

玄关指成套住房中从进门到厅之间的空间。中国传统文化重视礼仪，讲究含蓄内敛，有一种"藏"的精神。体现在住宅文化上，四合院的影壁（或称照壁）就是一个生动写照，不但使外人不能直接看到宅内人的活动，而且通过影壁在门前形成了一个过渡性的空间，为来客指引了方向，也给主人一种领域感。玄关也称为斗室、门厅等。

在使用功能上，玄关有以下三方面的作用：

一是视觉屏障作用。玄关对户外的视线产生了一定的视觉屏障，不至于开门见厅，让人们一进门就对客厅的情形一览无余。它注重人们户内行为的私密性及隐蔽性，保证了室内的安全性和距离感，在客人来访和家人出入时，能够很好地解决干扰和心理安全问题，使人们出门入户过程更加有序。

二是转换空间作用。可以用来作为简单地接待客人、接收邮件、换衣、换鞋、搁包的地方，也可设置放包及钥匙等小物品的平台。

三是保温作用。玄关在北方地区可形成一个温差保护区，避免冬天寒风在开门时和平时通过缝隙直接入室。

2. 玄关的常用家具与陈设

玄关的空间一般都不大，常用的装饰手法也是结合功能需要来完成。玄关常用家具有衣服柜、鞋柜、玄关台、玄关屏、玄关柜等，这些家具依据空间的大小和使用者的喜好可分设、可组合、可取舍；常用的陈设品有艺术品、饰物、镜子、照明灯具、植物等。

3. 玄关的设计

玄关的设计应与整套住宅装饰风格协调，起到承上启下的作用。设计中需要注意三个方面：

一是为了保持主人的私密性。避免客人一进门就对整个居室一览无余，也就是在进门处用木质或玻璃作隔断，划出一块区域，在视觉上遮挡一下。

二是从外环境进入家居空间的最初感觉，看到的就是玄关，所以装饰作用很重要。设计者应依据整体设计思想，用简洁、稳定的组合，将玄关的装饰特点反映出来。

三是设置鞋柜、衣帽架（或衣帽、鞋组合柜）、穿衣镜等在玄关内，家具造型应美观大方，和整个玄关风格协调。

2.2.3.2 客厅的功能与设计

在开展客厅设计之前，首先要明白客厅与起居室的关系。

1）客厅与起居室

客厅顾名思义主要是侧重于空间作为主人与客人交流的功能，是住宅重要的大空间；起居室则侧重于作为家庭活动中心，是家人娱乐、休闲的大空间。在我国由于生活水平的限制，住宅使用面积有限，往往将客厅功能与起居功能合二为一，称之为客厅。合并后的客厅不但有客厅应有的功能，而且还要有起居室的各项功能。

2）客厅的功能

客厅是起居、会客、家人团聚、休息、娱乐、视听活动等多种功能的居室，是居住建筑中使用活动最为集中、使用频率最高的核心室内空间，在住宅室内造型风格、环境氛围方面也常起到主导的作用。

客厅的主要功能区域为聚谈区：新老朋友相聚、小坐品茗的区域；阅读区：读书、看报的区域；娱乐欣赏区：听音乐、看影视的区域。这些活动的区域互相有交叉，但进行活动的时间不同。为了解决有些功能区域相互干扰的矛盾，需要通过装修手段，采取不同的分隔方式来解决，也是形成艺术氛围的有力表现手段。

3）客厅的家具与陈设

根据客厅的使用功能需要，以及客厅造型的需要，客厅的常用家具主要有沙发、茶几、组合柜、地柜、电视柜、五斗柜、休闲几、屏风、博古架、角几等。

客厅的陈设品主要有：绘画作品、艺术品、摆件、植物、灯具、电视、家庭影院等。

4）客厅的设计

客厅的设计布置以宽敞为原则，最重要的是体现舒适的感觉。在客厅不同区域确定后，家具布置就显得最重要，而沙发又是重中之重，沙发摆放好，其他家具就可落位。

（1）家具摆放

这里主要介绍沙发摆放位置，沙发定位则其他家具就可以相应安排。

① "—" 字形布置非常常见，沙发沿一面墙摆开呈 "—" 字状，前面摆放茶几，对于客厅开间小于 3900mm 的客厅可采用。

② "L" 式布置可以充分利用客厅室内空间，休闲效果、舒适性较好。适合中等面积客厅，开间在 3900～4200mm 的客厅适宜采用。对于沙发类型而言，"3＋1" 的组合可以说是 "L" 式较为普遍的沙发摆放组合方式。

③ "U" 式是客厅较为理想的沙发座位摆设。它既能充分利用客厅室内有效空间，又能营造出更为亲切而温馨的交流气氛，但这只能在较大面积的客厅，开间在 4200mm 以上的客厅适宜采用。对于沙发类型而言，"3＋1＋1"，"3＋2＋1" 等组合可以说是 "U" 式最为普遍的沙发摆放组合方式。

④家具尺寸：沙发单人式：长度 800～950mm，深度 850～900mm，座高 350～420mm，背高 700～900mm；双人式：长度 1260～1500mm，深度 800～900mm；三人式：长度 1750～1960mm，深度 800～900mm；四人式：长度 2320～2520mm，深度 800～900mm；沙发的扶手一般高 560～600mm。需要注意高档沙发或欧式沙发、古典沙发、美式沙发尺寸都大，因此占用空间也较大。

茶几可在长 1200～2100mm，宽 600～1200mm，高 380～500mm 之间选择，圆形一般直径为 800～1400mm；角几：方形 700mm×700mm×600mm，圆形直径 700mm，高 600mm。

（2）电视背景墙

电视背景墙也是客厅的主题墙，一般是放置电视、音响的那面墙。在这面背景墙上，最能突出主人的个性特点。例如利用各种装饰材料在墙面上做一些简洁的造型，以突出整个空间的装饰风格。注意不要在墙面上过分设计，导致商业味太浓。

（3）客厅的照明

客厅灯饰风格是主人身份、修养的象征和表现。因此，客厅照明重在营造气氛，应选择艺术性较强的灯具，与建筑结构和室内布置相协调，勾勒出美妙的光环境。

客厅的灯光设计要考虑实用性和装饰性。具体设计上要考虑照明灯光的层次性，设计出会客照明、休息照明、娱乐照明、活动照明、学习照明、影视照明等多种照明组合。

采用的主要照明灯具有：吊灯、吸顶灯、射灯、立灯、光檐艺术照明等。

（4）客厅吊顶的选择

顶棚吊顶常选用纸面石膏板做造型，它具有价格便宜、施工简单的特点，只要和房间的装饰风格相协调，效果会很不错。如果空间较矮，也可以不选择吊顶，但要注意原顶棚与吸顶灯配合会使顶棚的抹灰缺憾一览无遗。

（5）客厅地面材料

由于我国南北方气候差别大，在地方材料选择上也是各有不同，比如北方喜欢木地板系列，南方则偏爱大块地砖铺地。但不管何种地面材料，在设计上都要注意：地面块材的尺寸选择；铺地块材的对缝选择，尤其是各个空间衔接处处理方法；不同地面材料扣条的选择等。

（6）工艺品

实用工艺品选择包括瓷器、陶器、搪瓷制品、竹编等。而装饰工艺品的种类则更多，诸如挂画、雕品、盆景等。工艺品的主要作用是构成视觉中心、填补空间、调整构图，体现起居空间的特色情调。配置工艺品要遵循以下原则：少而精，符合构图章法，注意视觉效果。并与客厅空间总体格调相统一。

2.2.3.3　卧室的功能与设计

卧室是提供居住者睡眠的空间，人的一生约有三分之一的时间是在床上度过的，一个设计良好的卧室，可以使人身心得到真正的放松。

1.卧室的功能

卧室休息与睡眠功能要求是最为重要的。为了保证这一使用要求的实现，应完善与之相配套的使用功能，如简单的梳妆要求、生活衣物用品的储存、休息前的阅读与视听要求等。卧室的平面形式在空间组织中应包括以下几方面内容：

1）睡眠区

这是卧室空间的中心，应该处在相对稳定的一侧，以减少视觉、活动对它的干扰，这一区域主要有床和床边柜。

2）梳妆区

这一功能区根据不同的卧室有一定差异，如主卧室带卫生间，则梳妆区可纳入卫生间。一般则应考虑这一区域主要由梳妆台、梳妆椅、梳妆镜组成。

3）储物柜

这是卧室不可缺少的组成部分，一般以衣柜为代表，在一些面积较宽余的卧室中，可考虑设置储存室，将所有衣物有序地纳入这一空间。

4）学习休闲区

在卧室中考虑主人阅读学习或观看电视的要求而形成的空间区域，主要有座椅、休闲沙发以及电视柜。这些功能应该既有分隔又相互联系，以形成互不干扰又和谐完美的休息睡眠空间。

2. 卧室的家具

根据卧室的功能需要，与之配套的家具有床、床头柜、穿衣柜、地柜、化妆台、休闲椅、休闲台等。家具选材上以木料、皮革、布艺等材料制成的家具较为适宜。卧室家具分别靠三侧墙面布置较为合理。总之，家具配置上应遵循简洁、美观、实用原则。

标准双人床是1500mm×2000mm，大床是1800mm×2000mm，单人床是1200mm×1900mm或900mm×1900mm；床头柜：高500～700mm，宽500～800mm；穿衣柜：高度2200mm，深度600～650mm，长度1200～2100mm，推拉门700mm。

3. 卧室的设计

根据卧室的使用功能和特点，空间造型以床、墙为中心，可适当做些背景装饰，整体空间应体现卧室情调，温暖、亲切、宁静的特点。

地面材料选择通常与客厅材料一致，常用的有木地板、地毯或木地面上配以局部羊毛地毯。墙面常饰乳胶漆、墙纸、墙布、艺术壁毯、局部软包织物，均以淡雅、宁静的色彩为主调。

2.2.3.4 厨房、餐厅的功能与设计

随着人们生活水平的提高，开放式厨房设计理念不断深入，餐厅和厨房这两个功能区常常被放在了一起。合理的厨房和餐厅设计不仅方便了烹饪的整个过程，更重要的是加强了家人之间的交流，增进了感情。

1. 厨房、餐厅的功能

餐厅是家庭日常进餐和宴请宾客的重要活动空间。可分为独立式、与客厅相连餐厅，厨房兼餐厅这三种。餐厅的布局主要是餐桌的布置，通常有独立式、靠边式、角落式三种摆放方式，餐厅面积够大，应首要选择独立式。

厨房常见的功能布局有储物区、清洗区、配膳区、烹调区。

2. 厨房、餐厅的家具与陈设

厨房、餐厅的家具主要有橱柜、餐桌、餐椅、酒柜等；厨房、餐厅的陈设品主要有：酒瓶、陶瓷器皿、玻璃器皿、餐具、摆件等。

厨房操作台的高度可以按照：身高／操作台高度=16/7去考虑，也就是你身高1600mm，操作台就应该高700mm，操作台深度600mm，吊柜和操作台距离在700mm左右；也可参考吊柜起始高度1450mm左右，吊柜深度300～350mm。

家用餐桌长度在760～1450mm，宽度760～900mm，高度为710～750mm。家用餐椅一般不设扶手，餐椅的座高在420～440mm之间，且椅座至桌面的高差应保持在280～320mm之间。此外椅的座前宽应不小于380mm，座深在340～420mm之间，椅背总高在850～1000mm之间为宜。

3. 厨房、餐厅的设计

餐厅应营造清新、淡雅、温馨的环境氛围，采用暖色调、明度较高的色彩，

具有空间区域限定效果的灯光，柔和自然的材质，以烘托餐厅的特性。

厨房的平面布置形式有U形、L形、F形，视觉上应该给人以简洁明快、整齐有序与住宅整体风格相协调的宜人效果。

2.2.3.5 卫生间的功能与设计

卫生间就是厕所、洗手间、浴池的合称，它与我们的健康休戚相关，卫生间的陈设是否科学合理，标志着卫生间设计的成功与否。

1. 卫生间的功能

卫生间的设计要考虑干湿区域划分，湿区用于安装浴具、洗衣机等，干区有马桶、洗手台等。

2. 卫生间的家具与浴具

卫生间的家具及浴具主要有洗面盆、抽水马桶、浴盆、浴屏、浴房、镜子、浴霸、换气扇等。这些浴具有些功能兼顾，所以设计中可以有选择使用。

常用立柱洗面盆尺寸是480mm×470mm×800mm；台式洗面盆样式多变，长度600～1000mm，宽度500～550mm，高度750～800mm；抽水马桶尺寸是700mm×350mm×700mm；普通浴缸：长度1200mm、1300mm、1400mm、1500mm、1600mm、1700mm，宽度700～900mm，高度355～518mm，坐泡式浴缸1100mm×700mm×475mm（坐处310mm），按摩浴缸1500mm×800mm～900mm×470mm。浴屏和浴房一般平面尺寸为900mm×900mm、1000mm×1000mm、1200mm×800mm，高度1850～1900mm。

3. 卫生间的设计

卫生间要求易于清洁，地面防滑极为重要，常选用的地面材料为陶瓷类同质防滑地砖，墙面为防水涂料或瓷质墙面砖，吊顶除需有防水性能，还需考虑便于对管道的检修。

首先应该了解卫生间的各部分尺寸，设计布置要到位，除了地砖、墙面瓷砖、吊平顶外，重点是浴盆、洗面盆和抽水马桶（俗称三件套）。一般注意最好选用一个厂家同一品牌的产品，这样会在风格、材质、尺度、色彩上取得一致。

设计时一定要注意卫生间内浴盆位置的长、宽和净尺寸，使其符合1.2m、1.4m、1.5m、1.7m等规格的浴缸产品安置。还要注意留出排水管等管道的位置，防止敲掉原墙体，要注意楼板的承重和防潮。在设计马桶位置时，一定要注意抽水马桶污水管口与后面墙壁的间距（坑距），常规的坑距为300mm和400mm两种。所以，设计时特别要留意马桶的坑距符合要求。

卫生间的装饰，应以安全、简洁为原则。强调安全，是因为人们在浴室里活动时皮肤裸露较多，空间一般又很狭窄，因此，要选择表面光滑、无突起、尖角的构件。强调简洁，是因为人们追求清洁和松弛。盆景绿化、五金、灯具等都可以用来作装饰和点缀卫生间，使空间赏心悦目。

3　项目单元

3.1　家居空间资料收集任务

家居空间资料收集任务主要有三个方面。一是与甲方沟通，收集各种设计信息；二是阅读甲方提供的设计资料；三是测量前的准备工作。本练习要求学生在一周的时间内完成家居装饰设计三种不同风格案例的搜集，预测绘的家居平面草图的绘制，以及汇总甲方的设计要求（甲方可由教师担任），并完成演示文稿的汇报稿。

3.2　家居空间测绘任务

结合家居设计开展家居空间测绘工作。假如选择假题目开展设计，也可以让学生在教学楼选择一个教室、走廊或洗手间等空间开展测绘工作。首先完成勘测准备工作，然后完成空间的测量工作，最后完成测绘工作，并提交测绘成果。主要成果有：现场测量图原稿（达到教师要求深度）、空间照片等。

【思考题】

1. 家居空间功能设计中主要是平面功能布置，请你绘制出现有住宅常用平面功能结构分析图，并对各个空间特点加以说明。

2. 客厅与起居室有何不同点？请各位学生多查查有关实例，并分析各自空间的特点。

【习题】

1. 试述跃层和复式住宅室内空间的区别？并说明各自的优缺点。

2. 试选择三种客厅常用沙发组合，并给出常用尺度。

3. 家居厨房常见的功能布局分几个区域？

1　学习目标

了解家居空间设计相关规范与标准，熟悉家居工程实际项目案例，并能够通过此工程案例，举一反三地开展家居空间的设计工作，独立完成家居空间设计任务。

2　相关知识

本次学习知识点主要与家居空间课程设计密切相关，主要有：《住宅设计规范》、《建筑照明设计标准》、《建筑内部装修设计防火规范》、《建筑设计防火规范》、《民用建筑设计通则》、家居空间工程实际项目分析等。

2.1　家居空间设计相关规范与标准

(1)《住宅设计规范》GB 50096—2011；

(2)《建筑照明设计标准》GB 50034—2013；

(3)《建筑内部装修设计防火规范》GB 50222—2017；

(4)《建筑设计防火规范》GB 50016—2014；

(5)《民用建筑设计通则》GB 50352—2005。

2.2　家居空间工程实际项目分析

项目名称：哈公馆

项目所在地：哈尔滨市道里区友谊路

项目使用面积：300m²

工程竣工时间：2009 年 12 月

设计单位：哈尔滨 × × × 装饰设计有限公司

从该家居平面图看这是一个 4 室 2 厅 3 卫的一个大户型（图 3-5）。该户型建筑平面设计有三个特点：一是北客厅，与普遍的南客厅相反，主要是由于北侧临松花江，设北厅是可以观望江景的需要；二是设主人与服务人员两个出入口；三是该建筑属于大进深建筑，所以南北距离较远，户型中段容易出现暗空间，但本户型可以西侧采光，所以基本避免了这个问题。总之，建筑设计已将功能划分清晰，各空间功能完整而且连续。

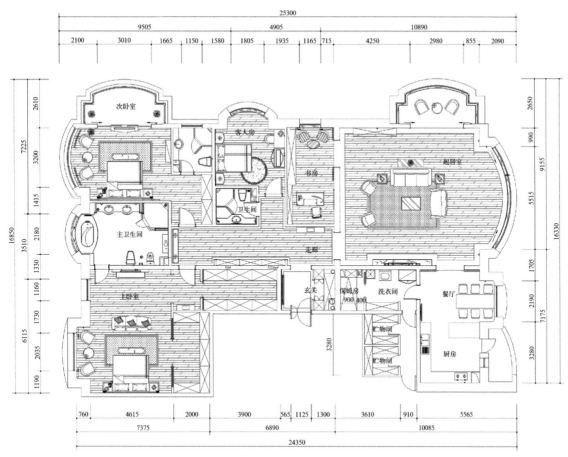

哈公馆总平面布置图　SC　1：100

该家居室内设计采用欧式风格的设计理念，客厅（图3-6）是家居设计的重点，又是对外的空间，所以在设计手法上，顶棚层次感强，简欧的装饰线条恰到好处，照明设计考虑多层次照明，体现了立体感、体积感；地面人字形拼纹，家具、灯具、陈设使整体空间呈现了欧式设计理念的升华。

餐厅靠近超大型飘窗，使餐厅的视线通透，空间明亮，使人容易联想起英国维多利亚时期别墅的感觉（图3-7）。椭圆形灯井，配上水晶吊灯，与欧式实木餐桌形成了完美的配合。

在主卧室室内装饰设计中，床头背景墙采用传统软包设计，与顶棚灯井设计彼此呼应，设计的整体风格统一（图3-8）。但设计师在灯井的井心处理、软包的衔接细部处理中都显示了扎实的基本功。

家居主卧卫生间室内分区明确，精心打造双洗面盆、冲浪浴盆、淋浴房、马桶、净身盆设计（图3-9）。冲浪浴盆裙边由米黄石材砌筑围合，使用性、安全性很强。

图3-5　家居平面图

图 3-6　家居客厅(左)
图 3-7　家居餐厅(右)

图 3-8　家居主卧室
　　　(左)
图 3-9　家居主卧卫生
　　　间(右)

3　项目单元

课程设计一 ——家居空间课程设计任务书

一、设计项目题目：家居空间室内设计

二、设计项目简介：

1. 该住宅建筑是近年来新建住宅，一梯两户，该户位于中间楼层；

2. 该住宅平面为 2 室 2 厅 1 卫，客厅朝南、南北通透户型。

三、设计项目要求：

1. 设计风格要有创新性，个性化。

2. 设计要考虑实用、经济、美观的原则。

四、设计项目成果：

以下成果需要装订成册。

1. 设计说明（2 号图纸）

2. 图纸目录（2 号图纸）

3. 平面图（1：50，2 号图纸，手绘）

4. 顶棚图（1：50，2 号图纸，手绘）

5. 立面图（1：50 或 1：30，2 号图纸，手绘）

6. 效果图（2 张，手绘客厅、主卧效果图，A3 幅面装裱成 2 号图纸）

7. 装饰品明细（可选项）

五、设计项目时间要求：

四周时间。

注：项目平面由指导教师自拟。

【思考题】

　　1. 在开展家居空间设计过程中，有关的家居设计相关规范与标准主要起什么作用，如何看待这种作用。

　　2. 谈谈对家居空间工程实际项目分析体会，并通过分析该实际工程项目，谈谈有哪些设计不够理想的地方。

【习题】

　　1. 常用的家居空间设计相关规范与标准都是什么？

　　2. 客厅的常用家具都有哪些？

　　3. 主卧室双人床常规布置方法？床头背景墙面常用设计手法？

2

模块二　餐饮空间室内设计

　　【学习目标】通过本模块的学习，需要学生了解各式餐饮空间特点、熟悉餐饮空间设计技术指标。理解餐饮空间基本空间功能要点，以及相关规范与标准，能够合理地运用这些专业知识完成餐饮空间设计工作。

　　【知识点】快餐厅、自助式餐厅、特色餐厅、西式餐厅、餐饮空间设计技术指标、等位区、用餐区、服务区、餐饮家具、餐饮空间相关规范与标准。

1　学习目标

了解零餐餐厅主要形式，熟悉餐饮空间设计技术指标，餐饮空间功能结构形式。熟悉餐饮空间基本空间功能要点及餐饮空间照明要点，并能够运用其功能分析和功能要点开展餐饮空间设计；熟悉常用餐饮空间主要家具功能、摆放，以及尺度，完成餐饮空间家具的选择和布置。

2　相关知识

餐饮空间是人们就餐的场所，也是人们最熟悉的空间之一。餐饮空间设计包含的内容比较多，可归纳为进餐与饮食两类。前者如风味餐厅，后者如点心店等，本模块将对餐饮空间的形式、设计等做一概述。通过对餐饮空间技术指标解读和真实案例的分析，为今后开展餐饮空间设计打下良好的基础。本次学习知识点主要与餐饮空间室内设计密切相关，主要有：快餐厅、自助式餐厅、特色餐厅、西式餐厅、餐饮空间设计技术指标、餐饮空间功能结构分析、餐饮空间基本空间功能要点、餐饮空间的家具及设计、餐饮空间照明等。

2.1　餐饮空间室内设计概述

餐饮行业中，餐厅的形式是很重要的，因为餐厅的形式不仅体现餐厅的规模、格调，而且还体现餐厅经营特色和服务特色。

2.1.1　各式餐饮空间简介

现在社会上的零餐餐厅主要有以下几种形式。

2.1.1.1　快餐厅

可满足生活节奏快客人的需求。快餐厅的内部装饰清洁而明快，所提供的食品都是事先准备好的，以保证能向客人迅速提供所需的食品。

2.1.1.2　自助式餐厅

有方便、迅速、简单就餐的特点。客人可以自我服务，如菜肴不用服务员传递和分配，饮料也是自斟自饮。自助餐西式、中式均可。

2.1.1.3　特色餐厅

1. 风味餐厅

这是一种专门制作一些富有地方特色菜式的食品餐厅。这些餐厅在取名上也颇具地方特色。

2. 海鲜餐厅

这是以鲜活海、河鲜产品为主要原料烹制食品的餐厅。

3. 食街

这是供应家常小吃的餐厅。有南北风味食品，以营业时间长、品种多、有特色、供应快捷，而受客人普遍欢迎。

4. 火锅店

专门供应各式火锅。此类餐厅的设备很讲究，安排有排烟管道，条件好的地方备有空调，一年四季都能不受天气影响品尝火锅。

5. 烧烤店

专门供应各式烧烤。这类餐厅内也都设有排烟设备，在每个烤炉上方即有一个吸风罩，保证烧烤时的油烟焦糊味不散播开来。烧烤炉是根据不同的烧烤品种而异，有的是专门的炉。

2.1.1.4　西式餐厅

西餐厅是向客人提供西式菜式、饮料及服务的餐厅。西式餐厅的种类：

1. 扒房

是酒店里最正规的高级西餐厅，也是反映酒店西餐水平的部门。它的位置、设计、装饰、色彩、灯光、食品、服务等都很讲究。扒房主要供应牛扒、羊扒、猪扒、西餐大菜、特餐。

2. 咖啡厅

酒店必须设立的一种方便宾客的餐厅。根据不同的设计形式，有的叫咖啡间、咖啡廊等，供应以西餐为主，在我国也可加进一点中式小吃，如粉、面、粥等。通常是客人即来即食，供应一定要快捷，使客人感到很方便。

3. 酒吧

这是专供客人饮酒小憩的地方，装修、家具设施一定要讲究，因为它也是反映酒店水平的场所，通常设在大堂附近。酒吧柜里陈列的各种酒水一定要充足，名酒、美酒要摆得琳琅满目，显得豪华、丰富。调酒和服务都要非常讲究，充分显示酒店水平。

4. 茶室

又称茶座，这是一种比较高雅的餐厅，一般设在正门大堂附近，也是反映酒店格调水准的餐厅。是供客人约会、休息和社交的场所。

2.1.2　餐饮空间设计技术指标

我国在 2017 年制定的《饮食建筑设计标准》中，对于餐厅最小使用面积的规定（表 3-1）。

在设计中可以结合该项指标，参考我国现有生活水平以及餐饮空间设计档次，餐厅面积一般以 1.8 ～ 3.0m²/ 座计算。

餐馆的餐厨比宜为 1：1.1，餐厨比可根据饮食建筑的级别、规模、经营

用餐区域每座最小使用面积（m²/座）				表3-1
分类	餐馆	快餐店	饮品店	食堂
指标	1.3	1.0	1.5	1.0

注：快餐店每座最小使用面积可以根据实际需要适当减少。

品种、原料贮存、加工方式、燃料及各地区特点等不同情况适当调整。

对于中高档次餐饮空间的设计一定要考虑停车位的设计，位于二层及二层以上的餐馆、饮品店和位于三层及三层以上的快餐店宜设置乘客电梯；位于二层及二层以上的大型和特大型食堂宜设置自动扶梯。

2.2 餐饮空间功能设计

一个理想的餐厅设计首先应该有一种惬意的环境和愉悦的气氛，如何能够得到这种餐饮空间，这就需要一个功能合理的餐饮空间。

2.2.1 餐饮空间功能结构分析

餐饮空间功能结构分区主要有五个部分，等位区、用餐区、操作区、管理区、服务区，五个部分各自相对独立，又有紧密的联系，设计中需要灵活安排（图3-10）。

在平面动线分析上要合理安排客流动线、传菜动线和服务流线。

2.2.2 餐饮空间基本空间功能要点

餐饮空间功能结构分区中等位区、用餐区、服务区三个部分是对就餐者开放的，在这三个部分平面功能分析中也要做动线交通分析，从而在平面图中设计出三个部分的各自位置。在设计中注意以下问题：

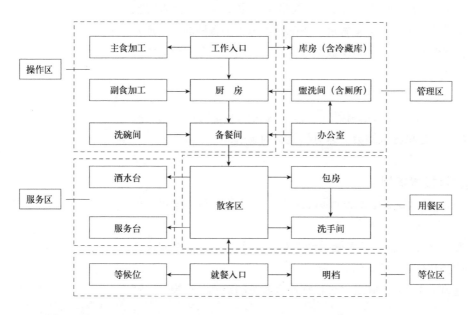

图 3-10 餐饮空间功能结构分析图

2.2.2.1 等位区

等位区主要是供客人等候座位时休息用，一般安排在入口附近。一般配有沙发、茶几及书籍报刊，是餐饮类空间最能体现人气的区域，其休息位的数量应根据整个餐饮空间的座位数量配比。

2.2.2.2 用餐区

用餐区是顾客用餐的区域。散客区的空间应多样化，有利于保持各餐位之间的互不干扰。注意通道的通畅和餐桌的摆放形式，主要布置六人台以下餐桌，以婚宴为主的餐厅除外，零散的顾客为主的餐厅可以设卡座。

包房一般为有私密需求的团体顾客而设，通常要设六人台以上的餐桌。设计多考虑到顾客的私密性需求以绝对分隔的形式分隔空间，可设置独立的传菜间、卫生间、衣帽间以及专用的会客区和休息区。

2.2.2.3 服务区

服务区的位置应根据顾客座位的分布来设置，尽量让服务区照顾到每一位顾客。总服务台应设在显著的位置上，服务台的周围应有宽敞空间，长度要考虑工作人员的数量和服务范围，有酒水服务功能的应配置酒水柜和酒水库房。每个出入口都应设置知客台，备餐台的多少应由服务形式和服务质量决定。

2.2.3 餐饮空间的家具及设计

餐厅使用的家具种类、样式很多，但最常用的是餐桌，常选的方桌、长方桌或圆桌，餐椅的造型及色彩，要与餐桌相协调，并与整个餐厅格调一致。

2.2.3.1 家具尺寸

餐厅的家具布置主要就是餐桌的布置。而餐桌布置与就餐形式、空间安排联系紧密，在设计上以有效利用空间和争取灵活多样的变化为主要原则。下面是常用餐厅家具的具体尺寸。

1. 方桌

桌宽 ≥ 700mm，桌高 720 ~ 750mm，桌底净宽为 ≥ 600mm；

四人桌 900mm × 900mm、1200mm × 750mm，六人桌 1500mm × 750mm、1800mm × 750mm，八人桌 2300mm × 750mm 或 2400mm × 750mm。

2. 圆桌（直径）

两人桌 800mm、四人桌 1000mm、六人桌 1200mm、八人桌 1400mm、十人桌 1500mm。

3. 餐椅

餐椅高 440 ~ 450mm。

4. 吧台

吧台高 1050 ~ 1200mm、吧凳高 750 ~ 850mm。

5. 酒柜

宽 1200 ~ 3000mm，厚 300 ~ 500mm，高 1800 ~ 2200mm。

6. 接手桌

长 1000mm、宽 500 ~ 600mm、高 800mm。

7. 钢琴

竖琴高 1200 ~ 1300mm、宽 1450 ~ 1520mm、厚 600 ~ 660mm；三角钢琴高 990 ~ 1000mm、宽 1500 ~ 1550mm、厚 1380 ~ 2700mm。

2.2.3.2　风格及界面设计

1. 餐饮空间风格设计

餐饮空间风格设计是建立在理念定位上的，理念定位主要是考虑综合品牌形象与文化定位，然后综合消费群特性和场所实际情况进行设计风格定位。具体风格设计可以参考：中式传统风格、地方风格、现代简约风格、简欧风格、欧洲新古典风格、地中海风格、北欧风格等。不论采用什么样的风格，都要注意展示设计者及作品的个性，有个性才能独树一帜，才能与众不同。

2. 界面设计

1）地面

地面要求耐脏、防滑、易擦洗，高档餐厅或休息室可考虑采用地毯。

2）墙面

墙面要求色彩淡雅，易于清洁，可适当考虑吸声材料，墙面可布置壁灯、装饰画，或与食文化有关的实物，以活跃气氛增进食欲。

3）顶棚

顶棚多考虑采用石膏板造型，采用基础照明与装饰照明相结合，包房灯具要考虑菜品的照明设计，强调餐厅的高雅气氛。

4）空间分隔

可选择卡座隔断；地台式分隔；栏杆、矮墙、绿化的分隔。

2.2.3.3　餐饮空间照明

从私密性角度可将餐饮空间分为三种类型，私密的餐饮空间、休闲餐饮空间和快速消费空间。通过对三种空间私密性的分析，可以完成对空间照度设计。

私密的餐饮空间包括西餐馆、酒吧、高档会所等，就餐者更多的是体验和娱乐，这些空间柔和低调，整体的照度水平低，偶有特色的装饰作为视觉中心照亮，需要非常精细的照度水平和照度分布的控制。

休闲餐饮空间包含了大部分的酒店与饭店，在这里品尝食物是最重要的。在这类空间中灯光的分布较为均匀、不唐突，照度一般会控制在 50 ~ 100lx。

快餐类的消费空间，例如学校餐厅、自助餐厅，以及大家熟知的肯德基、麦当劳等，前来就餐的客人追求快捷、优质的服务，而饭店的主人追求更大更快的客户流通，因此会采用 500 ~ 1000lx 高照度和高均匀度来体现经济与效率。

三种餐饮空间中的照明都需要结合主题来烘托气氛，尤其是前两种。这需要多方面来完成，对于餐饮照明来说，合理的照度水平以及照度分布，光源的显色性、照明控制、建筑化照明都非常重要。

3　项目单元

3.1　餐饮空间资料收集任务

餐饮空间资料收集任务主要有三个方面。一是与甲方（甲方可由教师担任）沟通，收集各种设计信息及建筑物信息；二是阅读甲方提供的设计任务书，并从中寻找设计思路；三是做好测量前的准备工作。本练习要求学生在一周的时间内完成餐饮空间设计资料的搜集，包括参考书、参考图片、参考网站等设计资料。预测绘的餐饮空间的平面草图的绘制，以及汇总甲方的设计要求，并完成演示文稿的汇报稿。

3.2　餐饮空间测绘任务

结合餐饮设计开展餐饮空间测绘工作。假如选择假题目开展设计，也可以让学生在食堂等部分空间内开展测绘工作。首先完成勘测准备工作，然后完成空间的测量工作，最后完成测绘工作，并提交测绘成果。主要成果有：现场测量图原稿（达到教师要求深度）、空间照片等。

【思考题】
1. 目前社会上的零餐餐厅主要有哪几种形式？结合餐厅室内设计谈谈你对目前餐厅经营创新的想法。
2. 结合餐饮空间功能结构分析图，以及个人就餐经历，谈谈你对在平面动线上合理安排客流动线、传菜动线和服务流线的想法。

【习题】
1. 我国现在执行的《饮食建筑设计标准》中，对于餐厅最小使用面积的规定是多少？
2. 为什么零餐餐厅餐桌布置主要以六人台以下为主？
3. 餐饮空间室内地面主要采用什么材料？

1 学习目标

了解餐饮空间相关规范与标准，熟悉餐饮空间工程实际项目，并能够通过此工程案例，举一反三地开展餐饮空间的设计工作，独立完成餐饮空间设计任务。

2 相关知识

本次学习知识点主要与餐饮空间室内设计密切相关，主要有：《饮食建筑设计规范》、《建筑照明设计标准》、《旅游饭店星级的划分与评定》、《冷库设计规范》、《建筑内部装修设计防火规范》、《建筑设计防火规范》、《民用建筑设计通则》、餐饮空间工程实际项目分析等。

2.1 餐饮空间相关规范与标准

(1)《饮食建筑设计规范》JGJ 64—2017；

(2)《建筑照明设计标准》GB 50034—2013；

(3)《旅游饭店星级的划分与评定》GB/T 14308—2010；

(4)《冷库设计规范》GB 50072—2010；

(5)《建筑内部装修设计防火规范》GB 50222—2017；

(6)《建筑设计防火规范》GB 50016—2014；

(7)《民用建筑设计通则》GB 50352—2005。

2.2 餐饮空间工程实际项目分析

项目名称：哈尔滨八府香鸭餐饮酒店

项目所在地：哈尔滨市南岗区华山路

项目使用面积：6000m²

工程竣工时间：2008 年 7 月

设计单位：哈尔滨 ××× 装饰设计有限公司

八府香鸭餐饮酒店是一个高档餐厅。"八府香鸭"设计既由这家十几年历史的老店延展而来，形取之"八"，意取之"府"。该餐厅的最大亮点是设计师将房间平面形式都做成了八角形，这也是针对餐饮行业的特殊性，经过考查后得出的结论。既矩形的房间在餐饮包房中四个角都是实际使用功效不大的部分，而正八边形之间的平布组合可以产生出多种多样的变化。房间的面积被最大化利用后，余下的面积全部划给了公共空间。

设计师在充足的公共空间中作了三大水系，使一部分房间坐落在水面之上，形成了室内的庭院建筑，又把现代化的交通工具自动扶梯也由水面而升。

家具及装置上又以传统手工艺"大漆"为主，现场制作了超大尺度的家具，色彩上以红黑两中式传统颜色搭配，饰画上又以油画颜料来表现中国水墨写意荷花的内容。意在体现现代中式的主旨，店面上也以现代的材料与分割比例来演绎传统的符号与信息，来求得内外的统一、形与意的统一。

从一、二层平面上看，设计师打破了传统的就餐模式，放弃了传统散客就餐区，并在餐饮酒店里设计了自动扶梯，虽然消耗了很多面积，但美化了就餐环境，作为独家的餐饮企业将就餐者的舒适性放到了第一位是非常可取的（图 3-11、图 3-12）。

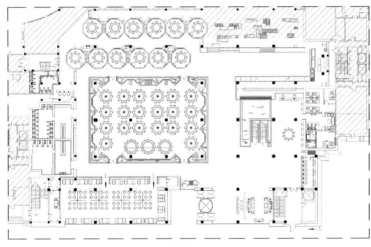

一层平面布置图 SC 1：150

图 3-11 一层平面图

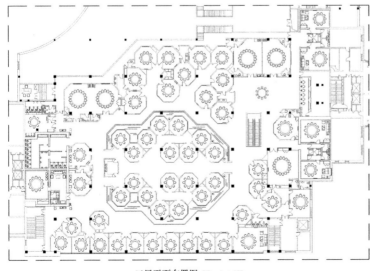

二层平面布置图 SC 1：150

图 3-12 二层平面图

在一层入口处附近，设计师营造了第一个与设计主题相吻合的环境景观设计（图3-13）。具有沧桑感的木船、船桨、红灯笼、河石组成了一幅唯美的画面，尤其与周围的环境形成了材质的明显反差，使景色夺目而出。

在通道处可以看到成八边形的包房、刻花玻璃、流水、石灯、错落的踏步（图3-14），虽然都是现代的材料，但通过精致的设计和精心的细节，能让就餐者从不知不觉中感受到设计的美感和历史的回忆。

在通道处水系处理上，小型跌水景观设计还是通过八角形来附和总体设计思想。通过八角形涌泉跌水既让就餐者看到了对景景观，又让人们欣赏到了

图3-13 一层小船陈设

图3-14 二层八角形
包房及通道

图 3-15　二层通道处
　水系装饰（左）
图 3-16　包房（右）

层层跌水带来的灵动（图 3-15）。

包房设计简洁大气，没有多余的装饰。设计师透过八角形的灯井、传统样式的灯具、仿旧家具、仿古斜拼地砖，通过隐光照射的传统中国画装饰的主背景墙面等多种设计元素，很好地完成了与总体设计思想的呼应（图 3-16）。

3　项目单元

课程设计二——餐饮空间课程设计任务书

一、设计项目题目：餐饮空间室内设计

二、设计项目简介：

1. 该餐饮项目选择在某临街的大型公共建筑底层，有室外停车场。

2. 该餐饮项目就餐服务区约 400m²。

3. 该餐饮项目设计要求至少 2 个包房，餐位技术指标以 1.8 ~ 3.0m²/ 座计算。

4. 暂不考虑操作区的设计。

三、设计项目要求：

1. 结合餐饮设计最新理念开展设计，注意风格要突出、概念要新颖。

2. 运用餐饮空间室内功能分析等动态分析手法开展设计工作。

3. 合理设计或选用餐厅家具，并开展家具布置、空间分隔等设计。

4. 注意餐饮灯具的设计选择及运用。

四、设计项目成果：

以下成果需要装订成册。

1. 设计说明（2号图纸）

2. 图纸目录（2号图纸）

3. 平面图（1：50或1：100，2号图纸，手绘）

4. 顶棚图（1：50或1：100，2号图纸，手绘）

5. 主要立面图（1：50，2号图纸，手绘）

6. 效果图（2张，包房可用手绘效果图，散客大厅采用计算机效果图，A3幅面装裱成2号图纸）

7. 主材明细（可选项）

8. 装饰品明细（可选项）

五、设计项目时间要求：

四周时间。

注：项目平面由指导教师自拟。

【思考题】

1. 在开展餐饮空间设计过程中，有关建筑防火等相关规范与标准有很多，如何看待这些规范与标准。

2. 谈谈对该餐饮空间工程实际项目分析体会，并通过分析该实际工程项目，谈谈有哪些设计不够理想的地方。

【习题】

1. 常用的餐饮空间相关规范与标准都是什么？

2. 餐饮空间的常用家具都有哪些？试举一例谈谈该家具的尺度。

3. 包房设计常用家具和功能设计有哪些？

3

模块三　办公空间室内设计

【学习目标】通过本模块的学习，需要学生了解办公空间各类用房组成、熟悉办公空间及办公家具设计技术指标。理解办公空间基本空间功能构成要点，以及相关规范与标准，并能熟练运用这些专业知识完成办公空间设计工作。

【知识点】办公用房、公共用房、服务用房、附属设施用房、封闭式办公、开放式办公、单元型办公、公寓型办公、景观型办公、办公常用家具尺寸、会见型会议室、讨论型会议室、研讨型会议室、会议常用家具尺寸、办公空间相关规范与标准。

1 学习目标

了解办公空间各类用房组成，熟悉办公空间设计技术指标要求，办公空间功能结构形式。熟悉办公空间基本空间功能要点，并能够运用其功能分析和功能要点开展办公空间设计；熟悉常用办公空间主要家具功能、摆放，以及尺度，完成办公空间家具的选择和布置。

2 相关知识

办公空间是人们工作的场所，也是人们较为熟悉的空间之一。办公空间基本单元布置模式有其一致性特点，但办公方式及空间大小变化较大。本次将对办公空间的形式、设计等做一概述。本次学习知识点主要与办公空间室内设计密切相关，主要有：办公空间各类用房组成（办公用房、公共用房、服务用房、附属设施用房）、办公空间设计技术指标、办公空间功能结构分析、办公空间功能要点（办公空间类型及家具设计、会议室空间及家具设计等）。

2.1 办公空间室内设计概述

在办公室装饰设计中，需要考虑办公空间多种因素，很多人工作时间是在室内环境中度过，办公空间室内设计成功与否直接关系到室内生产、生活活动的质量，关系到人们的安全、健康、效率、舒适等。所以室内环境的创造，应该把保障安全和有利于人们的身心健康作为室内设计的首要前提。另外在设计中还要充分考虑到先进的办公自动化设备，以及应当营造理性的且合乎人性化的现代办公氛围。

2.1.1 办公空间各类用房组成

办公建筑各类房间按其功能性质分，房间的组成一般有：

2.1.1.1 办公用房

办公建筑室内空间的平面布局形式取决于办公楼本身的使用特点、管理体制、结构形式等，办公室的类型可有：封闭式办公室、开放式办公室、单元式办公室、公寓式办公室、景观办公室等，此外，绘图室、主管室或经理室也可属于具有专业或专用性质的办公用房。

2.1.1.2 公共用房

为办公楼内外人际交往或内部人员会聚、展示等用房,如:会客室、接待室、各类会议室、阅览展示厅、多功能厅等。

2.1.1.3 服务用房

为办公楼提供资料、信息的收集、编制、交流、贮存等用房,如:资料室、档案室、文印室、电脑室、晒图室等。

2.1.1.4 附属设施用房

为办公楼工作人员提供生活及环境设施服务的用房,如:开水间、卫生间、电话交换机房、变配电间、空调机房、锅炉房以及员工餐厅等。

2.1.2 办公空间设计技术指标要求

办公室室内设计的具体设计要求有:

(1)办公室平面布置 应考虑家具、设备尺寸,办公人员使用家具、设备时必要的活动空间尺度。各工作位置,依据功能要求的排列组合方式,以及房间出入口至工作位置、各工作位置相互间联系的室内交通过道的设计安排等。

(2)办公室平面工作位置的设置 按功能需要可整间统一安排,也可组团分区布置(通常 5 ~ 7 人为一组团或根据实际需要安排),各工作位置之间、组团内部及组团之间既要联系方便,又要尽可能避免过多的穿插,减少人员走动时干扰办公工作。

(3)根据办公楼等级标准的高低,办公室内人员常用的面积定额为 $3.5 ~ 6.5m^2$/人,依据定额可以在已有办公室内确定安排工作位置的数量(不包括过道面积)。

(4)从室内每人所需的空气容积及办公人员在室内的空间感受考虑,办公室净高一般不低于 2.6m,设置空调时也不应低于 2.4m;智能型办公室室内净高,甲、乙、丙级分别不应低于 2.7、2.6、2.5m。

(5)从节能和有利于心理感受考虑,办公室应具有天然采光,采光系数窗地面积比应不小于 1:6;办公室的照度标准为 300 ~ 500lx。

2.2 办公空间功能设计

办公空间功能设计要考虑到办公工作的特点,注意营造简洁、高效的办公空间。

2.2.1 办公空间功能结构分析

办公空间包含的范围较广,这里选择经理办公室和开放式办公室做办公空间功能结构分析。对于经理办公室常用的功能主要有:入口区、会客区、休息区、办公区、文件区等(图 3-17)。作为总经理的办公室,在设计时除了考虑使用面积略大之外,还要注意布局要方便工作,如会议室、秘书办公室等安排在靠近决策层人员办公室的位置；还要注意经理办公室要特色鲜明，代表企业形象。

开放式办公区域要将办公、讨论、阅览、休息于一体，布置时要体现以人为本的设计理念，另外还要注意将空间的环境景观、个性化和专业工作的特点作为设计的重点（图3-18）。

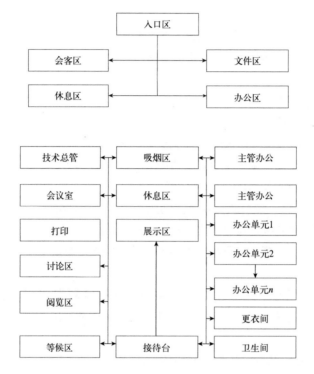

图 3-17 经理办公室功能结构分析图

图 3-18 开放式办公室功能结构分析图

2.2.2 办公空间功能要点

办公空间最有代表性的空间是办公室和会议室，下面就这两个空间的功能设计要点做重点介绍。

2.2.2.1 办公空间类型及家具设计

办公室是用来工作的地方，在设计装修时与家庭装修有质的区别，作为办公室设计装修我们通常要满足：经济实用、美观大方、个性突出三大基本要点，其主要办公空间类型有如下五种类型。

1. 封闭式办公室

封闭式办公室一般都比较小，是传统的办公室形式，一般面积不大，如常用开间为 3.6m、4.2m、4.8m，进深为 4.8m、5.4m、6.0m 等，空间相对封闭。小单间办公室室内环境宁静，少干扰，办公人员具有安定感，同室办公人员之间易于建立较为密切的人际关系；缺点是空间不够开敞，横向联系不够直接与方便。

通常配置的办公家具有办公桌、资料柜等较简单的家具。

2. 开放式办公室

开放式办公室是将办公人员安排于大空间办公室，互相之间由隔断分开，有利于办公人员、办公组团之间的联系，提高办公设施、设备的利用率；大空间办公室还减少了公共交通和结构面积，缩小了人均办公面积，从而提高了办公建筑主要使用功能的面积率；但是大空间办公室，也存在室内嘈杂、混乱、相互干扰的情况。

通常配置的办公家具是单元式一体化办公家具，这类办公家具单元结合起来形成工作面、储存柜、座椅、隔断，支撑起来工作照明装置，布置出一些区域，并可以互换、拆卸。这些工作单元与办公人员有机结合，形成个人办公的工作站形式，极大地提高工作效率。每个办公单元的面积一般在 4 ~ 5m²，这一面积定额包括办公、活动通道、偶尔来访客人的交谈、存放档案的面积等，但不包括主要交通面积（楼梯、电梯、主走廊）。通过组合一些低的隔断，保持一定的私密性，同时，当人站立起来时，又没有视觉障碍。

3. 单元型办公室

单元型办公室在办公楼中，除晒图、文印、资料展示等服务用房为公共使用之外，单元型办公室具有相对独立的办公功能。通常单元型办公室内部空间分隔为接待会客、办公（包括高级管理人员的办公）等空间，根据功能需要和建筑设施的可能性，单元型办公室还可设置会议、盥洗厕所等用房。

单元型办公室具有相对独立、分隔开的办公功能，因此，办公家具也可按一个单元来综合布置。如办公桌椅、电脑桌椅、会议桌椅、资料柜、沙发、办公设备等。

4. 公寓型办公室

公寓型办公室的主要特点为该组办公用房同时具有类似住宅、公寓的盥洗、就寝、用餐等的使用功能。它所配置的使用空间除与单元型办公室类似，即具有接待会客、办公（有时也有会议室）、卫生间等外，还有卧室、厨房、盥洗等居住必要的使用空间。公寓型办公室提供白天办公、用餐，晚上住宿就寝的双重功能，给需要为办公人员提供居住功能的单位或企业带来方便，办公公寓楼或商住楼常为需求者提供出租，或分套、分层予以出售。

公寓型办公室除了常用办公家具之外，还有作为公寓需要的住宅家具。

5. 景观型办公室

景观办公室一种创造较为宽松，着眼于在新的条件下发挥办公人员的主动性以提高工作效率、设置柔化室内氛围、改善室内环境质量的布局形式。景观办公室室内家具与办公设施的布置，以办公组团人际联系方便、工作有效为前提，布置灵活，强调绿化与小品，有别于普通办公室重视约束与纪律的室内布局。

景观办公室组团成员具有较强的参与意识，组团具有核准信息并作出判断的能力，景观办公室家具可以个性化设计，家具之间屏风隔断挡板的高度，需考虑交流与分隔两方面的因素，即使办公人员取坐姿办公时由挡板隔离相邻之间的干扰，但坐姿抬头时可与同事交流，站立时肘部的高度与挡板高度相当，使办公人员之间可由肘部支撑挡板与相邻人员交流。

景观办公室较为灵活自由的办公家具布置，常给连通工作位置的照明、电话、电脑等管线铺设与连接插座等带来困难，采用增加地面接线点，或铺设地毯覆盖地面走线等措施，能改善上述不足。

6. 办公室常用家具尺寸

1）办公桌

大班台长 1400 ~ 2000mm，宽 800mm，高 750mm；办公桌长 1200 ~ 1600mm，宽 600 ~ 700mm，高 700 ~ 760mm。

2）办公椅

高 400 ~ 450mm，长 × 宽 450mm×450mm。

3）办公沙发

三人沙发长 1800 ~ 2000mm，宽 880mm；单人沙发 1100mm×880mm。

4）茶几

前置型 900mm×400mm×400mm；中心型 900mm×900mm×400mm、700mm×700mm×400mm；左右型 600mm×400mm×400mm。

5）文件柜

高 1800mm，宽 1200 ~ 1500mm，深 450 ~ 500mm。

6）书架

高 1800mm，宽 1000 ~ 1300mm，深 350 ~ 450mm。

7）屏风办公桌

矩形：长 1200mm，宽 600mm，高 1200mm，桌面高 750mm；L 形：长 1400mm×1200mm，宽 500mm，高 1200mm，桌面高 750mm。

2.2.2.2 会议室空间及家具设计

会议室是办公空间的一个重要组成部分，有时会议室还承担培训和会客的功能。会议室需要根据人数多少、会议形式、会议级别等因素来设计千变万化的座位布置形式和装饰效果。需要指出的是，会议室的席位设计，一般考虑平均出席的人数而不是最多出席人数，增添的人员可以通过椅子来应付。

1. 会议室的形式

从会议性质分：会见型、讨论型、研讨型三种布置形式。

2. 会议室的布置

1）会见型

这种会议室类型是宾主双方礼貌性见面，没有明确性会议话题，适合接待、拜会、初次见面等场合使用。常见的会议室有小会议室、贵宾室、接待室等。

会见型平面布置形式通常用沙发简单布置成 U 形空间，形成围合空间中不设家具，方便走动交流，从而有利于谈话气氛的培养。

该种会议室常用的家具有单人沙发、多人沙发、茶几、灯几、茶水柜、展台等。

2）讨论型

讨论型会议室是与会者围合在几何型会议桌的空间中，完成会议内容。几何型会议桌一般有方形、圆形和椭圆形几种，多用于讨论会、谈判会等场合。

该类会议室家具主要有各种几何型会议桌、会议椅、记录台、秘书台等。

3）研讨型

这种布置与学校教室一样，在椅子前面有桌子，方便与会者作记录。桌与桌之间前后距离要大些，要给与会者留有座位空间。这种布置也要求中间留有走道，每一排的长度取决于会议室的大小及出席会议的人数。

研讨型适合会议性质为主宾演讲类的使用。很多报告厅、会议厅都是研讨型的典型代表。家具设置主要有报告厅发言台，主席台桌、座椅，报告厅主宾条桌、座椅等。

3. 会议室的技术设计

根据我国国情需要，很多会议室需要功能的多样性，如：会议厅、视频会议厅、报告厅、学术讨论厅、培训厅等，这对会议室的各种系统以及中央控制技术提出了很高的要求。这些系统包括：多媒体显示系统、A/V 系统、房间环境系统、智能型多媒体中央控制系统等。

1）多媒体显示系统

多媒体显示系统由高亮度、高分辨率的液晶投影机和电动屏幕构成；完成对各种图文信息的大屏幕显示。如果房间面积较大，为了各个位置的人都能够更清楚的观看，整个系统可设计成 2 套投影机同时显示。

2）A/V 系统

A/V 系统由 4 台计算机、摄像机、DVD、VCR（录像机）、MD 机、实物展台、调音台、话筒、功放、音箱、数字影碟录像机等设备构成。完成对各种图文信息（包括各种软体的使用、DVD/CD 碟片、录像带、各种实物、声音）的播放功能；实现多功能厅的现场扩音、播音，配合大屏幕投影系统，提供优良的视听效果。并且通过数字影碟录像机，能够将整个过程记录在影盘录像机中。

3）房间环境系统

房间环境系统由房间的灯光（包括白炽灯、日光灯）、窗帘等设备构成；完成对整个房间环境、气氛的改变，以自动适应当前的需要；譬如播放 DVD 时，灯光会自动变暗，窗帘自动关闭。

4）智能型多媒体中央控制系统

采用中央控制系统，实现多功能会议室工程各种电子设备的集中控制。

4. 会议室常用家具尺寸

报告厅主席台桌 1500mm×600mm×760mm/ 张；报告厅长条桌 2000mm×400mm×760mm/ 张；演讲台 900mm×550mm×1100mm；茶具柜 900mm×450mm×900mm；排衣架 1200mm×450mm×1800mm；椭圆会议桌长 2400 ～ 15000mm，宽 1200 ～ 3000mm，高 760mm；会议条桌 1600mm×700mm×

760mm/张；会议椅座前高 450mm，背高 1100mm。

2.2.3 办公空间界面设计

办公空间室内各界面的处理，应考虑管线铺设、连接与维修的方便，选用不易积灰、易于清洁、能防止静电的底、侧界面材料。界面的总体环境色调不要过于单调，可在挡板、家具的面料选材时适当考虑色彩明度与彩度的配置。

2.2.3.1 地面

办公空间的地面应考虑走步时减少噪声，管线铺设、终端等的各种功能问题。管线铺设要求较高的办公室，应于水泥楼地面上设架空木地板，使管线的铺设、维修和调整均较方便。

地面可使用的材料很多，可选择地砖、木地板、塑胶类地毡、水泥粉光等多种材料。由于办公建筑的管线设置方式与建筑及室内环境关系密切，有条件的话在建筑施工时直接介入，室内设计时应与有关专业工种相互配合和协调。

2.2.3.2 墙面

办公空间的墙面处于室内视觉感受较为显要的位置。造型和色彩等方面的处理仍以淡雅为宜，以有利于营造合适的办公氛围，侧界面常用浅色系列的乳胶漆涂刷，也可贴以墙纸，如隐形肌理型单色系列的墙纸等，有的装饰标准较高的办公室也可用木做。在小空间、标准较高的单间办公室以及会议室的墙面还可以吸声材料做装饰，如打孔类、软包类等多种饰面材料。

2.2.3.3 顶棚

办公空间顶棚的色彩应选择明快的色调，明快的色调可以在白天增加室内的采光度；可以提高工作和开会的效率。当然个性化设计也有将顶棚设计成暴露结构式，体现工业化设计情调。

顶棚设计中还要考虑与空调、消防、照明等有关设施工种密切配合，在空间高度和平面布置上做到排列有序。

3 项目单元

3.1 办公空间资料收集任务

办公空间资料收集任务主要有三个方面。一是与甲方沟通（甲方可有教师担任），收集各种设计信息；二是阅读甲方提供的设计资料；三是测量前的准备工作。本练习要求学生在一周的时间内完成办公空间设计三种不同风格案例的搜集，本次练习省略实测环节，最后完成演示文稿的汇报稿。

3.2　办公空间家具选择任务

办公家具有很多样式，本次练习请各位学生利用各种传媒和家具样板，选择出单人办公桌、四人办公桌、办公椅、文件柜、办公沙发、会议桌等样式。要求考虑今后的办公空间设计采用，并做出演示文稿的汇报稿。

【思考题】

　　1. 谈谈你对开放式办公方式的理解。

　　2. 试布置 25m² 封闭式办公室的办公家具，并简单勾画出各家具透视草图。

【习题】

　　1. 办公空间有哪五种常见类型?

　　2. 试绘制出讨论型会议室的常见平面布置方式。

　　3. 办公空间界面设计首要考虑什么?

1　学习目标

　　了解办公空间相关规范与标准，熟悉办公空间工程实际项目，并能够通过此工程案例，举一反三地开展办公空间的设计工作，独立完成办公空间设计任务。

2　相关知识

　　本次学习知识点主要与办公空间室内设计密切相关，主要有：《办公建筑设计规范》、《建筑照明设计标准》、《建筑内部装修设计防火规范》、《建筑设计防火规范》、《民用建筑设计通则》、办公空间工程实际项目分析等。

2.1　办公空间相关规范与标准

　　(1)《办公建筑设计规范》JGJ 67—2006；

　　(2)《建筑照明设计标准》GB 50034—2013；

　　(3)《建筑内部装修设计防火规范》GB 50222—2017；

　　(4)《建筑设计防火规范》GB 50016—2014；

　　(5)《民用建筑设计通则》GB 50352—2005。

2.2　办公空间工程实际项目分析

　　项目名称：杭州典尚设计办公空间

　　项目所在地：杭州市万松岭凤凰山脚路

　　项目占地面积：2700m²

　　项目使用面积：700m²

　　工程竣工时间：2004 年 8 月

　　设计单位：杭州 ×× 建筑装饰设计有限公司

　　作为装饰设计单位，自己的办公和设计空间如何打造这应该是一个现实又十分具有挑战性的任务，该建筑装饰设计有限公司的设计师们对自己的办公空间选择和设计的出发点很明确也很简单，崇尚自然，回归自然。这里不需要电梯，断绝了噪声与嘈杂，有的是草地、树木和庭院（图 3-19），还有蓝天和宁静，他们要将随意和自然的节奏进行到底。

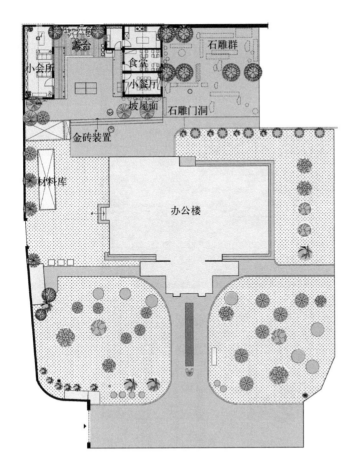

图3-19 办公场地总平面图

在设计手法上保留原有的砖头，原有的木梁，保留传统，会议室的遥控云石灯柱，将白色空调喷漆黑色；铁板和不锈钢的门牌LOGO；后院古树上自制的灯笼，唤醒着孩提时候曾发生的故事……总之，本案设计者是完美主义者，会将细部进行到底，将完美进行到底。

总经理办公室（图3-20）办公桌，一张3500mm长的清代霸王叉，大漆饰面。正立面墙上投影了悬在空中的"考特尔"动雕，形式在风的对流中变化，大有"举头望明月"的感觉。

工作室（图3-21）透过木门窗，能看见院子大树上，偶尔松鼠在跳跃，窗子在这里不仅是采光，也是及时呼吸到最鲜空气的途径。关注通风、关注环保、关注健康。

大厅总台（图3-22）与其说是接待总台，更不如说是空间构图，因为没有接待生。钢筋混凝土梁的部分原来都是承重墙，这些梁都是现浇的。总台背景的毛面肌理是亲自刮的。空间中的设计符号已没有"水分"，很朴素，很大方。

二层会议室（图3-23）为白色的盒子，有一种被搬运过来搁在这里的感觉，强调所谓搬运和装置的运动感。在白盒子的四周留有800mm间距的走道，人可以围绕游走一圈。

图 3-20　总经理办公室一角

图 3-21　工作室

图 3-22　大厅总台

二层楼梯口（图 3-24）木质斜屋顶经处理保留了下来，右侧是中空井，黄色的草筋泥墙为 20 世纪 60 年代墙面。

图 3-23　二层会议室
（左）
图 3-24　二层楼梯口
（右）

3　项目单元

课程设计三——办公空间课程设计任务书

一、设计项目题目：办公空间室内设计

二、设计项目简介：

1. 该办公空间项目选择在某商务区大型写字楼标准楼层内。

2. 该办公空间项目就餐服务区套内建筑面积约 500 ~ 600m²。

3. 该办公空间项目为某环境艺术设计公司使用，设计要按照设计公司功能开展设计。

4. 基本使用空间必须保证：总经理室 1 间，副总经理 2 间，总工程师室 1 间，会计室 1 间，会议室 1 间，施工部 1 间，造价部 1 间，设计部采用开放式布置，出图室 1 间。另外可考虑接待区、吸烟区、休息区、会客区、设计交流区、文件室等区域。

三、设计项目要求：

1. 环境艺术设计公司办公空间设计注意要突出个性化风格，要有文化品位。

2. 运用办公空间室内功能分析图等开展平面功能布局工作。

3. 结合空间形式合理设计选择办公家具，并将办公家具融入整体空间设计中去。

四、设计项目成果：

以下成果需要装订成册。

1. 设计说明（2号图纸）

2. 图纸目录（2号图纸）

3. 平面图（1：50或1：100，2号图纸，手绘）

4. 顶棚图（1：50或1：100，2号图纸，手绘）

5. 主要立面图（1：50，2号图纸，手绘）

6. 效果图（2张，总经理室可用手绘效果图，设计区等采用电脑效果图，A3幅面装裱成2号图纸）

7. 主材明细（可选项）

8. 装饰品明细（可选项）

五、设计项目时间要求：

四周时间。

注：项目平面由指导教师自拟。

【思考题】

1. 在开展办公空间设计过程中，需要严格执行《办公建筑设计规范》有关要求，请选择阅读并举出一例谈谈体会。

2. 谈谈对该设计公司空间工程实际项目分析体会，并通过分析该实际工程项目，谈谈有哪些设计不够理想的地方。

【习题】

1. 常用的与办公空间相关的规范与标准都有哪些？

2. 谈谈你对旧房改造的室内设计的想法。

3. 谈谈你对该实际工程项目中二层会议室做成子空间的体会和想法。

4

模块四　商业空间室内设计

【学习目标】通过本模块的学习，需要学生了解现代商业的分类，以及现代商业设计的综合要素。理解专卖店基本空间功能构成要点，以及相关规范与标准，并能熟练运用这些专业知识完成商业空间设计工作。

【知识点】百货店、超级市场、大型综合超市、便利店、仓储式商场、专业店、专卖店、购物中心、店面、橱窗、试衣间、专卖店常用家具尺寸、商业空间相关规范与标准。

1 学习目标

了解现代商业的分类，理解现代商业设计要素。熟悉专卖店功能结构分析，并能够运用其功能分析和功能要点开展专卖店空间设计；熟悉常用专卖店空间主要家具功能、摆放，以及尺度，完成专卖店空间家具的设计或选择任务。

2 相关知识

现代的商业空间更注重人性化、艺术化的内涵。商业空间室内设计是要通过考虑室内空间的物理环境、视觉环境、心理环境、智能环境、文化环境等各种要素，来完成商业环境和文化环境的完美结合。本次学习知识点主要与商业空间室内设计密切相关，主要有：百货店、超级市场、大型综合超市、便利店、仓储式商场、专业店、专卖店、购物中心、专卖店功能结构分析、专卖店设计要点、柜台的陈列方式、橱窗、特效照明、商业空间家具。

2.1 商业空间室内设计概述

商店作为商业空间一个重要组成部分，它具有商业空间所有的特性，商店设计关系到商品品牌的形象、顾客的满意度、树立企业形象，最终达到促销的目的。下面将现代商业的分类及室内设计要素做以简要概述。

2.1.1 现代商业的分类

我国传统零售业商店分类确定为八类：百货店、超级市场、大型综合超市、便利店、仓储式商场、专业店、专卖店、购物中心。网络购物是一种新崛起的商业模式，这里不是我们涉及的重点。

2.1.1.1 百货店 (Department Store)

指在一个建筑物内，经营若干大类商品，实行统一管理，分区销售，满足顾客对时尚商品多样化选择需求的零售业态。

2.1.1.2 超级市场 (Supermarket)

是以顾客自选方式经营的大型综合性零售商场。又称自选商场。是许多国家特别是经济发达国家的主要商业零售组织形式。超级市场一般在入口处备有手提篮或手推车供顾客使用，顾客将挑选好的商品放在篮或车里，到出口处收款台统一结算。

2.1.1.3　大型综合超市（General Merchandise Store）

是采取自选销售方式，以销售大众化实用品为主，并将超市和折扣店的经营优势结合为一体的，品种齐全，满足顾客一次性购齐的零售业态。

2.1.1.4　便利店（Convenience Store）

是一种用以满足顾客应急性、便利性需求的零售业态。便利店通常位于居民区附近，以24小时营业的方式经营即时性商品，以满足便利性需求为第一宗旨，采取自选式购物方式的小型零售店。

2.1.1.5　仓储式商场（Warehouse Store）

又称为仓库商店或量贩店，是一种集商品销售与商品储存于一个空间的零售形式。这种商场规模大、投入少、价格低。商品采取开架式陈列，由顾客自选购物，商品品种多，场内工作人员少，应用现代电脑技术进行管理，即通过商品上的条形码实行快捷收款结算和对商品进、销、存采取科学合理的控制，既方便了人们购物，又极大提高了商场的销售管理水平。

2.1.1.6　专业店（Specialty Store）

是经营某一大类商品为主，并且具备丰富专业知识的销售人员和提供适当售后服务的零售业态。多数店设在繁华商业区、商店街或百货店、购物中心内；主营商品体现专业性、深度性、品种丰富，选择余地大，主营商品占经营商品的90%。

2.1.1.7　专卖店（Exclusive Shop）

是专门经营或授权经营某一主要品牌商品为主的零售业态。如零售店统一组织、联合经营也称为连锁店。选址于专业一条街、商业区或百货店、购物中心内；经营以著名品牌、大众品牌为主；销售体现量小、质优、高毛利；采取定价销售和开架面售；注重品牌名声、从业人员必须具备丰富的专业知识，并提供专业知识性服务。

2.1.1.8　购物中心（Shopping Center／Shopping Mall）

是指多种零售店铺、服务设施集中在由企业有计划地开发、管理、运营的一个建筑物内或一个区域内，向消费者提供综合性服务的商业集合体，并且拥有一定规模的停车场。

2.1.2　现代商业设计要素

1.使用功能的设计

平面使用功能的设计可以形象地称之为动线设计。通过分析顾客人流的走向来规划室内空间，动线的设计在商业空间中尤为重要，这主要是商业空间是流动的空间，其动线设计包括顾客动线、服务动线以及商品动线。空间与空间之间的序列连续以及对人流的控制，是现代购物中心室内设计的重要环节，也是商场设计能否成功的关键。

2. 中庭设计

在大型百货商店里，中庭是聚集人气、营造商业气氛、吸引顾客、导流顾客最重要的空间。中庭在空间尺度上具有独特性，在设计中应着力体现节日性及娱乐性，从而成为整个购物中心营造气氛的高潮。中庭的构成元素包括自动扶梯、观光电梯、绿化小品等及特定营造气氛的要素。

3. 店面与橱窗设计

店面与橱窗是商业环境中最凝练、最具表现力的空间之一，具有强烈的视觉冲击力。大多数购物中心内的专卖店，使用玻璃幕墙作为隔断，开敞的空间与个性化的橱窗，展示商品的时尚信息，刺激人们的购买欲望。

4. 导购系统设计

使识别区域和道路显得简单容易。购物中心的室内设计中导购系统尤为重要，如果说商场是一部书，导购系统就是书的目录，它是指引消费者在商品海洋中畅游自如的导航灯。导购系统的设计应简洁、明确、美观，其色彩、材质、字体、图案与整体环境应统一协调，并应与照明设计相结合。

5. 配套设施设计

配套设施包括公用电话、洗手间、停车场、餐饮设施、室外广场、库房、办公室等。在配套设施的设计中，应对整个购物中心的设计元素进行提炼并予以运用，在满足使用功能的前提下，同时能给人以美的享受。

6. 商业灯光设计

商业的灯光设计分为基本照明、特殊照明以及装饰照明设计。基本照明以解决照度为主要目的；特殊照明也叫商品照明，是为突出商品特质、吸引顾客注意而设置；装饰照明以装饰室内设计空间为主，烘托商业氛围。这三种照明必须合理配置，从视觉上增强商场的空间层次，从而引发消费者对商品的购买欲望。

2.2 专卖店功能设计

专卖店经销的商品种类繁多，大小不一，所以专卖店功能设计要把功能区域作好，因为专卖店面积都不是很大，可以多在设计造型上下工夫。

2.2.1 专卖店功能结构分析

这里以服装专卖店功能结构为例，其功能结构分析基本分以下四大功能区域：导入空间、销售空间、顾客空间和店内辅助空间四个部分。

其中导入空间包括：卖场店头、橱窗、POP 展板（店头陈设）等；销售空间包括：商品展示区、服务区（收银台、服务台、流水台等）；顾客空间包括：休息区、试衣间；店内辅助空间包括：仓库和导购换衣间等（图3-25）。在具体设计中依据专卖店面积大小，及服务特点适当调整相关面积比例关系。

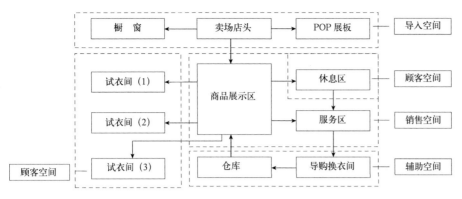

图 3-25 服装专卖店
功能结构分析

2.2.2 专卖店空间功能要点

专卖店要进行形象定位，首先要产品的定位，店是载体，所做的一切及设计都应与产品所体现的风貌内涵一致。

2.2.2.1 专卖店空间设计要点

从商业建筑室内设计的整体质量考虑，美国商店规划设计师协会（ISP）提出了对商店室内设计评价的五项标准：

1. 商店规划

铺面规划、经营及经济效益分析，客源客流分析等。

2. 视觉推销功能

以企业形象系统设计（CIS）、视觉设计（VI）等手段促进商品推销。

3. 照明设计

商店所选照明光源、照度、色温、显色指数、灯具造型。

4. 造型艺术

商店整体艺术风格，店面、橱窗、室内各界面、道具、标识等的造型设计。

5. 创新意识

整体设计中所具有的创新。

2.2.2.2 柜台的陈列方式

营业厅的柜面布置，即售货柜台、展示货架等的布置，是由商店销售商品的特点和经营方式所确定的，商店经营方式通常有：

1. 闭架

适宜销售高档贵重商品或不宜由顾客直接选取的商品，如首饰、药品等；

2. 开架

适宜于销售挑选性强，除视觉审视外，尚对商品质地有手感要求的商品，如：服装、鞋帽等。商品与顾客的近距离直接接触，通常会有利于促销；

3. 半开架

商品开架展示，但进入该商品展示的区域却是设置入口的；

4. 洽谈

某些商店由于商品性能特点的需要，顾客在购物时与营业员需要进行商谈、咨询，采用可就座洽谈的经营方式，同时体现高雅、和谐的氛围。

2.2.3 专卖店空间界面设计

1. 入口规划

入口规划根据设计原则以及店所处位置，人流容量，店面积等，要求做到：便于出入、便于管理、凸显企业吸引力。具体设计内容为：①确定连锁店的入口数目，一般为双开门；②确定连锁店的入口宽度；③确定入口与内部布局之相对关系；④确定入口门设计（单门、旋转自动门、双开门、移门等）。

2. 橱窗设计

橱窗展示商品，必须做到：一是吸引顾客，切忌平面化，努力追求动感和文化艺术色彩；二是可通过一些生活化场景使顾客感到亲切自然，进而产生共鸣；三是努力给顾客留下深刻的印象，增加顾客购买欲望，发掘潜在消费者。

3. 通道设计

营业厅内通道设计可参考现行规范《商店建筑设计规范》JGJ 48—2014，营业厅内通道最小净宽度规定，但作为专卖店如设计服务通道则可以适当缩小（表3—2）。

营业厅内通道的最小净宽度   表3—2

通道位置		最小净宽度（m）
通道在柜台或货架与墙面或陈列窗之间		2.20
通道在两个平行柜台或货架之间	每个柜台或货架长度小于7.50m	2.20
	一个柜台或货架长度小于7.50m 另一个柜台或货架长度7.50m～15.00m	3.00
	每个柜台或货架长度为7.50m～15.00m	3.70
	每个柜台或货架长度大于15.00m	4.00
	通道一端设有楼梯时	上下两个楼梯宽度之和再加1.00m
柜台或货架边与开敞楼梯最近踏步间距离		4.00m，并不小于楼梯间净宽度

注：1. 当通道内设有陈列物时，通道最小净宽度应增加该陈列物的宽度；
    2. 无柜台营业厅的通道最小净宽可根据实际情况，在本表的规定基础上酌减，减小量不应大于20%；
    3. 菜市场营业厅的通道最小净宽宜在本表的规定基础上再增加20%。

4. 界面处理

专卖店地面、墙面和顶棚的界面处理，从整体考虑仍需注意烘托氛围，突出商品，形成良好的购物环境。

1）地面

专卖店地面应考虑展示商品范围的调整和变化，地面用材边界尽量考虑适应性，从而给日后商品展示与经营布置的变化留有余地。可用地砖、地板或地毯等材料，不同材质的地面上部应平整，处于同一标高，使顾客走动时不致绊倒。

2）顶棚

主通道位置相对固定，顶棚可在造型、照明等方面作适当呼应处理，使顾客在厅内通行时更具方向感。

现代商业建筑的顶棚,是通风、消防、照明、音响、监视等设施的覆盖面层,因此顶棚的高度、吊顶的造型都和顶棚上部这些设施的布置密切相关,嵌入式灯具、出风口等的位置,都将直接与平顶的连接及吊筋的构造等有关。

由于防火要求,顶棚常采用轻钢龙骨、水泥石膏板、矿棉板、金属穿孔板等材料,为便于顶棚上部管线设施的检修与管理,顶棚设计可考虑暴露结构式、格栅式等顶棚造型设计。

3)墙、柱面

由于墙面基本上给货架、展柜等道具遮挡,因此墙面一般需用乳胶漆等涂料涂刷或喷涂处理即可。但店中的独立柱面往往在顾客的最佳视觉范围内,因此柱面通常需进行装饰处理。

5. 照明设计

通过合理的组合照明,目的在于吸引顾客上门,凸显商品形象优势,以及营造与商品气质相符的环境气氛。在照明设计中要注意如下几个问题:

1)照明系统

设计者应该在其设计的过程中尽早考虑照明设计,这是因为照明设计是整个室内装修工作的一部分,而不是附加上去的独立的部分。照明系统一般可以分为四种:基础照明、重点照明、界面照明和特殊效果照明。需要四种照明方式之间达到了一定的平衡,才能创造出适宜的效果和氛围。

2)基础照明、重点照明

灯具的造型和灯光色彩是造就室内气氛的重要手段,可以给室内环境带来感染力。专卖店基础照明的光源主要有自然采光和人工采光两大类。自然采光光源丰富,但光亮不足且不易控制,在专卖店设计内起决定作用的是人工采光。不同的人造光源由于本身能量分布不同会产生不同的色光,如白炽灯光源偏黄,荧光灯光源偏蓝。

在不同的环境下应选择不同的灯具照明,并要注意协调服装在灯光色彩下的变化。在专卖店的光环境设计中,重点照明灯光应聚集在某款主打商品上,以引导消费者目光的停留和关注,减少过于强烈、变幻的光线,避免消费者产生紧张、厌恶情绪。

3)界面照明

设计者都要兼具照明与建筑的特长,或特点以创理想的环境和空间感。例如,明亮的屋顶将使得空间看上去更高,而明亮的墙壁会使其显得更加宽敞。即使墙壁的周围没有摆放货架,这些大面积的墙壁一般也需要光线进行照明。

4)特效照明

特效照明与重点照明相反,一般用于希望产生特殊照明效果的地方以吸引顾客,而不是直接对商品进行照明。在过去,特效照明仅会用于专用商店,而现在的应用远比以前广泛,并可以帮助商场提高贸易额。例如,一个常用的技巧就是在屋顶安装窄光束聚光灯,从而在地板上产生具有明显边缘的光斑。

另一种就是利用遮光聚光灯完成特殊照明效果，比如平面上的装饰阴影性图案、图片、商标或广告材料。光纤照明和其他技术也被用以创造吸引人的照明效果。

2.2.4　商业空间家具设计要点

（1）常用家具尺寸　靠背式立货架高 1800 ～ 2300mm，厚 300 ～ 500mm；普通柜台高 900 ～ 950mm，厚 600mm；敞开式单边货架高 1800mm，厚 500mm；敞开式双边货架高 1800mm，厚 900mm；陈列地台高 400 ～ 800mm；超级市场集中式收款台高 650mm，宽 600mm；

（2）交通通道尺寸　双边柜台中间通道宽 1800mm 以上，营业员内部工作通道 600mm，超级市场边货架中间走道 1200mm 以上。

3　项目单元

3.1　专卖店空间资料收集任务

专卖店空间资料收集任务主要有三个方面。一是与甲方沟通（甲方可有教师担任），收集各种设计信息，包括自己查找相关资料；二是阅读甲方提供的设计资料；三是测量前的准备工作。本练习要求学生在一周的时间内完成专卖店空间设计三种不同货品或风格案例的搜集，本次练习省略实测环节，最后完成演示文稿的汇报稿。

3.2　专卖店空间家具选择任务

专卖店家具有很多样式，本次练习请各位学生利用各种传媒和家具样板，选择出靠背式立货架、敞开式单边货架、敞开式双边货架、陈列地台、集中式收款台等样式或品牌。要求考虑今后的专卖店空间设计采用，并做出演示文稿的汇报稿。

【思考题】

1. 谈谈你对新型商业业态形式网络购物的参与程度，你认为今后电子商务能够替代实体商业吗？
2. 你认为现代商业设计要素中哪一项设计内容最为重要，为什么？

【习题】

1. 专卖店功能结构中四大功能区域都是什么？
2. 专卖店空间设计要点都是什么？
3. 商业柜台的经营陈列方式都有哪几种方式？

1　学习目标

　　了解商业空间相关规范与标准，熟悉商业空间工程实际项目，并能够通过此工程案例，举一反三地开展商业空间的设计工作，独立完成商业空间设计任务。

2　相关知识

　　本次学习知识点主要与商业空间室内设计密切相关，主要有：《商店建筑设计规范》、《建筑照明设计标准》、《建筑内部装修设计防火规范》、《建筑设计防火规范》、《民用建筑设计通则》、商业空间工程实际项目分析等。

2.1　商业空间相关规范与标准

　　(1)《商店建筑设计规范》JGJ 48—2014 ；

　　(2)《建筑照明设计标准》GB 50034—2013 ；

　　(3)《建筑内部装修设计防火规范》GB 50222—2017 ；

　　(4)《建筑设计防火规范》GB 50016—2014 ；

　　(5)《民用建筑设计通则》GB 50352—2005。

2.2　商业空间工程实际项目分析

　　项目名称：比利时安特卫普 Hospital 精品时装店

　　项目所在地：比利时安特卫普市

　　项目使用面积：800m^2

　　工程竣工时间：2009 年 3 月

　　设计单位：Puresang 设计事务所

　　由比利时著名设计公司 Puresang 设计的 Hospital 精品时装连锁店是由旧有马场马厩建筑改造而来。设计的理念就是通过设计来经营时装的同时，缅怀旧日生活的岁月，纪念几代人曾经生活、工作的地方。

　　旧建筑层高达 7m，为设计师提供了极大地发挥空间。800m^2 的空间若是一览无遗，定然设计会索然寡味，于是设计师在中间设计了一个夹层空间，这样丰富了空间层次，而且使使用面积扩大到 1200m^2（图 3-26）。

　　入口处看时装店夹层空间这个由木材和钢材建立支撑起来的夹层空间，

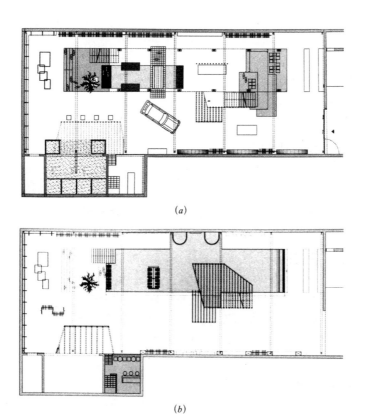

(a)

(b)

图 3-26　时装店平面图
(a) 一层平面图；
(b) 夹层平面图

在色彩和质感上都与原建筑配合的相得益彰，让整个空间浑然一体（图 3-27）。保留下来的原建筑古老粗糙的红砖墙与新建成的夹层空间在材料上形成了新旧对比，但由于都选用的是古老的装饰材料，所以没有格格不入的视觉感受。

图 3-27　入口处看夹
　　　　层空间

在夹层底部有密集的装饰支撑柱（图3-28），它既是支撑构件又是设计感极强的展示架，在支撑柱顶部吊有若干小射灯，投射出长长的影子。

入口处右侧旁边设有一个收银台（图3-29），同样是将木材作为设计材料的首选，设计造型简单实用，顶部局部设计小空间吊顶，使该空间在大空间中能够形成既独立又有联系的空间环境。

店内摆放一台每月一换的古董车（图3-30），达到了吸引顾客眼球、博得客人赞许、增加广告效益的目的，使室内空间增色不少，同样也增添了品牌的权威性。

图3-28　密集的装饰
支撑柱（左）
图3-29　收银台（中）
图3-30　店内摆放的
古董车（右）

3　项目单元

课程设计四——商业空间课程设计任务书

一、设计项目题目：专卖店空间室内设计

二、设计项目简介：

1. 该专卖店空间项目选择在某商业街临街商铺。

2. 该专卖店空间项目套内建筑面积约 400～500m²。

3. 该专卖店空间设计项目可设定为品牌服装系列、品牌箱包系列、图书系列、运动系列等，设计要按照产品性质，结合专卖店功能开展设计。

4. 基本使用空间应该按照不同专卖店不同功能要求划分各个空间，如收银处、换衣间或阅读区等区域。

三、设计项目要求：

1. 专卖店空间室内设计要以突出商品、促进销售为核心内容，同时也要展示个性化设计，突出商品的内在品质。

2. 运用专卖店空间室内功能分析图等开展平面功能分析，完成平面布置工作。

3. 结合选择商业家具，并将商业家具融入专卖店整体空间设计中去。

四、设计项目成果：

以下成果需要装订成册。

1. 设计说明（2号图纸）

2. 图纸目录（2号图纸）

3. 平面图（1：50 或 1：100，2号图纸，手绘或 CAD 制图均可）

4. 顶棚图（1：50 或 1：100，2号图纸，手绘或 CAD 制图均可）

5. 主要立面图（1：50，2号图纸，手绘或 CAD 制图均可）

6. 效果图（2张，A3 幅面装裱成2号图纸，手绘或电脑效果图均可）

7. 主材明细（可选项）

8. 装饰品明细（可选项）

五、设计项目时间要求：

四周时间。

注：项目平面由指导教师自拟。

【思考题】

1. 在开展商业空间设计过程中，需要严格执行《商店建筑设计规范》有关要求，请选择阅读相关条款，并举出一例谈谈体会。

2. 谈谈对该专卖店工程设计实际项目分析体会，并通过分析该实际工程项目，谈谈有哪些设计不够理想的地方。

【习题】

1. 常用的与商业空间相关的规范与标准都有哪些？

2. 谈谈你对木材作为室内设计材料的首选的看法。

3. 谈谈你对该老房子改造中，利用其较高的层高设计夹层空间的看法。

5

模块五　旅游饭店空间室内设计

【学习目标】通过本模块的学习，需要学生了解旅游饭店空间室内设计内涵，重点理解商务酒店大堂、客房的内容和功能分区，以及相关规范与标准，并能熟练运用这些专业知识完成旅游饭店空间酒店大堂、客房空间室内设计工作。

【知识点】商务酒店、会议酒店、休闲酒店、度假酒店、动线分析、大堂平面分区、客房平面分区、酒店常用家具尺寸、商业空间相关规范与标准。

1　学习目标

　　了解常用的旅游饭店风格，理解商务酒店大堂、客房主要分区。熟悉商务宾馆大堂、客房空间功能结构分析图，并能够运用其功能分析和功能要点开展商务酒店大堂、客房空间设计；熟悉常用商务酒店大堂、客房空间主要家具功能、摆放，以及尺度，完成商务酒店大堂、客房空间家具的设计或选择任务。

2　相关知识

　　人们工作、生活节奏加快的今天，旅游、商务等生活、工作方式使酒店已经变成一个必不可少的交往空间，旅游饭店空间室内设计可以让游客出行休息的更加舒适、安全。本次学习知识点主要与旅游饭店空间室内设计密切相关，主要有：传统风格、现代风格、后现代风格、自然风格、混搭风格、旅游饭店空间功能结构分析、大堂空间功能要点、客房空间功能要点、大堂分区家具、客房分区家具等。

2.1　旅游饭店空间室内设计概述

　　旅游饭店以间（套）/夜为单位出租客房，以住宿服务为主，并提供商务、会议、休闲、度假等相应服务的住宿设施，按不同习惯也被称为宾馆、酒店、旅馆、旅社、宾舍、度假村、俱乐部、大厦、中心等。

　　旅游饭店大堂设计风格可以代表整体酒店的形象，所以风格设计非常重要，常用的旅游饭店风格如下：

2.1.1　传统风格

　　传统风格的室内设计，是在室内布置、线形、色调以及家具、陈设的造型等方面，吸取传统装饰"形""神"的特征。例如吸取我国传统木构架建筑室内的藻井天花、挂落、雀替的构成和装饰，明、清家具造型和款式特征。又如西方传统风格中仿罗马风、哥特式、文艺复兴式、巴洛克、洛可可、古典主义等。

2.1.2　现代风格

　　重视功能和空间组织，注意发挥结构构成本身的形式美，造型简洁，反对过多装饰、崇尚合理的构成工艺，重视现代材料的应用，讲究材料自身的质地和色彩的配置效果。

2.1.3 后现代风格

强调建筑及室内装潢应具有历史的延续性，但又不拘泥于传统的逻辑思维方式，探索创新造型手法，讲究人情味，采用象征、隐喻等手段，以期创造一种融感性与理性、集传统与现代、糅大众与行家于一体的建筑形象与室内环境。常用的新古典风格等即属此类。

2.1.4 自然风格

推崇自然、结合自然，使人们在室内环境中感受到自然的存在、享受环保的空间，取得生理和心理的平衡。因此室内多用木料、织物、石材等天然材料，显示材料的纹理，清新淡雅。很多崇尚地域主义的设计即为自然风格的体现。

2.1.5 混搭风格

在总体上呈现多元化，兼容并蓄的室内装饰特点。在室内布置中也有既趋于现代实用，又吸取传统的特征，在装潢与陈设中融古今中西于一体，混搭风格虽然在设计中不拘一格，运用多种体例，但设计中仍然是匠心独具，深入推敲形体、色彩、材质等方面的总体构图和视觉效果。

2.2 旅游饭店空间功能设计

旅游饭店的功能划分要根据不同的市场定位、各种空间在整个酒店中所占的位置、面积、比例的不同加以考虑。功能划分既要满足客人食、宿、娱、购、行的各种行为，还要保证酒店管理方的各种行为的顺利进行，这需要设计者对每个空间进行具体划分。

2.2.1 旅游饭店空间功能结构分析

以商务酒店大堂为例，空间功能结构主要有六个区域，咨询区：主要由大堂经理负责；入住登记区：主要由总服务台等负责登记、收款、结账；等待区：客人临时休息、会客；休闲区：主要是堂吧部分，可设置酒吧或茶吧，会见客人、谈生意等；附加服务区：主要为客人提高各种便利服务的项目；安全通道区：楼梯、电梯、大门等（图3-31）。

客房室内空间功能结构主要有七个区域，分别为门廊区、行李区、工作区、娱乐休闲区、会客区、就寝区、卫生间（图3-32）。

2.2.2 旅游饭店大堂、客房空间功能要点

旅游饭店不同功能的空间众多，下面就大堂、客房空间功能的要点加以分析。

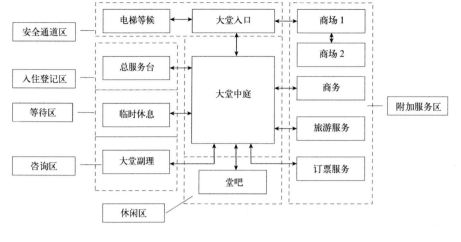

图 3-31 大堂空间功能结构分析图

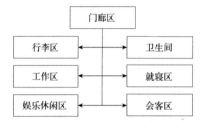

图 3-32 客房空间功能结构分析图

2.2.2.1 大堂空间功能要点

1. 大堂动线分析

酒店的通道分两种流线，一种是服务流线，指酒店员工的后场通道；另一种是客人流线，指进入酒店的客人到达各前台区域所经过的线路。设计中应严格区分两种流线，避免客人流线与服务流线的交叉。流线混乱不仅会增加管理难度，同时还会影响前台服务区域的氛围。最后，要把最佳的位置留给客人，把无采光、不规整、不能产生效益的位置留给酒店后场。

2. 大堂平面布置

1）安全通道区

主要是大堂入口、电梯等候以及大堂中庭等区域。①酒店入口大门区　作为酒店迎送客人之处，要求醒目宽敞，既便于客人辨认，又便于人员和行李的进出，地面耐磨易清洁且雨天防滑。门的种类分手推门、旋转门、自动门等。高级酒店门前有专人接待，门前有员工手工拉门迎候；一般酒店大堂用自动门，其一侧常设推拉门以备不时之需；旋转门适于寒冷地带酒店，可防寒风侵入门厅，但携带行李出入不便，通行能力弱，其侧也宜设推拉门，便于大量人流和提行李人员的出入。近年出现全自动大尺度的旋转门，可供双股人流同时进出；②入口门厅　面积指标一般为一、二级酒店为 0.9 ～ 1.0m／间、三级酒店 0.7 ～ 0.8m／间、四级酒店为 0.5 ～ 0.7m／间、五级与社会酒店为 0.3 ～ 0.5m／间。

门厅的平面布局根据总体布局方式，开敞流动，来宾对各个组成部分能一目了然。同时，为了提高使用效率与质量，不同功能的活动区域必须明确区分。其中，总服务台、行李间、大堂经理及台前等候属一个区域需靠近入口，位置明显，以便客人迅速办理各种手续。休息等候区宜偏离主要人流路线，自成一体以减少干扰。楼梯、电梯厅前应有足够的面积作为交通区域。

电梯等候区域可作为独立空间单独设计，现在建筑设计常设计出电梯等候间，方便顾客静心候梯。酒店设有中庭或四季庭适当布置水池、喷泉和绿化等。

2）入住登记区

主要是总服务台，负责办理入住手续、换汇等。如果条件许可，其位置应尽可能不要面对大门，这样既可以给在总台办理相关手续的客人一个相对安逸的空间，同时又可以减少过浓的商业气息。

总台的形式可多种多样，不一定是一条直线，可以采用分段、弧形等多种形式。总台的背景也很重要，设计手法可多种多样。

3）等待区

临时休息区域，设置休息沙发，可阅读报刊杂志。大堂休息区的安排面积不宜过大，同时位置不宜在视线焦点的地方，因为一些等候的客人坐姿不雅或干脆躺下睡觉，会极大破坏酒店的形象。

4）咨询区

咨询区主要是大堂副理办公区域构成，在设置位置时考虑不要占据大堂视线集中地方，或人流量大的地方。宜选择面积比较小，与其他空间干扰不大，位置也不要太偏的地方设置。

5）休闲区

主要设置堂吧休闲区。具体设计中要考虑以下几个问题：

（1）根据酒店的实际客人流量，大堂酒吧面积与客位数应与其相吻合；

（2）要与服务后场紧密相连；

（3）如空间不大或位置不相对具有私密性，建议不设酒水台，有服务间即可；

（4）有些酒店的大堂吧与咖啡厅结合在一起，可有效地利用空间及资源。早晨可以提供住店客人的自助早餐，中午、晚上是特色自助餐，而各餐之间具有大堂吧的功能，这是一个较理想的方式。

6）附加服务区

对于商务酒店是必不可少的，可选择开设珠宝店或礼品店、花店、书店、邮政、银行、电话间、卫生间。商务区主要业务是办理打字、复印、传真等。

2.2.2.2 客房空间功能要点

1.门廊区

客房建筑设计会形成入口处的一个 $1.0 \sim 1.2m$ 宽的小走廊，房门后一侧是入墙式衣柜。还可以在此区域增加理容、整装台。台面进深300mm 即可。

2. 行李区

顾客入住后最想做的第一件事，就是将沉重的皮箱放到合适的位置，这时在走过门廊后设置行李架，应该是人性化设计最好的体现。

3. 工作区

以书写台为中心。书写台位置的安排也应依空间仔细考虑，良好的采光与视线是很重要的。

4. 娱乐休闲区

电视仍是目前酒店娱乐休闲最重要的项目，其他可以考虑阅读、欣赏音乐等很多功能增加进去。

5. 会客区

以休闲桌椅为主组成会客区域，往往来到这里长时间交往的都是比较私密的朋友，多数工作会客可以去酒店里的经营场所会客。

6. 就寝区

这是整个客房中面积最大的功能区域。床头屏板与床头柜成为设计的核心问题。标间两床之间可不设床头柜或设简易的台面装置，需要时可折叠收起。床头柜可设在床两侧。床头背屏与墙是房间中相对完整的面积，易脏需考虑防污性的材料，可调光的座灯或台灯（壁灯为好），对就寝区的光环境塑造至关重要。

7. 卫生间

干湿区分离，座厕区分离是国际趋势，避免了功能交叉、互扰。①面盆区：台面与妆镜是卫生间造型设计的重点，要注意面盆上方配的石英灯照明和镜面两侧或单侧的壁灯照明，二者最好都不缺；②座便区：首先要求通风、照明良好，注意电话、厕纸、烟灰缸等的放置；③洗浴区：浴缸利用率较低，除非是酒店的级别与客房的档次要求配备浴缸，否则完全可以用精致的淋浴间代替，节省空间，减少投入。

2.2.3 旅游饭店大堂、客房界面设计要点

旅游饭店大堂、客房界面设计要考虑到大堂开放空间、客房为私密空间的特点，在材料、照明、色彩、陈设等多方面考虑界面设计。

2.2.3.1 大堂界面设计

1. 地面

以石材地面为主。如花岗岩、大理石，地面要有整洁的拼花图案。局部地面可用地毯作装饰，堂吧可用地毯。

2. 顶棚

以浅色调为主。可适当有造型，可与地面配合后，设计主灯具，也可设计无主灯具的顶棚。

3. 墙面

可选材料较多，石材、板材、涂料都可以，墙面设计要有适当的变化，

体现大堂的风格。

2.2.3.2 客房界面设计

1. 地面

阻燃地毯等、卫生间地砖饰面。

2. 顶棚

可不设主灯具、设烟感、喷淋加装饰造型。

3. 墙面

涂料、壁纸墙面均可，设装饰画、摇壁灯等。

2.2.4 旅游饭店大堂、客房家具设计要点

2.2.4.1 大堂分区家具

每个酒店使用家具各有不同，这里将大堂必备的家具列出，供设计参考。

1. 安全通道区

玄关台、陈设展台尺寸随陈设品而定，鸟笼型行李车1240mm×640mm×1920mm，手推行李车830mm×580mm×1200mm，指示牌（大）850mm×645mm×1340mm，自助式雨伞架840mm×340mm×550mm，残疾车1020mm×630mm×920mm。

2. 入住登记区

服务台高800～1100mm，深550～700mm长度随意，高脚凳950mm×700mm×850mm。

3. 等待区

休息沙发三人2200mm×950mm×1000mm、两人1500mm×950mm×1000mm、单人950mm×950mm×1000mm，茶几1200mm×600mm×420mm，大堂烟灰筒280mm×200mm×740mm，报纸架675mm×500mm×925mm。

4. 咨询区

大班台1800mm×850mm×760mm，班椅450mm×480mm×960mm，班前椅430mm×480mm×960mm。

5. 休闲区

咖啡桌700mm×700mm×700mm，咖啡椅630mm×640mm×840mm，酒吧台630mm×630mm×720mm，酒吧椅430mm×530mm×1120mm，酒吧沙发单人760mm×760mm～810mm×810mm，三人长度1750～1980mm，酒水车500mm×500mm×790mm，带灯菜谱架520mm×420mm×1270mm。

6. 附加服务区

可依据不同商务空间和商业空间的设置，参考相应空间专卖商店内设家具设置。

2.2.4.2 客房分区家具

1. 门廊区

壁柜及酒柜宽800～1200mm，高1600～2000mm，深500mm。

2. 行李区

行李台长 910 ~ 1070mm，宽 500mm，高 400mm。

3. 工作区

写字（电脑）台长 1100 ~ 1500mm，宽 450 ~ 600mm，高 700 ~ 750mm。

4. 娱乐休闲区

电视柜 1100mm × 550mm × 760mm。

5. 会客区

沙发椅宽 600 ~ 800mm，高 350 ~ 400mm，背高 1000mm；茶几直径 600mm。

6. 就寝区

床高 400 ~ 450mm，宽 850 ~ 950mm，床长 1900 ~ 2000mm；床头柜高 500 ~ 700mm，宽 500 ~ 800mm。

7. 卫生间

浴缸长度一般有三种 1220、1520、1680mm，宽 720mm，高 450mm；抽水马桶 50mm × 350mm；冲洗器 690mm × 350mm；盥洗盆 550mm × 410mm；淋浴器高 2100mm；化妆台长 1350mm，宽 450mm。

2.2.5 旅游饭店大堂的灯光照明

大堂空间主要有三部分的照明区域，它们分别是安全通道区、入住登记区以及休闲区的照明。从大堂作为空间连续的整体，并从照明方式的角度分析，实际上进门和前厅部分应该是大堂的一般照明或全局照明，服务总台照明和休闲区照明是局部照明。这些照明应该保持色温的一致性，三个区域的照明通过亮度对比，使酒店大堂这种非亲切尺度的空间，形成富有情趣的、连续且有起伏的明暗过渡，从整体上营造亲切的气氛。

2.2.5.1 安全通道区

入口区域照明设计首先要满足功能照明需求。考虑到需要过渡室内外的光环境，室外雨篷处的光源选用 4000K 节能灯，这样室内外光的色温差别不大，使人进入大堂时光感比较舒适。而且色温较高，可以扩大视觉空间感，提高入口处的气质。给过往的人群，留下较深的印象。

进门后的室内部分，在离地面 1.0m 的水平面上，设计照度要达到 500lx。色温要求 3000K 左右。色温太低，空间感显得狭小，色温太高，空间缺乏亲切感，并且喧闹，直接降低客人的安逸感觉。显色性要求：R_a>85。较高的显色性，能清晰地显现接待员与宾客的肤色和各种表情，给宾客留下深刻满意的印象。

2.2.5.2 入住登记区

该区照度要求 750 ~ 1000lx 较高的亮度，色温应同室内入口处相同，显色性要求 R_a>85。一方面是因为客人和接待员在服务台发生近距离的接触，需要健康的肤色；另一方面，需要清楚地辨认所需的各种证件。同时，考虑到接待区是同结算中心连接在一起的，出于功能性考虑，对照度的要求较高，这也可以突出此区域的重要性。

2.2.5.3 休闲区

可以在此空间中添加一些人文元素、自然装饰元素等。除基础照明外，还要搭配装饰灯具、局部照明的处理等。这个区域我们一般照度处理的较暗，温馨灯光、曼妙音乐使得在此入住的客人得到一杯小酌和歇息的片刻。桌面上台灯的选择，一定要与周围的装饰环境相匹配。

2.2.5.4 等待区

照度要求一般取 300 ~ 500lx。照度太高，人的行为将不安稳，照度太低，人的行为又过于懒散。色温要求 3000K 左右，显色性要求 $R_a > 85$。

3 项目单元

3.1 旅游饭店大堂、客房空间资料收集任务

旅游饭店空间资料收集任务主要有三个方面。一是与甲方沟通（甲方可有教师担任），收集各种设计信息，包括自己查找相关资料；二是阅读甲方提供的设计资料；三是测量前的准备工作。本练习要求学生在一周的时间内完成旅游饭店空间设计三种不同风格案例的搜集，本次练习省略实测环节，最后完成演示文稿的汇报稿。

3.2 旅游饭店空间家具及卫生间洁具选择任务

旅游饭店家具有很多样式，本次练习请各位学生利用各种传媒和家具样板，选择出服务台、休息沙发、咖啡桌椅、写字台、沙发椅、卫生间三件洁具等样式或品牌。要求考虑今后的旅游饭店空间设计采用，并做出演示文稿的汇报稿。

【思考题】
1. 谈谈你对快捷宾馆的认识，以及今后此类宾馆的发展潜力。
2. 结合室内设计师建筑设计的延续，谈谈你对旅游饭店大堂设计风格的认识。

【习题】
1. 以商务酒店大堂为例，空间功能结构主要有哪六个区域？
2. 客房空间功能要点都有哪些？
3. 旅游饭店大堂主要区域的灯光照明设计要点。

1　学习目标

了解旅游饭店相关规范与标准，熟悉旅游饭店工程实际项目，并能够通过此工程案例，举一反三地开展旅游饭店的设计工作，独立完成旅游饭店设计任务。

2　相关知识

本次学习知识点主要与旅游饭店空间室内设计密切相关，主要有：《旅馆建筑设计规范》、《建筑照明设计标准》、《旅游饭店星级的划分与评定》、《建筑内部装修设计防火规范》、《建筑设计防火规范》、《民用建筑设计通则》、旅游饭店空间工程实际项目分析等。

2.1　旅游饭店相关规范与标准

(1)《旅馆建筑设计规范》JGJ 62—2014；

(2)《建筑照明设计标准》GB 50034—2013；

(3)《旅游饭店星级的划分与评定》GB/T 14308—2010；

(4)《建筑内部装修设计防火规范》GB 50222—2017；

(5)《建筑设计防火规范》GB 50016—2014；

(6)《民用建筑设计通则》GB 50352—2005。

2.2　旅游饭店空间工程实际项目分析

项目名称：成都世纪城假日酒店大堂及餐饮空间

项目所在地：成都市高新区世纪城路

项目使用面积：4800m^2

工程竣工时间：2006 年 8 月

设计单位：哈尔滨 × × × 装饰设计有限公司

每个旅游饭店空间在规划设计和建筑设计中都会投入极大的精力，力求通过自己特殊的酒店特色满足人们不断提高的需要，从而可以把更多的客人吸引到酒店来。

该项目在设计的过程中，设计师不断探索，阅读各种旅游饭店的特色，分析旅游饭店的共性，如材料、色彩的共性，探求人们对酒店空间习惯性需求。在较为复杂的平面及立体空间（图3-33）中将中国传统风格和现代立体构成相结合，融入自然中形成一种另样的"自然"，塑造了旅游饭店空间的个性化特征。

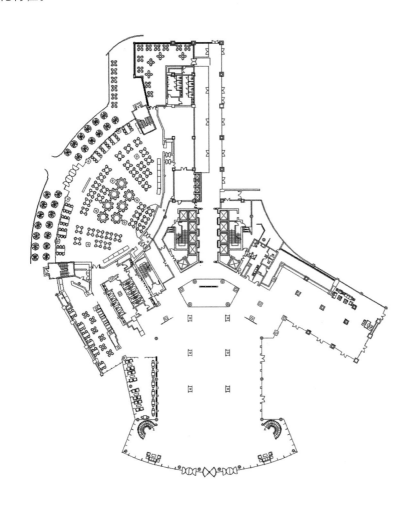

图3-33　成都世纪城
假日酒店一层平面图

在大堂的设计中，一眼映入客人眼帘的是呈现立体美感、不规则几何形状的顶棚玻璃造型，设计师将一些已经深入人心的"自然"材料、颜色，用现代的手法表现，达到一种新的视觉表象。如大堂空间的玻璃造型是从玻璃落地后自然破裂形成的纹理中提炼的，可以说这些现代抽象形式的出现，也是设计师从另外一些"自然"中提炼出来的（图3-34）。

在酒店入住登记区的顶棚设计上可以看到与大堂顶棚蓝色玻璃形成色彩对比的橙黄色钻石形顶棚造型，大尺度的柱子做成了百叶柱造型，既亲切又温暖（图3-35）。登记区背景墙采用肌理状的金银箔装饰，并呈倾斜造型，既正统又富有变化。

在酒店的休息等待区域设计中，设计师采用了简洁的设计手法，选用了适合各种旅客身材的宽体休闲沙发围合而成，加之地面纯毛手工地毯与顶棚蓝

图 3-34　成都世纪城
　　　　　假日酒店大堂（左）
图 3-35　成都世纪城
　　　　　假日酒店入住登记
　　　　　区（右）

色水晶玻璃，构成了既传统又自然的局部虚拟空间（图 3-36）。

　　在堂吧的设计中，采用了高大的空间，墙面板岩装饰，地面仿古青砖，大型植物使人仿佛置身于室外环境。在家具选用上也尽选藤制休闲家具，为休闲和交流创造了一个优美的环境（图 3-37）。

图 3-36　成都世纪城
　　　　　假日酒店等待区（左）
图 3-37　成都世纪城
　　　　　假日酒店堂吧休闲
　　　　　区（右）

3 项目单元

课程设计五——旅游饭店空间课程设计任务书

一、设计项目题目：商务酒店大堂及客房空间室内设计

二、设计项目简介：

1. 该商务酒店设计项目选择在某一类街道上。

2. 该商务酒店整体建筑面积约 2 万 m^2，本次设计项目设定酒店大堂面积约 400 ~ 500m^2，客房面积小于 30m^2 开展设计工作。

3. 该商务酒店一层设酒店大堂，四层以上为客房区。

三、设计项目要求：

1. 该商务酒店室内装修要求以三星级宾馆为标准。设计方案要突出商务、时尚和环保特点。

2. 酒店大堂必设内容有接待区、临时休息区、堂吧、商务、大堂副理等；客房要按三星级宾馆设施要求，按照双人标准间开展设计工作。

四、设计项目成果：

以下成果需要装订成册。

1. 设计说明（2 号图纸）

2. 图纸目录（2 号图纸）

3. 大堂平面图（1：100，1 ~ 2 号图纸，CAD 制图）

4. 顶棚图（1：100，1 ~ 2 号图纸，CAD 制图）

5. 主要立面图（1：50，1 ~ 2 号图纸，CAD 制图）

6. 效果图（2 张，A3 幅面装裱成 2 号图纸，手绘或计算机效果图均可）

7. 主材明细（可选项）

8. 装饰品明细（可选项）

五、设计项目时间要求：

四周时间。

注：项目平面由指导教师自拟。

【思考题】

1. 在开展旅游饭店空间设计过程中，需要严格执行《旅馆建筑设计规范》有关要求，请选择阅读相关条款，并举出一例谈谈体会。

2. 谈谈对该旅游饭店工程设计实际项目分析体会，并通过分析该实际工程项目，谈谈有哪些设计不够理想的地方。

【习题】

1. 常用的与旅游饭店相关的规范与标准都有哪些？

2. 谈谈你对石材作为旅游饭店室内设计材料的看法。

3. 谈谈你对堂吧设计墙面采用板岩装饰、地面饰仿古青砖的看法。

6

模块六　建筑室外装饰设计

【学习目标】通过本模块的学习，需要学生了解招牌设计形式、店面设计要点，以及建筑改造的主要形式。理解建筑室外装饰设计构成要点，以及相关规范与标准，并能熟练运用这些专业知识开展招牌和店面设计工作，能够合理地运用设计要点完成建筑外立面风格设计工作。

【知识点】招牌、幌子、店面、橱窗、出入口、文化特征、旧建筑改造、建筑室外装饰相关规范与标准。

1　学习目标

　　了解建筑室外装饰概念，熟悉招牌设计、店面设计、建筑外观装饰设计功能要求。并能够运用其功能分析和功能要点开展招牌设计、店面设计和建筑外观装饰设计。

2　相关知识

　　本次学习知识点主要与建筑室外装饰设计密切相关，主要有：招牌设计形式、招牌设计注意事项、店面设计功能要求、店面设计要点、建筑外立面风格设计要点等。

2.1　建筑室外装饰概述

　　建筑室外装饰就是要打造良好的城市视觉形象，起到塑造城市生态环境，与城市经济、文化协同发展的重要作用。作为城市视觉形象设计中的一部分，建筑室外装饰将是城市的外在表现，是"城市印象"好坏最直接、最有形的反映。创造城市视觉形象的设计与实施，对丰富改善城市视觉印象，提高城市生活环境质量，保护资源与环境，实现经济和文化的可持续发展，提高城市在国际上的影响力都有着十分重要的意义。

2.2　建筑室外装饰功能设计

2.2.1　招牌设计

　　在繁华的商业中心，消费者接触商场的第一感观便是大大小小、形式各异的商店招牌，从中寻找心仪的商业场所。可以说招牌是店铺店标、店名、造型物及其他广告宣传的载体。它以文字、图形或立体造型指示商店名称、经营范围、经营宗旨、营业时间等重要信息。对于一个店铺来说，招牌是其外部最具代表性的实物装饰。

2.2.1.1　我国招牌的历史

　　招牌是指挂在商店门前作为标志的牌子，主要用来指示店铺的名称和记号，可称为店标，可有竖招、横招或是在门前牌坊上横题字号，或在屋檐下悬置巨匾，或将字横向镶于建筑物上等多种方式。

招牌设计在我国有着非常悠久的历史，在古代的时候，又被称为"招幌"。说到幌子，古时候酒店用布旗招徕顾客的酒旗就被称作"幌子"，它既是一种装饰，也起到了广告的作用。中国传统商业店面招牌形象大体分为以下五类：

1. 实物式的招幌

即将本行业所售物品的代表性样品、成品、半成品，直接挂在店铺门口作为招徕标识，直接向顾客传达店铺所售的商品信息，让顾客一目了然。例如，戏园子主要利用悬挂实物道具作为招牌，告知观众每天上演的新节目；中药铺以药膏模型作为幌子等，此种方法具有生动形象、直观等特点。

2. 模型式的招幌

是将商品实物拟为特定模型来表现商品信息，即将商品实物加以整体扩大、夸张变形等艺术手段进行加工处理，以此来代替实物，具有较强的装饰作用和艺术效果。例如，笔墨店把木质的毛笔头倒挂在店铺门外；烟铺店将一个放大了的大烟袋高挂在店铺门口醒目的位置，既是一种装饰，也起到了广告的作用（图3-38）。

图3-38　模型式的招幌

3. 象征式的招幌

这一类招幌的暗示性和隐喻性较强，象征招幌也可以理解为是模型式招幌的转换，它以所售商品的局部、附属物等作为特定形式的图形进行放大来隐喻或象征商家的经营项目，告知商品信息。从客观意义上说，所有的招幌都具有象征性标识的特点，而这类招幌的直观性效果较强，一直较为盛行。例如酒店的幌子在店门口悬挂一个酒坛，或是一个酒葫芦形的招幌。

4. 牌匾式的幌子

旧时商铺行业的标志以牌匾的方式悬挂在店堂的中央或者是店铺门前，这类牌匾样式的幌子以绘图性的牌匾和文字性的牌匾两种样式出现，店铺根据其经营商品的特征将用粉笔绘有象征性简单图案的木牌悬置店外，还有一些商家直接将黑字巨匾高挂在店铺正门前，作为店铺的重要标志。

5. 文字式的招幌

文字招幌，是一种书写于旗、纸、布、牌等上面的特定文字的招幌形式，作为招徕标识的招幌，制作起来比较简单，一般书写为单一式文字、双字、或与经营内容相关的广告短语。例如，旧时典当行业门前的木牌、铜牌或墙壁上，都会挂有书写着"富"、"当"或"押"等几个大字，京酱园以一个"酱"字作为店铺的招牌。这种纯文字性招牌不仅在我国古代曾经流行一时，而且流传至今，在现代商业招牌中也一直被广泛的沿用。可以说"幌子广告"是我国最早的店面招牌式广告，一直沿用到现在。

2.2.1.2 现代商业店面招牌设计

招牌的功能不仅是向顾客"打招呼"和"自我介绍"，同时又能体现超级市场的个性特征，其内容应包括店名、业态。招牌在设计上要有特征，与邻近店铺相区别，和周边环境相适应，另外还要考虑到经济、耐久、便于保养和清洗。

1. 现代商业招牌设计形式和特点

现代商业店面招牌设计在设计形式上、类型上、风格上逐渐变得多样化，一个个不同的新面孔给我们带来了耳目一新的感觉，就其形式可以被分为：悬挂式招牌；直立、坐落式招牌；大型巨幅式招牌；霓虹灯、灯箱式广告招牌；人物、吉祥物、动物造型招牌；外挑式招牌和壁式招牌（图3-39）等。

图3-39 不同形式的招牌设计

为了能够更快地吸引消费群体的注意，招牌形象设计在设计风格和手段上不断追求新的载体，以技术精湛、造型新奇的艺术表现形式呈现在受众面前。现代商业店面招牌形象设计在设计风格上基本上可以概括为两种艺术风格：一种是传统的民间艺术风格，一种是现代时尚的潮流风格，这两种艺术风格，虽然在设计手法、设计理念上各有追求，但都能够带来良好的视觉感观和创造独特的展示效果。

2. 现代商业招牌设计注意事项

招牌的设计和安装，必须做到新颖、醒目、简明，既美观大方，又能引起顾客注意。所以招牌设置的要点，就是要能使顾客或过往行人在较远的地方或多个角度都能比较清晰地看到，夜晚时则可配以霓虹灯招牌。总的来说，现代商业招牌设计和装饰应考虑以下内容。

首先，招牌位置的选择问题。再好的招牌设计，如果安置不当，也会使人"视而不见"。有时所选择的位置会决定招牌设计的大小。如坐落式招牌，可选位在建筑屋顶，即在店铺顶部设立一个柱型招牌；壁式招牌，即在店铺顶部横向设立长方形招牌；外挑式招牌，即在店铺外墙面上安置不附墙体的招牌。

其次，商店招牌文字使用的材料因店而异。店铺规模较大，要求考究的店面，应该在材料时多加注意，要考虑到室外材料受天气影响很大，多注意材料的显现性、耐久性，以及色彩的保色性，这样才能使得招牌更好地展现艺术属性和商业属性。

再次，招牌的色彩搭配要合理。一般来说，用色要协调，同时要有较强的穿透力。从很远的地方就能看到。无论用什么色彩组合，不要忘了目的是吸引人们的视线，使人们产生兴趣和偏爱。

此外，商店招牌设计还需要在招牌本身造型、构图等方面给消费者以良好的心理感受，使招牌附属于店面设计之中，促进商店具有较强的吸引力，促进消费者的思维活动，达到理想的购物心理要求。

2.2.2 店面设计

商业店面设计经历了较长的发展历程，无论是餐饮业、服装业还是其他服务行业，店面设计在其中都起到了至关重要的作用，在这些服务行业发展的同时，商业店面设计也随之越来越成熟，并形成了一定的规律和模式。

2.2.2.1 店面设计功能要求

1. 吸引消费者

成功的店面设计在形式上往往可以给人一种舒服、亲近的感觉，从专业设计的角度看，店面设计视觉冲击力强，材料使用新颖，构图比例适当，设计韵律感强，设计本身就能起到吸引消费者的作用。

好多大型商业公司和酒店，把商业店面设计作为他们建筑设计的一部分，这样整体的归纳设计，更能使建筑和店面和谐统一，达到凸显整个建筑体的效果。

2. 凸显经营品种与特色

商业经营本身就是一种竞争，那么要想在这种残酷的竞争下脱颖而出就得做到有自己鲜明的个性和经营理念。20世纪初，欧洲一些国家开始在店面上大量的使用玻璃材质，打破了店面在人们心目中的传统印象，他们的这种设计手法，把一门之隔的店铺和街道变得通透无障碍，让从此经过的人们一目了然的知道店铺的经营品种，从而勾起人们直观的消费理念，当时这种以店铺为主要宣传媒介的设计手法被广泛传播，直到今天，我们在街道上看到的最多的，还是以大块或是整块玻璃幕墙为材料的商业店面设计。

3. 美化商业街道

现如今在城市的街道上，只要是有临街的房子，必然就有临街的门市，可以说带有商业气息的店面遍布了整个城市商业区域。通过城市街道的统一管理，很多店铺的设计在一定范围内，考虑追求艺术性、个性化，使得店铺与招牌设计美化了城市街道。

2.2.2.2　店面设计要点

店面设计要点主要包括：外观设计、出入口设计、招牌设计、橱窗设计、外部照明设计。招牌设计已在前面讲述过，下面就另外四点加以说明。

1. 外观设计

外观是店铺给人的整体感觉，有时会体现店铺的档次，也能体现店铺的个性。从整体风格来看，可分为现代风格和传统风格，现代风格的外观给人以时代的气息，现代化的心理感受，大多数的店都采用现代派风格，这对大多数时代感较强的消费者具有激励作用（图 3-40）。

图 3-40　追求现代风格的店面设计

具象造型设计作为视觉形象来说，信息单纯集中，便于识别，往往使人一目了然并留下深刻的印象，宜于为不同年龄、不同文化层次乃至不同语言、国籍的消费者认之理解。其实，具象生动的形象往往极富幽默感和人情味，给街道上的商业气氛带来勃勃生机，尤其在店铺设计中直接应用商品形象，为具象风格造型的一种常用手法。其次，标志造型，也不失为一种手法，它的优势在于内外统一，形象多次重复，刺激并加强消费者对品牌的印象，这种做法是一种比较简捷有效的方法。

店面材料应用方面。店面可选择的材料品种繁多，变化也多种，这就需要在各种材料中，精心选择，精心设计。首先应跳出传统的取材框框，发现材料利用的新方法。店面建筑装饰设计的服务对象是人，所以设计的过程是将人的生活方式和行为模式物化的过程，这样材料的选择无论是在搭配上，还是在内涵上才能达到内外和谐和统一，才能达到预期的完美效果。

2. 出入口设计

入口与橱窗是店面的重点部位，其位置、尺寸及布置方式，要根据商店的平面形式、地段环境、店面宽度等具体条件确定。商店入口和橱窗与招牌、

广告、标志及店徽等的位置尺度相宜并
有明显的识别性与导向性。

3. 橱窗设计

橱窗的布置方式多种多样，主要有
以下几种：一是综合式橱窗布置。它是
将许多不相关的商品综合陈列在一个橱
窗内，以组成一个完整的橱窗广告。二
是系统式橱窗布置。大中型店铺橱窗面
积较大，可以按照商品的类别、性能、
材料、用途等因素，分别组合陈列在一
个橱窗内。三是专题式橱窗布置。它是
以一个广告专题为中心，围绕某一个特
定的事情，组织不同类型的商品进行陈
列，向媒体大众传输一个诉求主题（图
3-41）。四是特定式橱窗布置。指用不

图 3-41　专题式橱窗
布置

同的艺术形式和处理方法，在一个橱窗内集中介绍某一产品，例如，单一商品
特定陈列和商品模型特定陈列等。五是季节性橱窗陈列。根据季节变化把应季
商品集中进行陈列，如冬末春初的羊毛衫、风衣展示，春末夏初的夏装、凉鞋、
草帽展示，这种手法满足了顾客应季购买的心理特点，用于扩大销售。但季节
性陈列必须在季节到来之前一个月预先陈列出来，向顾客介绍，才能起到应季
宣传的作用。

4. 外部照明设计

这里的外部照明主要指人工光源使用与色彩的搭配。它不仅可以照亮店
门和店前环境，而且能渲染商店气氛，烘托环境，增加店铺门面的形式美的功
能。首先橱窗照明。光和色是密不可分的，按舞台灯光设计的方法，为橱窗配
上适当的顶灯和角灯，不但能起到一定的照明效果，而且还能使橱窗原有的色
彩产生戏剧性的变化，给人以新鲜感。橱窗照明不仅要美，同时也须满足商品
的视觉诉求。其次是外部装饰灯照明。它是霓虹灯在现代条件下的一种发展，
一般是装饰在店门前的街道上或店门周围的墙壁上，主要起渲染烘托气氛的作
用。如许多店门口拉起的灯网，有些甚至用多色灯网把店前的树装饰起来；再如，
制成各种反映本店经营内容的多色造型灯，装饰在店前的墙壁或招牌周围，以
形成购物气氛。

2.2.3　建筑外观装饰设计

建筑物是历史的重要实物载体，记录了历史的变迁与生活的变化，建筑
的历史自身也是一个民族文化历史的一部分。我国在城市与建筑的更新过程
中，部分城市与建筑文化的延续性遭到了一定的破坏，保护和更新方式上也
不够及时，使大量具有一定文化价值的古旧建筑没有得到很好的保护，所以

我们所有建筑外观装饰设计都是要在保护有一定建筑文化价值的基础上开展改造设计。

2.2.3.1 建筑改造的理论基础和主要形式

建筑改造是城市更新的主要内容之一，在城市更新理论探索的同时伴随着建筑改造理论的产生。建筑改造从建筑遗产保护的探索开始，国外在20世纪60年代就有这方面的理论基础。20世纪60年代，日本丹下健三事务所成员菊竹清训和黑川纪章等提出"新陈代谢"规划理论，80年代末，我国吴良镛先生提出了"有机更新"理论等，可以说这些理论是国内外建筑师们的思想结晶，也是现阶段指导我国建筑改造设计的理论基础。

我国的建筑改造实践主要集中在20世纪80年代以后，如1987年始，吴良镛先生主持的北京菊儿胡同改造，20世纪90年代开始的以台湾建筑师登琨艳为首的上海苏州河一带的旧仓库改造实践，1999年，美国旧房改造专家本杰明·伍德建筑设计事务所与新加坡日建设计事务所设计改造的"上海新天地"等，这些都是我国建筑改造成功的案例（图3-42）。

图3-42　上海新天地
旧建筑再利用改造

建筑改造主要是根据城市发展，从社会、经济关系及历史人文特色出发的建筑改造，其主要形式具体包括传统沿街建筑的改造、旧建筑再利用改造和建筑扩建工程的改造。

1. 传统沿街建筑的改造

传统街区是城市历史文化遗留的重要载体，包括传统居住街区、传统商业街区、传统历史文化街区。随着城市的发展，这些传统街区在设施和使用功能等方面上逐渐衰落，不适应城市更新要求，必定要经历改造的命运。包括沿街建筑屋顶改造和沿街建筑立面改造。如平改坡改造、建筑立面装饰改造等。

2. 旧建筑再利用的改造

旧建筑再利用指赋予"废弃"的、具有一定的文化、历史价值的旧建筑新功能的改造再利用，包括建筑师与艺术家对旧建筑的再利用实践，及工业废弃地的再利用设计。其中较多的是对由于年代久远而废弃的旧工业建筑的改造。如苏州河畔一带的工业仓库改造、北京 798 艺术中心的改造等，这其中除了建筑师对改造再利用的探索，还包括艺术家的参与实践。

3. 建筑扩建工程的改造

在城市更新过程中，随着新的功能和使用要求的加入，原有建筑已经不能满足时代发展的需求时，我们可以在原有建筑结构基础上或在原有建筑关系密切的空间范围内，对原有建筑功能进行补充或扩展而进行新建。这种类型改造区别于历史文物建筑保护与旧建筑再利用，不单纯是从保护的角度出发，而是为满足城市发展对建筑提出的新要求而引起的，一般是在保留原建筑功能的基础上对功能的整合和扩展，如上海美术馆改扩建等。

2.2.3.2 建筑外立面风格设计要点

城市旧有建筑的外立面在更新改造中要依据原有的城市历史文化背景，与建筑本身的设计背景与建筑的使用功能，以及周边的外部环境特点，来确定建筑外立面的风格。建筑外立面风格方面注意以下设计要点：

1. 赋予时代特点

建筑外立面的风格必须要反映一个时代，虽然设计可以模仿经典的传统建筑的风格，但是你所设计的建筑外立面必然要有其在传统建筑风格下的一种时代性精神，它或许是一个传统的传承与延续。如在中国历史文化街区里，我们不可能改造设计出一座欧式风格的外立面。

2. 要尊重城市所在的地域特性及文化特征

我国的国土面积大，地域与地域之间的建筑各有特色这种地域差异也导致了建筑风格的产生。比如地域之间的气候差异，自古以来北方的"四合院"与南方的天井式住宅就有着很大的差异。并且城市与城市之间的文化特征也有所不同，如以园林著名的苏州与以瓷器著名的景德镇就有着完全不一样文化特征。所以在设计上，我们应该考虑到城市自然地理与人文，比如城市的地形、气候、城市的文化风俗等地域特色，使得市民在情感上得到一种认同感与归属感。

3. 外立面风格要与建筑的功能及结构契合

城市公共建筑有着其各自不同的使用功能，而建筑的外立面风格应该与建筑的功能及结构相适应。同时外立面的变化也要适应建筑内部空间的功能，我们外立面的变化可能要影响内部空间的使用，所以要将这些影响转变为正面效应。

4. 外立面风格改造新材料和新技术的运用

一般的外立面改造都伴随着内部功能的调整和增加，许多新技术和材料也应得以使用。如节能空调、节能保温玻璃、墙面保温隔热和轻质高强度的龙骨等都大大提高了建筑的结构强度及减少了建筑能耗，便于内部功能的调整和方便使用。

5.注重外立面夜景的效果

灯光的运用使得建筑在夜间拥有一个全新的面貌。将灯光与建筑外立面改造相结合是一种美化城市、亮化建筑的有效方法。一般分为轮廓照明、泛光照明和透光照明这三种方式。有效地利用外部灯光的照明，会进一步提升建筑的整体形象。

3 项目单元

3.1 店面设计资料收集任务

店面设计资料收集任务主要有三个方面。一是与甲方沟通（甲方可由教师担任），收集各种设计信息，包括自己查找相关资料；二是阅读甲方提供的设计资料；三是测量前的准备工作。本练习要求学生在一周的时间内完成店面设计三种不同风格案例的搜集，本次练习省略实测环节，最后完成演示文稿的汇报稿。

3.2 店面设计主材的选择任务

店面设计主材选择要根据设计需求，本次练习请各位学生要先构思店面设计的主要想法，这样才能有倾向性的选择主材方向。店面设计主材要考虑到室外的特点，所以要选取适合在室外装饰的材料，请选择三种主材，并说明主材品牌、品种、性能，以及安全性、环保性等经济技术指标。

【思考题】

1. 部分店面设计将外立面大面积改造，可能对建筑物整体风格造成一定的破坏，谈谈你对这方面的理解和认识。

2. 现在很多城市都有建筑外立面风格改造项目，请你查找一下这方面的成功和失败的案例，并谈谈你的看法。

【习题】

1. 我国传统商业店面招牌形象大体分为哪五类？

2. 店面设计五要点都是什么？

3. 建筑外立面风格设计五大要点都是什么？

1　学习目标

了解建筑室外装饰相关规范与标准，熟悉建筑室外装饰工程实际项目，并能够通过此工程案例，举一反三地开展建筑外立面的设计工作，独立完成建筑外立面设计任务。

2　相关知识

本次学习知识点主要与建筑室外装饰课程设计密切相关，主要有：《建筑设计防火规范》、《建筑照明设计标准》、《民用建筑设计通则》、《建筑装饰装修工程质量验收规范》、建筑室外装饰工程实际项目分析等。

2.1　建筑室外装饰相关规范与标准

(1)《建筑设计防火规范》GB 50016—2014；
(2)《建筑照明设计标准》GB 50034—2013；
(3)《民用建筑设计通则》GB 50352—2005；
(4)《建筑装饰装修工程质量验收规范》GB 50210—2001。

2.2　建筑室外装饰工程实际项目分析

项目名称：大庆市让胡路区街区改造项目
项目所在地：大庆市
项目装饰面积：2500m^2
工程竣工时间：2012 年 10 月
设计单位：黑龙江 ×× 建筑设计院
大庆市是一座生态园林型城市，湖在城中、城在绿中。随着我国文化战略的制定，以文化品牌提升城市品质，带动区域发展，成为了城市文化大发展的重要组成部分。该建筑立面改造项目就是在此背景下展开的。

在建筑改造设计理念上力求吸收哈尔滨欧陆风情的历史建筑风格，开发既有现代人的审美特点，又有建筑文脉传承的建筑艺术风格，并以此打造成为风格统一的景观街路。

该改造建筑是由三个不同时期的建筑组成（图 3—43），总长约 100m，现在建筑总体风格是一个偏于中式的三层餐饮建筑，与之临近的两个建筑也是风格各异，设计需要将这三个不同时期建筑统一改造成风格统一、具有欧式风格的建筑物。

图 3-43 改造前建筑是以中式风格为主的餐饮建筑

根据整体街景规划的要求，该建筑在立面改造设计上以欧洲早期新浪漫主义建筑风格作为参考，在设计中还采用了扶壁柱、透视门和透视窗，突出竖线条的效果，以及在沿街立面上强调了欧洲中世纪城堡式符号。在局部设计上，采用了飘窗和多排烟囱的欧式建筑符号，以及局部装饰花式的应用。在建筑色彩选择上采用了欧洲常见的西班牙米黄云石色彩，并在做旧处理上有所选择（图 3-44）。

图 3-44 建筑立面改造设计以欧洲早期新浪漫主义建筑风格作为参考

在建筑在施工过程中对设计方案提出了一些修改，如沿立面的一组城堡式符号、哥特风格的橱窗分割，以及女儿墙的造型设计等。另外由于资金方面的问题也简化了大型坡屋顶的设计，使得整体造型风格有些弱化（图 3-45）。

图 3-45　建成后建筑
物的整体效果

3　项目单元

课程设计六——店面设计课程设计任务书

一、设计项目题目：店面设计

二、设计项目简介：

1. 本店面设计项目是餐饮装饰项目设计的一部分，该餐饮项目选择在某临街的大型公共建筑底层，有室外停车场。

2. 该餐饮项目外立面共二层，有200m²。

三、设计项目要求：

1. 结合餐饮设计风格开展店面设计，注意风格要突出，概念要新颖。

2. 注意在外立面设计中要遵守相关国家和地方有关规范和标准。

3. 注意室外灯光的设计运用。

四、设计项目成果：

以下成果需要装订成册。

1. 设计说明（2号图纸）

2. 图纸目录（2号图纸）

3. 店面立面图（1：50或1：100，2号图纸，CAD制图）

4. 招牌设计图（1：5～1：20，2号图纸，CAD制图）

5. 节点详图（1：5～1：20，2号图纸，CAD制图）

6. 日景效果图（1张，A3幅面装裱成2号图纸，手绘或电脑效果图均可）

7. 夜景效果图（1张，A3幅面装裱成2号图纸，电脑效果图）

8. 主材明细（可选项）

五、设计项目时间要求：

四周时间。

注：项目立面由指导教师自拟。

【思考题】

1. 在开展建筑室外店面设计过程中，要遵守有关国家和地方建筑防火等相关规范与标准，还有很多地方制定的各种规定，请各位学生将自己所在地区省会城市的相关地方规定查找出来，并选择重点进行解释。

2. 谈谈对该建筑室外装饰工程实际项目分析体会，并通过分析该实际工程项目，谈谈有哪些设计不够理想的地方。

【习题】

1. 常用的建筑室外装饰工程相关规范与标准都是什么？

2. 常用牌匾材料都有哪些？试举一种谈谈优缺点。

3. 你对 GRC 欧式建筑外立面装饰材料了解多少，查查资料并说说该材料的优缺点。

主要参考文献

[1] 来增祥, 陆震纬 . 室内设计原理（上册）[M]. 北京:中国建筑工业出版社, 1996.

[2] 张绮曼, 郑曙旸 . 室内设计资料集 [M]. 北京：中国建筑工业出版社, 1991.

[3] (新加坡) 丹尼尔 (Daniel) . 室内色彩设计法则 [M]. 北京:电子工业出版社, 2011.

[4] 日本建筑学会 . 设计师谈建筑色彩设计 [M]. 张军伟, 兰煜译 . 北京：电子工业出版社, 2009.

[5] 郑成标 . 室内设计师专业实践手册 [M]. 北京：中国计划出版社, 2005.

[6] 饶勃 . 建筑灯具装修技术 [M]. 上海：上海科学技术文献出版社, 2001.

[7] 张林 . 环境艺术设计图集 [M]. 北京：中国建筑工业出版社, 1999.

[8] 屠兰芬 . 室内绿化与内庭 [M]. 北京：中国建筑工业出版社, 2004.

[9] 李宏 . 建筑装饰设计 [M]. 北京：化学工业出版社, 2006.

[10] (美) 内森·B·温特斯 . 建筑视觉原理 [M]. 李园, 王华敏译 . 北京：中国水利水电出版社, 2007.

[11] 江苏《室内》杂志社 . 室内设计与装修 [J]. 2009, 09. 南京:江苏《室内》杂志社, 2009.